社区花园的吴江实验

Community Garden Experiment in Wujiang

常 莹 陈 冰 陈思宇 编著

上海科学技术出版社

图书在版编目（CIP）数据

社区花园的吴江实验 / 常莹，陈冰，陈思宇编著
. -- 上海 ：上海科学技术出版社，2024.8
ISBN 978-7-5478-6635-1

Ⅰ．①社… Ⅱ．①常… ②陈… ③陈… Ⅲ．①社区—
花园—城市规划—吴江 Ⅳ．①TU986.5

中国国家版本馆CIP数据核字（2024）第096929号

社区花园的吴江实验

常 莹 陈 冰 陈思宇 编著

上海世纪出版（集团）有限公司
上 海 科 学 技 术 出 版 社　出版、发行
（上海市闵行区号景路 159 弄 A 座 9F–10F）
邮政编码 201101　　www.sstp.cn
上海光扬印务有限公司印刷
开本 787×1092　1/16　印张 19.25
字数 360 千字
2024 年 8 月第 1 版　2024 年 8 月第 1 次印刷
ISBN 978–7–5478–6635–1/TU·350
定价：155.00 元

内 容 提 要

ABSTRACT

本书以苏州市吴江区松陵街道鲈乡二村社区花园为案例，通过理论阐述、实践记录和科学检验三个主要部分，全面展示了社区花园从理念到落地实践的全过程。第一章从景观都市主义角度分析了社区花园在我国生态文明建设中的重要作用。第二章从环境心理学和康复景观研究视角分析了社区花园在老年友好城市和社区建设中发挥的作用。第三章梳理和总结了儿童友好型社区花园设计的要求。第四章通过文献综述，分析了社区花园在提升社会包容性、改善心理健康、增强社交互动和文化融合等方面的作用。第五章记录了鲈乡二村前期调研、规划和设计过程，以及在实施过程中遇到的挑战和解决办法。第六章详细回顾了参与式营造行动的全过程。第七章详细记录了运营维护的过程，以及收获的经验和教训。第八章检验了鲈乡二村社区花园如何影响老年人的健康行为。第九章构建了小区维度的复愈性景观评价体系，并检验了老旧小区改造后居民对景观的感知和感受。第十章检验了社区花园对参与者社会资本的影响及其关键因素。第十一章分析了影响社区花园和志愿团队持久发展的多种因素及其应对策略。第十二章总结了鲈乡二村社区花园在志愿者社群维护上的经验和教训，以及社区花园未来的展望和发展方向。本书是对社区花园项目实施和运营的经验总结，是社区营造实践的有益的参考和借鉴，也是对城市生态文明建设及可持续发展更新理念的推广，同时也为读者提供了科学、全面的社区花园研究及评估方法。

序一

PREFACE I

以社区花园来重建附近，在公共行动中实现社会修复

2020 年 5 月，蒙常莹老师信任，我们有机会一同参与了吴江鲈乡项目。这个项目是当地住建系统支持街道的城市更新——关于老旧小区改造工程中如何进行特色化表达并激发居民参与最终希望增加居民获得感的一个实验。那时我们团队正在思考在上海的经验如何能支持在地的伙伴，当时我们已经进行了 6 年的社区花园行动，2020 年 2 月，我们发起了旨在"重建信任，种下希望"的 SEEDING 行动，常老师本身是作为联合行动者参与的，我们一起以线上互动的方式开展了合作研讨。后来常老师受邀参与鲈乡二、三村老旧小区更新特色创建，她联系我和团队，希望可以进行更深入的合作。当时我们团队只在上海进行社区花园实验，因为考虑到现场实操的成本和社区营造在地性的限制，之前不敢参与任何上海以外的项目。后来，我们越来越感觉到需要开展一些跨区域的联动探索，因为社区花园的理念不仅仅是一个关于绿地的构想，更是一种生动的实践，它通过每一寸土地、每一棵植物传递，是一种连接，连接人与人、人与自然之间的密切关系。当然，更重要的是我们看到了常老师和团队的智慧、热情、专业和坚韧。于是，我们开启了合作，我们团队直接参与了前期的调研、设计与建设阶段，2021 年至今，我们作为观察员，持续关注着常老师和她的团队深耕吴江鲈乡二村的社区花园与社区营造的实践与思考。我们很欣喜地看到，这四年的时间沉淀了这么多丰硕的果实。而另一个果实就是直接参与该项目作为四叶草堂项目负责

人的尹科变后续主持的在南宁的 1 000 个老友花园，不得不说，吴江实验是我们共同研究跨区域合作共创的试验田。

常老师团队立足于吴江独特的乡土文化，借助费孝通先生的乡土中国理论，探索如何在具体的社区花园场景中创造出属于当地居民的文化记忆与生活智慧。吴江实验，让我们更加清晰地看到社区花园确实是一个由政府、企业、专家与居民——更多是由社会力量共同参与的公共空间。它激发了每一位参与者的积极性，使得每个人都能在其中找到自己的位置与价值。我们提出，真正的理想家园是每一个家庭、每一个个体都能自主参与、共同创造的独特空间。在这里，居民不仅是花园的使用者，更是花园的创造者和守护者。他们在共同劳动中，不仅重塑了空间环境，也重建了彼此的关系，实现了社会修复。

本书就是常老师团队基于吴江实验这一案例的丰富经历之研究专著，是迄今为止难得的社区花园理论研究和行动研究的参考书。本书至少有三个层面的重要学科贡献：

第一，作者团队始终关注解决具体问题的过程。通过与居民的深入交流与合作，作者团队洞察到社区花园在价值观念、日常维护及管理、社区教育、社会治理等方面面临的挑战。他们不断进行反思与校正，通过实际的案例和生动的故事，通过本书展现了社区花园作为社会生态系统的生机与活力。

第二，系统扎实的理论研究。本书全面回顾了国内外相关的文献，涵盖不同年龄段、社会阶层和多个领域，构建了社区花园的环境、生态、健康，以及社会价值框架。从青少年的健康成长，到老年人的原居安老，到新居民融入，社区花园不仅仅是一种植空间，它更是推动社会团结、增进邻里关系、提升社区认同感的重要场所。

第三，本书全面介绍和运用了科学的方法来检验社区花园的多重效应，是迄今为止最为全面检验社区花园的科学著作。本书系统展示了最新的研究社区花园的科研方法，从健康行为观察到随行式访谈到社会资本测量，以及阻碍因素分析，综合检验和评估了社区花园的健康、环境，以及社会效益，完善了社区花园综合效益评估方法论，并提供了一手的实证资料。

中国当下的社会高质量发展表达在空间上，是以"人民城市人民建"为目标走向城乡融合的规划、建设、治理导向的，社区花园正是这一理念的缩影。从吴江实验中，我们可以看到通过这一场公共空间的公共实验，我们看到了人性的多面：有执着为公散发的光芒，也有其中真实的自私与破坏，更多是一种观望、迟疑后的行动转变中展现出来的点滴之美，这也恰恰是这个时代的特征，我们希望通过小小的公共空间，融合生发出更大的社会能量，逐步形成一个和谐美好的社区发展共同体——就像费孝通先生所说的"各美其美，美人之美，美美与共，天下大同"。通过不断地探索与实践，社区花园不仅向外延伸，更在内心深处扎根，使得居民在这里找到归属感和认同感。

在这里，我想借这个机会解释一下社区规划师发挥的重要作用。以我自己的经历而言，从上海开始试验，现在多个地区已经开始实施社区规划师制度。在社区规划与营造过程中，社区规划师在顶层设计、社群规划、景观生态设计、联结资源、内外沟通、一线工作等方面起到引领和纽带的作用，是社区营造项目的精神和行动领袖，有时也仿佛是老娘舅、妇女主任甚至救火员，专业的同时还需要接地气、和居民"打成一片"，是一项需要付出巨大个人精力、时间甚至情感的工作。本书的实践和反思部分可以作为一名社区规划师的工作笔记来学习。希望大家能通过本书对社区规划师的工作有更多的理解和支持，也希望本书能为社区规划师制度进一步完善、社区规划师职业长期发展提供参考。

最后我特别想说，常老师在书中多次谦逊地提到受到我们团队的启发云云，实在是非常惭愧，吴江实验的主体力量是常老师和团队带动的在地力量，她甚至一度住在吴江——所以最主要是常老师本人温柔而坚韧的力量在建构和推进这一场实验。吴江实验是迄今为止单个居民区社区花园最为综合且具有立体感的社区花园创新和行动实验，是目前记录最详细、最完整的社区花园行动研究，其跨度和连接之丰富，很难被超越，并且这场实验还在继续。对于我们团队而言，是一次游牧实验，就像我现在在乌鲁木齐一样，此前我们在南宁、在宜昌、在信阳，这些实验的终极成果，都是本土化的。按照项飚老师的观点，你到哪里，你的附近就在哪里。希望社区花园之花，可以开遍祖国大地。我们举手之劳，一起重建附近，在这个过程中实现自我疗愈和社会的修复。

希望每一位读者在阅读本书时，能够从中获得启发，找到属于自己的路径，在共同的努力中，创造出更加美好的生活环境。让我们一起在这片小小的花园中，见证人与人、人与自然之间的美好互动与和谐共生。在这里，每一株植物、每一片土地都将成为我们共同的记忆和文化的承载。

刘悦来
同济大学建筑与城市规划学院副教授
四叶草堂联合发起人、理事长
2024 年 7 月于乌鲁木齐

序二
PREFACE II

在全球自然环境、公共卫生、经济、政治发展，以及先进技术飞速迭代等的交互影响之下，未来社会的发展愈发复杂莫测。想要实现可持续发展，高等教育作为链接社会各方面的关键要素，该如何最大化其社会服务职能？作为人类命运共同体中的关键一员，我们该如何扮演好自身角色为人类社会文明进步做出贡献？

西交利物浦大学（简称"西浦"）为进一步实现大学服务社会的职能，积极搭建国际网络，运用其育人、研究与文化引领的优势，将产、学、研、政、社结合，"催化"社会创新生态的孕育和发展。除此以外，西浦在创新生态之中通过大学的教育使能、科研赋能，政府的政策促进，助力产业的创新升级，最终促进社会的可持续和谐发展。同时，西浦还借助网络化、数字化和智能化的浪潮，着手搭建数字智能底座及支撑平台——"西浦生态超市"（X-Eco Mall），以支持产业的数智化转型和生态化升级，促进社会进步和文明。

西浦师生围绕着探索未来教育方案，带着影响中国教育变革甚至世界教育发展的愿景和使命，身负"为国、为全球"的世界公民责任感，始终行进在面向未来可持续发展的道路上……我校常莹老师、陈冰老师与陈思宇同学此次出版的科研作品即是优秀案例之一。本书将科研和叙事巧妙结合，在各方协助之下带领西浦学生从社区花园的理念形成到实践落地、后续的检验、反思、改进及对未来的展望，让不同角色的读者可以一探西浦研究导向型学习和工作模式的同时，也有其他维度的丰富收获。本书通过生动案例探讨社区花园本身的可持续发展，以及其理念和文化价值对于城市生态文明建设及社会可持续发展的影响和借鉴意义，这也与西浦的教育探索之路契合。西浦以"多元、规则、创新、自由、信任"的核心价值观（Dr Fit: Diversity, Regulation, Innovation, Freedom, Trust）与通过面向未来的三种教育模式（西浦 1.0，专业精英教育；西浦 2.0，行业精英培养；西浦 3.0，围绕产业的教育、科研、创新生态）的发展齐头并进，以自身的未来教育探索和实践，引领教育体系变革，为全球教育创新提供思路和样板。

社会的可持续发展需要各要素通过协同共建创新生态，从而实现"共享、共生、共赢"的成果。正如书中所言，让我们一起

"外联共建，教育、影响和动员全社会一起参与生态文明建设，共建永续的家园"。

感谢西浦师生的热情投入、创新和辛勤付出，感谢社区人士的热情、支持、合作和坚持不懈。你们的努力和成果——社区花园实验，一定会引出社区百花园的繁花似锦！

席酉民
西交利物浦大学执行校长
英国利物浦大学副校长
2024 年 7 月于苏州

前言
FOREWORD

　　首先感谢您通过《社区花园的吴江实验》和我们相遇。本书是我们在苏州一个社区花园深耕三年的故事。在三年的探索中，我们不断地向居民、共建方及政府相关部门解释什么是社区花园。事实上，社区花园一直未有统一的定义。国内外学者仍然在探讨社区花园的多重属性和内涵。美国社区园艺协会（ACGA）对社区花园给出了一个宽泛的定义："任何一块由一群人开垦的土地"，"它可以种植花卉、蔬菜、香草或水果"。澳大利亚城市农场和社区花园网络将社区花园定义为"人们聚集在一起种植新鲜食物、学习、放松和结交新朋友的地方"。这里"结交新朋友"体现了其社会性。Crossan 等学者认为，社区花园是一种可以激发社会进步的政治实践，尤其为外来和少数人种提供参与政治的机会。这里强调的是其政治性。从赋能视角，社区花园可以为社区增能。社区能力是一个社区为解决社区问题和加强社区资产而动员和部署的承诺、资源和技能的总和。刘悦来等在《社区花园理论与实践》中将社区花园定义为"民众以共建共享的方式进行园艺活动的场地"。于海教授认为，社区花园行动是建构公德心培育和人性成长的社会场所，需要强调其社会教育性。这些定义似乎可以把社区花园概念的含义推向无穷大。

　　也许每个参加过社区花园营造的人都会对社区花园有不同的理解。在我们的三年实践过程中，我们对社区花园的理解也变得更全面、更深刻，我们发现的有关社区花园新内涵将在最后一章节再详细介绍。

社区花园是一场行动研究

在本书中，我们主要将社区花园作为一项行动研究进行记录、检验、反思和总结。截至这本书出版之际，我们仍不敢说这是一个成功的社区花园的故事。鲈乡二村的社区花园仍在变化、发展，每天仍然有新的人和故事在上演。芒福德说，城市就是一个剧场。复旦大学社会学教授于海说社区花园行动实际上创造了一个社会场，创造了参与的现场、互动的现场，创造了表达的现场、表演的现场，创造了娱乐和游戏的现场。

在社区花园这个小剧场里，我们仿佛看到一个城市、社会的缩影。回顾三年的社区花园营造，我们仿佛是写了一个开放的剧本，搭了一个剧场，放到了鲈乡二村里，这个剧场主要布景就是几个漂亮的花坛，然后我们有几位同学先开了一个头，邀请几位过路人一起上台，后面登上舞台的人物越来越多，刚开始是我们和居民的故事，慢慢地更多地变成了居民和居民之间的故事。在整个剧中，有的人刚开始出现过，后来再也没有出现；有的人路过看了几眼，始终没有登上舞台；有的人一直是观众；有的人后来才出现，却慢慢成了主角。来来往往，有的人一开始将信将疑，后来却成了主要的行动者。有的人本来是没有太多存在感的普通人，通过这个舞台变成了居民中的领袖。陌生人在这个舞台相遇，成了熟人；熟人在这里相遇，成了共同行动的伙伴；有的人喜欢在这个舞台上和人聊天；有的人爱热闹，有的人喜欢独处；有的人留下了美丽的花，也有人带走了花；有的小朋友说这是他们最喜欢的舞台，有的家长说这些孩子长大了一定会记得这个地方。这个剧场里的演员都非常有个性。这个剧场里还出现过蚯蚓、鱼儿、鸟儿、狗、蝴蝶、甲虫、蜻蜓、食蚜蝇等动物。我们感谢社区花园这个项目，让我们认识和联结了不同年龄、不同性格的人。社区花园这个窗口，让我们这些从外地来到苏州的新居民能有机会和本地人深入地接触、交流、商议和行动，让我们觉得被信任，被认可，被表扬。尽管在这三年的行动中，我们收获的教训比经验多，我们感受到的挫败的时候不比感觉欣喜的时候少。

本书是将《共建美丽家园：社区花园实践手册》作为指导工具书在异地落地的经验总结、反思，以及本土化改进。作为人生中的第一个社区花园，缺乏的技能和经验比本身具有的要多，学习到的新知识比能够直接运用的知识技能要多。社区花园项目是一项行动研究。与《社区花园理论与实践》中王本壮教授总结的桃园都市农园类似，同样是一个三年的行动研究，中间也有困惑和失败。本书对于社区花园的行动研究有更详细的记录，希望本书能成为边做边学、边学边做的行动研究可以参考的方法。

边做边反思的社区花园

反思是行动研究中非常重要的研究方法。及时的日志是积累一手信息的有效办法。写作是反思和升华行动研究的很有效的方法。从 2020 年 6 月至 2023 年 12 月，项目经历了三年多的时间。其中，2020 年主要是调研和营造，2021 年开始维护运营，主要发展了新吴江人的志愿者社群，2022 年开展了针对青少年的社区五好小公民项目，2023 年开始和组织对接，发展老年志愿者社群（图 0-1、表 0-1）。在三年里，我们一直坚持记录每一次行动，并通过微信公众号发布。从第二年开始制作短视频，通

图 0-1　鲈乡社区花园居民参与行动

表 0-1　鲈乡二村社区花园 2020—2023 年分阶段行动

行动年份和对应阶段	2020 年营造 1.0	2021 年维护运营 2.0	2022 年维护运营 3.0	2023 年提升 4.0
1	调研、参观	邻里规划教学 螺旋花园 生态装置	漂流花园	校外劳动教育基地
2	先锋队成立、社区资源联结	世界地球日	疫情中的花园	首届社区花园音乐节
3	规划	家长课堂花园英语	志愿者团队正式注册	苏大、农科院参观学习
4	营造	国际工作坊	社区五好小公民	第二届社区花园音乐节
主要参与主体	全体	家长、外部	青少年	老年居民

过多媒体的方式记录和分享行动成果。这些和其他零碎的参与式观察一起，成为反思系统的一个一个的小"点"。这些"点"主要是对内容型的反思。同时，我们每年引导硕士、博士研究生对社区花园开展访谈、问卷等调研。这些调研可以帮助反思阶段性的成果和问题，主要是对过程的反思，他们是反思系统里面的"线"。最后这本书从"面"上，通过更加综合的视角反思三年的行动，对我们参考的理论和主要观点进行批判，属于前提反思。

行动研究者的多种角色

我们在这个舞台的角色是行动者和研究者。既是在行动的研究者，又是在做研究的行动者。我们从社区花园项目延展出来的身份还包括社区规划师、社区建筑师、项目经理、矛盾协调员、促动师，以及自媒体人。因为社区花园项目涉及的事务非常多样，也曾经被形象地比喻为社区的妇女主任。在很多时候，这些角色是混合在一起的。回顾三年的实践，在项目前期作者是行动者为主，在后期作者是研究者为主。双重角色之间出现矛盾甚至冲突的时候，作为组织角色可能需要全情投入和积极承诺，而研究角色可能需要一个更超然、更理论化、更客观和中立的观察者立场（图0-2）。

在开始社区花园项目之前，作者的主要身份是一名大学教师，主要教授的课程包括邻里规划和社会参与。在博士期间研

图0-2　鲈乡二村社区花园前期座谈

究的主要方向是弱势群体的住房和社区。能力视角、社会公平及社会包容一直是教学和研究的主要思想。作者的教学理念主要受 John Friedmann 教授的社会规划理念的影响，以及 Friedmann 教授提出的中国社会规划师新职业对学科培养的要求。这些都是作者个人带给项目的先前的经验和认知。在技能方面，作者能够运用在项目里面的包括基本的设计技能、参与式规划方法及会议促动技术。以上这些构成了社区花园项目的基本要素。作者需要从零开始学习的是园艺知识和技能。作者缺乏的是个人在本地的资源，以及和不同利益相关者联结、沟通的背书。还有就是在项目前两年，我们还没有在本地的完备的团队和志同道合的伙伴。这些短板带来的问

题在后面的章节会详细解释。希望我们的经验能够为有类似背景的行动伙伴提供参考。

从全国 SEEDING 行动到苏州的社区花园

2020 年春天，上海四叶草堂在全国发起了 SEEDING 行动，通过园艺活动和社群支持帮助疫情中的邻里建立联系和信任。主要的活动包括通过非接触的方式分享种子、在阳台或者周围空地上种植，并通过线上社群分享园艺知识和技巧。SEEDING 行动是以从 2014 年发起的社区花园倡议为基础，旨在通过公众参与的园艺活动，创造绿色和健康的环境。2022 年春季，四叶草堂在全国发起了 SEEDING 行动 2.0 版本，并发起了"团园行动"。

SEEDING 行动为人们提供了交流机会，使他们更加了解对方，同时又促进了社区工作的管理。SEEDING 行动可以一定程度消除新冠肺炎疫情期间居家隔离的焦虑，增加人与人之间的信任，缓解公共卫生紧急情况下的负面情绪，也帮助个人更多地参与公共事务。

2020 年 6 月应吴江区太湖新城建设局为鲈乡二村老旧小区改造项目做参与式规划方面的亮点的邀请，西交利物浦大学团队提出建议在老旧小区改造中引入社区花园的试点（图 0-3）。从专业角度讲，社区花园是社区营造、公众参与、基层自治的有效路径，是生态文明微基建的示范。四叶草堂团队针对 SEEDING 行动的研究发现 SEEDING 行动的参与者在压力面前表现得更乐观。作者团队也希望能够通过示范点继续 SEEDING 行动，给居民带来一些疗愈和增加社区韧性，令生活更美好。

2022 年春季，由于一些外在因素和不断变化的情况让社区花园这场行动充满了不确定性和挑战。在三年行动中，疫情的变化也成为影响人地互动、人与人互动的重要因素。我们不断观察，发现新问题，然后以新的行动来应对。有些尝试失败了，有些看到了些效果，我们希望也能通过这本书和您分享。

图 0-3　鲈乡二村社区花园一角建成前后对比

鲈乡二村社区花园作为老旧小区改造中多方参与共同缔造的一个示范点，努力展现"共创共建共治共享"的全过程及对建成环境和文化环境的改善的作用。在营造过程中，因为案例的在地性，突出了外来人口的融入，志愿者社群的发展，以及社会资本、社区意识的发展。

全书分为四篇。第一篇理论篇，介绍社区花园相关的理论，从国内外文献中总结和归纳社区花园的价值和意义，为我们的行动找到落脚点。第二篇实践篇，是社区花园在吴江的落地项目，完整地回顾并梳理了鲈乡二村社区花园从前期调研到营建，再到运营维护的行动。第三篇检验篇，从健康行为、复愈环境、社会资本三个方面对社区花园行动结果和效益的检验。第四篇反思篇，研究社区花园阻碍因素及总结比较有效的社区花园行动。并且在第四篇的最后还总结了社区花园的可持续性评价体系，以及未来发展和研究方向。

整本书的结构也是行动研究中的四个"核心"行动周期相对应的，诊断—规划—采取行动—评估检验。评估检验和反思一同作用，为下一步诊断提供依据，然后开始下一轮的规划和行动。我们也尽量呈现一个好的行动研究的主要要素：一个好的故事；对这个故事进行严谨的反思；从对故事的反思中推断出有用的知识或理论。

常莹组织并参与了第4、8、9、10、11章节的研究设计和撰写工作，主写了前言及第5、6、7、12章，并负责全书的编辑和校对工作。陈冰组织并参与了第1、2、3章节的研究设计和撰写工作，并参与了全书的编辑和校对工作。陈思宇主写了第4、8、9章节的撰写，为第1、2、3、4、8、9章节进行了主题系统文献回顾，并统一了各个章节的格式。季琳和陈思宇对全书的文献格式进行了校对。

本书是西交利物浦大学与同济大学社区花园与社区营造实验中心、上海四叶草堂青少年自然体验服务中心共同合作的成果。我们特别感谢刘悦来带领团队调研、设计和指导鲈乡二村社区花园项目，搭建全国SEEDING行动联盟和腾讯公益平台，引领社区花园在全国的社造运动，为社造伙伴们不断赋能。作为第一个实操的社区花园项目，在每一个关键点，每一个感觉迷茫或者走不下去的时候，是刘悦来睿智又幽默的开导和宝贵建议，让我们又找到了方向。似乎再难的事情总能有解决的方法，或者换个角度思考的可能。

我们在此特别感谢苏州市吴江区住建局、东太湖旅游度假区（太湖新城）管委会、吴江区松陵街道，以及其他兄弟部门对我们的信任和长久以来的大力支持。也借此机会特别感谢鲈乡实验小学仲英校区、流虹校区，吴江区开放大学，吴江区社区培训学院，吴江区蓝天环保志愿者协会服务团队，吴江中专一心志愿者服务团队、二村（石里）社区居民委员会、三村社区居民委员会，吴江南社研究会、鲈乡书院等共建单位的大力支持。同时也要感谢鲈乡美美花园爱心园丁志愿者服务团队、鲈乡二村三村先锋队、社区五好小公民的家庭们，以及西交利物浦大学设计学院、科学学院、商学院、影视学院的老师和同学们。我们感谢建筑系董一平博士对前期方案提出的宝贵建议。我们特别感谢西浦商学院的 Ellen Touchstone 博士，Marco Cimillo 博士及健康与环境科学系邹怡博士对社区教育的大力支持。

鲈乡二村社区花园得到了吴江区教育系统各个层面的支持。我们特别感谢吴江区社区培训学院方拥军老师，吴江区开放大学易平副校长，鲈乡实验小学仲英校区胡文副校长、流虹校区叶晓华副校长，江苏省吴江中等专业学校蒋佩莹老师，以及鲈乡书院院长俞前老师。鲈乡二村社区花园有近 300 个家庭参加过营建、维护活动，还有很多共建、合作或者帮助过我们的单位和个人，甚至是偶尔路过的居民的一句欣赏和赞扬，或者搭把手。有太多太多的人和善意需要感谢，你们的支持是我们继续下去的力量，在此一并表达我们衷心的感谢。

本书由西交利物浦大学重点项目建设专项资金 KSF-E-58 "长三角生态绿色一体化发展中的微景观再生的作用——社区花园对生态及老年健康恢复效益的检验" 科研项目，以及西交利物浦大学设计学院学术发展基金（AEF）资助出版。

常　莹
2024 年 5 月

目　录
CONTENTS

第二篇　实践篇

第三篇　检验篇

第四篇　反思篇

第一篇　理论篇

Part 1
Theoretical section

本章旨在探讨如何运用景观引导的城市设计思想指导当前国土空间规划，助力新型城镇化建设和城市更新工作，并基于景观都市主义（Landscape Urbanism）理念探讨提升城镇景观的潜力和重要性，为社区花园推广提供理论支撑和背景支持。中华人民共和国自然资源部于2018年成立，负责统筹协调国家国土空间资源，通过对相关职能部门结构和职责的合并调整来促进多规合一。本章基于系统化文献综述，从时间角度总结了人与自然生态系统的关系，根据景观都市主义和生态都市主义（Ecological Urbanism）的原理，提出了由景观引导的城市设计理论框架，并在此基础上总结出了社区花园具有提升地方社会生态系统服务、提供可食用景观和带动社区景观微更新等功能。景观基底引导的城市设计思路可以有效地促进国土空间规划向可持续发展的标准迈进，实现自然景观和建成环境的融合，推动城市健康发展和转型。社区花园可以成为国土规划在社区尺度上的重要抓手，填补城市空间规划的短板，通过公众参与共建共享可持续发展的蓝图。

第一章

社区花园在国土规划中的意义
——景观引导的城市设计框架

Chapter
I

1.1 城市设计的新趋势

1.1.1 生态文明建设中的城市设计

受我国早期快速城镇化进程中高强度国土开发和自然资源利用等因素的影响，城镇建成区的无序蔓延导致了耕地、林地、湿地的大量流失[1]，规模化的交通基础设施也造成景观系统破碎、都市空间离散[2]。由于在规划中缺乏系统性与整体性的考量，部分地区的自然环境和生态承载力破损退化严重[3]，一些关系生态安全格局的核心地区也在不同程度上受到生产、生活的影响和破坏[1]。因此，一种建立在人与自然和谐共生原则之上，综合统筹各类资源的规划设计新途径成为当务之急。为应对我国生态领域的诸多问题，践行山水林田湖草沙生命共同体理念，探索山水林田湖草沙一体化的保护和修复路径，我国出台了一系列的生态修复方法与措施（图1-1）。

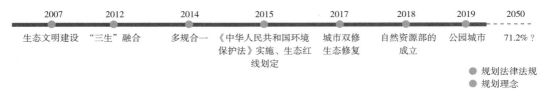

图 1-1　国土空间规划中的生态修复方法与措施（作者自绘）

《中华人民共和国国务院关于加快推进生态文明建设的意见》和《国家新型城镇化规划（2014—2020年）》都强调在空间布局层面平衡社会经济发展和生态保护的关系[4]，制定综合规划方案，代表了在多层次、多尺度、多类型上探索生态化城市设计范式的未来可能发展趋势[5]（图1-2）。党的十九届四中全会也进一步提出了健全生态保护和修复制度、统筹山水林田湖草一体化保护和修复等[6]治理思路。

近年来，景观都市主义理论被广泛应用于城市规划设计领域，它用"大景观"（或地表景观）的概念将城市发展过程中所遇到的跨专业问题进行统筹，并提出综合解决方案。我国生态文明建设中提出的"山水林田湖草是一个生命共同体""坚持保护优先，自然恢复为主"等理念与景观都市主义所倡导的生态景观优先的发展理念高度契合。因此，可在我国"十四五"新型城镇化建设中结合景观都市主义原则，通过打造本土化样板与名片，将生态文明建设的理念、经验与成果作为我国参与全球生态环境治理的重要支撑[8]。

本章作者为罗嘉雯（广州山水比德设计股份有限公司方案设计师）、陈冰（西交利物浦大学设计学院城市规划与设计系高级副教授）、陈思宇（西交利物浦大学在读博士研究生，英国利物浦大学博士候选人）。本章受山东省自然科学基金项目"基于人工神经网络的建筑环境健康性能多因子研究模式"（项目编号：ZR2023ME234）、苏州相城经济技术开发区规划建设管理局咨询项目"北桥老街滨水街区更新策略研究"（项目编号：RDH10120220126）资助。

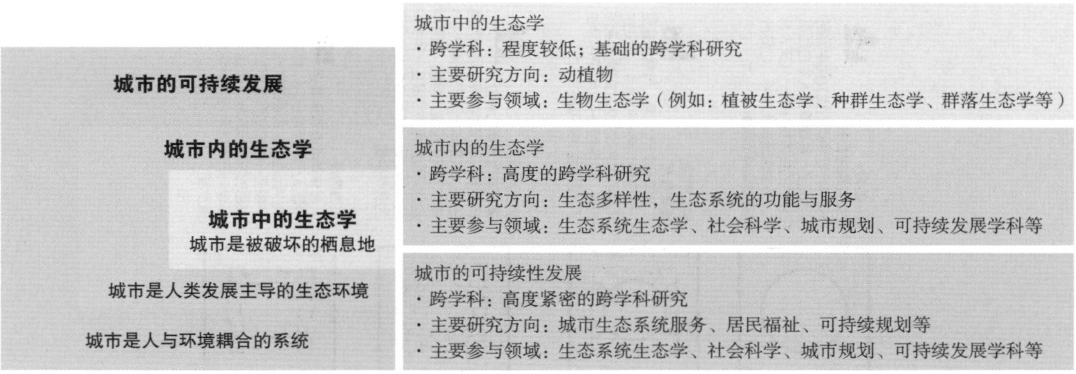

城市的可持续发展	城市中的生态学 ·跨学科：程度较低；基础的跨学科研究 ·主要研究方向：动植物 ·主要参与领域：生物生态学（例如：植被生态学、种群生态学、群落生态学等）
城市内的生态学	城市内的生态学 ·跨学科：高度的跨学科研究 ·主要研究方向：生态多样性，生态系统的功能与服务 ·主要参与领域：生态系统生态学、社会科学、城市规划、可持续发展学科等
城市中的生态学 城市是被破坏的栖息地	
城市是人类发展主导的生态环境	城市的可持续性发展 ·跨学科：高度紧密的跨学科研究 ·主要研究方向：城市生态系统服务、居民福祉、可持续规划等 ·主要参与领域：生态系统生态学、社会科学、城市规划、可持续发展学科等
城市是人与环境耦合的系统	

图 1-2　与自然和谐共生的不同阶段之间的关系："城市中的生态"、"城市内的生态"和
"城市的可持续性"（作者根据参考文献[7]自绘）

1.1.2　人与自然的四种辩证关系

人与自然的关系经历了从顺应自然到征服自然，到将景观视为静态装饰，再到探索与自然和谐共生等四个主要阶段（图 1-3）。

中国传统农耕文明中，传统道教风水理论的缩影是敬畏自然，顺应自然规律，对待自然与人的关系存在一种内向封闭性[12]。"天人合一"的简单自然观也便成为文人士大夫的"意识共识"。"山水城市"思想最早萌发于钱学森对城市建筑科学的思考及对未来人居环境的展望[13]。"山水城市"思想在中国古代就已存在，关于"山水"和"城市"的感悟可以追溯到先秦两汉时期。秦朝"象天法地"的帝王之都咸阳，后来南宋的临安城、明清北京的三山五园等都是中国古代"天—地—人"关系的城邦营造范本。上述城市与建筑的堪舆选址与朴素的建造方法虽然没有理论或数据支撑，但却经历了时间的考验，其体现的恰恰是一种人工与自然融合共生的状态，而这种"虽由人作、宛自天开"的理念也成为后世所有设计原则和建造方法的基础。

在西方，自文艺复兴以来，随着数学、物理等学科的发展，科学和理性逐渐压倒诗意与感性，西方学者的经验与意识几乎都建立在理性思维模式上，而这导致的后果之一便是工业革命以来，人类认为自己可以无限地征服和改造自然，进而对自然资源进行干预与掠夺。自然环境就成了被忽视和被改造的外在客体[7]。"山水"和"景观"，都包含了对自然和风景的描述，但东西方所演变出的艺术审美价值体系却大相径庭。中国山水画里的山水往往与人共存，人居于其间。古人的营造智慧在于处理人与自然的"内嵌和涵融"关系（即人是"内在地"居住于风景），而非西方的那种"征服与控制"的关系（即人是"外在地"凝视着风景）。

然而，西方科学技术的引入，对国人的审美和人居环境营建产生了深刻影响[13]。这种改变不仅是表达层面上的，更是深入思维里。如果将自然环境表现为一种工具价值，

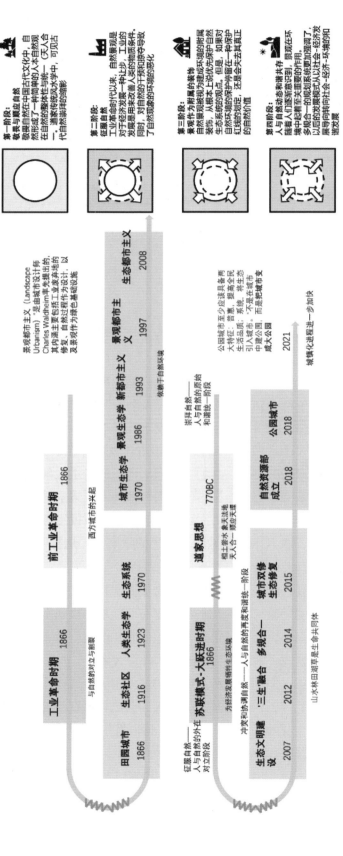

图1-3 人与自然关系的几个阶段（作者根据参考文献[2, 9-11]自绘）

而忽视其内在价值，自然风景就变成了被抽离出来的、被凝视的、外部的对象[14]，换言之，被科学性话语简化成了一种静态的、布景式的审美性景观。随着人们意识到自然生态的内在价值，景观在综合规划系统中所能起到的作用已成为当前生态学与城市学研究的热点，相关方向包括景观都市主义[15]和生态都市主义[11]等。相应地，关于城市建设的理论一直在不断充实完善，从最初道法中"天—地—人"哲学中的人地关系思想，到之后景观都市主义理论消解了建筑与景观的二元对立关系，为场所与对象提供了一种调解的可能性[16]。

然而，目前我国生态城市规划中，如何从景观视角进行多维度的量化分析和研究，通过协调多维度之间的相互关系，平衡和协调自然演进和人类开发的时空关系仍是当前研究和管理实践的重要难题。前期相关研究多是对单一的水平生态过程或垂直生态过程进行分析和研究，很少在设计中融合应用二者[17]。建成环境与自然环境之间存在着复杂的非线性关系，因此如何通过整合多维度的分析研究实现一种兼具文化内涵、社会效益和生态价值的人居环境[9]，将景观、城市、建筑一体化的理论思想逐步转化为具体的应用方法和设计策略来指导城市设计，成为当前迫切需要解决的问题。

1.2　景观引导城市设计的理论框架

1.2.1　景观都市主义的缘起与发展

从霍华德的《明日的田园城市》[18]、格迪斯的《进化中的城市》[19]、赖特的《广亩城市：一个新的社区规划》[20]到希尔贝塞默的《新区域格局》[21]，相关研究在区域尺度规划实践中对城市建成环境与自然环境之间的关系进行了讨论和修正，通过公共基础设施的提升来织补空间和完善城市秩序。城市景观作为绿色基础设施，具有生态修复功能，在城市建设项目中占据越来越重要的地位。

格迪斯[19]将自然生态系统和城市视为"进化的有机体"，景观都市主义的理论和实践直接建立在区域环境规划的原则上。综合了文化、生态和城镇化因素，麦克哈格叠加了各种自然和社会因素的地图，作为促进城市和农村环境改善的综合方法[22]。20世纪70年代，规划师和建筑师积极探索以景观作为一种具有可变性和适应性的独特设计媒介的理论研究和实践探索。近几十年来，景观作为促进城市转型的一种综合媒介被用来应对后工业化场地中城市基础设施、公共事件和城市未来的不确定性关系[23~25]，成为景观设计思潮主流。许多学者、设计师和研究人员为景观都市主义和生态都市主义的理论和实践做出了贡献。

景观都市主义是1997年瓦尔德海姆在一个研讨会上首次提出的，其明确阐述了用景观取代建筑成为塑造城市形态和组织功能的主要媒介，以及容纳和组织复杂城市活动的基本框架[15]。生态都市主义强调个体要素的力量和城市在置换过程中的流动性[26]。

城市建成环境与自然环境之间关系的论点

"乡村所有的清新乐趣——田野、灌木丛、林地——都可以通过步行或骑马即可享受。由于美丽的城市群落是建设在人民集体拥有的土地上，因此会拥有规模宏伟的公共建筑、教堂、学校以及大学、图书馆、画廊、剧院等设施，是世界上任何私人土地所有的城市无法比拟的。"

——霍华德《明日的田园城市》

"通向新技术城市的道路上，要重视城市美学，保护自然，并将景观塑造同城市设计结合，使'街道旁有田野，而不仅是田野中有街道'，并运用拆除、改造、重建等方式对现有贫民窟的生活环境进行改善。"

——格迪斯《进化中的城市》

"在这个反城市的'城市'中，每一户周围都有约一英亩（约 4 050 平方米）的土地来生产供自己消费的食物和蔬菜。居住区之间以高速公路相连接，提供方便的汽车交通。沿着这些公路，建设公共设施、加油站等，并将其自然地分布在为整个地区服务的商业中心之内。"

——赖特《广亩城市：一个新的社区规划》

"大都市地区保留作为开放空间的土地应按土地的自然演进过程（natural-process lands）来选择，即土地应从根本上适应于'绿色'的用途：这就是大都市地区的自然的位置。"

——麦克哈格《设计结合自然》

"继续将自然和景观、城市相对立，不论作为绝对否定的、善意的伪装或互补型的交叠，都冒着建筑和规划艺术将无法对未来城市构型产生影响的重大风险"。

——瓦尔德海姆《景观都市主义》

景观基础设施网络不仅是城市肌理中交织的载体[11]，更是通过自身动态变化和可持续发展的复合系统来改善城市区域结构的有效触媒[14, 27]，其所具有的连续性为城市形态的发展提供了一个有力的基底。在这一背景下，关于景观都市主义的论述可以被视为一次学科重整，其中景观代替建筑而成为城市形态基本建造单元，为理解当代城市规划与设计提供了一种全新的视角。

1.2.2　我国相关理论与实践的概述

20 世纪 80 年代以来，我国一些学者尝试将城市生态学研究与城市形态学、城市社会学联系起来，从生态学的角度进行城市设计的理论研究。其中，城市与自然结合方面较有代表性的是著名学者钱学森提出的"山水城市"理论。

目前，在对城市发展指导理论的思考上，我国城市研究学者已经开始认识到在研究自然生态系统动态过程中明确地将城市化过程与景观联系起来的重要性。有些学者的研究方向从概念研究转向实践研究，从定性研究为主转向定量研究为主[9]，从关注城市景观构件的类型学到研究各组成部分的内部流动性分析[16, 17]。地理信息系统（GIS）和遥感技术（RS）的发展也为相关研究提供了技术层面的支持[28]，如基于环境的生态适宜性和敏感性评估[17, 29]。近几十年来，城市生态理论的发展和应用领域不断扩大，共同构成了当代景观理论思考的格局。

1.2.3　景观引导城市设计的理论框架

虽然景观都市主义已历经多年发展，目前仍然缺乏针对景观引导的城市设计的研究，从理论到实践落地也需要更多方法论上的探讨。本节将借鉴景观都市主义和生态都市主义的原则，结合历史和理论，进一步完善理论框架和方法。

针对跨尺度景观引导的城市设计框架的复杂性，笔者通过对垂直因子、水平网络、空间层次序列三个维度的分析，提出了基于景观都市主义原理、景观引导的城市设计方法。格迪斯的《进化中的城市》[19]将"调查、分析和实际规划"的顺序引入城市规划方法中，其中"调查"系规划和设计的先决条件。麦克哈格主张对各种类环境因素的垂直延伸进行分析[22]。他提出了一个基于城市适宜性分析的系统框架"千层饼模型"（Layer Cake）和城市设计的生态因素映射过程，将自然系统、文化系统和社会系统的各种资源统筹起来进行综合分析，置于一个统一的垂直评价系统中。这种设计分析框架作为一个相互关联的框架，扩展了学科实践的范围[30]。1986 年福尔曼和戈登的《景观生态学》为生态景观提供了一个新的视角，他们将每个独立的生态单元视为一个斑块、廊道或基质，并研究其空间结构、功能和动态[23]。一个完善的"斑块—廊—基质"的空间形态格局代表着一个能很好自我修复、更新的生态系统。1990 年加塔利的三重生态学命题提出了一种生态学哲学，促进了设计过程的合理化，同时考虑了多个行为者的参与[31]。因此，笔者在三重生态学的基础上对于景观都市主义重构解读，将其链接到三个方面，即系统兼容性（system compatibility）、社会充分性（social sufficiency）和生态充分性（ecological sufficiency）。

在对景观都市主义和生态都市主义原则进行理论研究的基础上，笔者提出了景观引导的城市设计理论框架（图 1-4）。

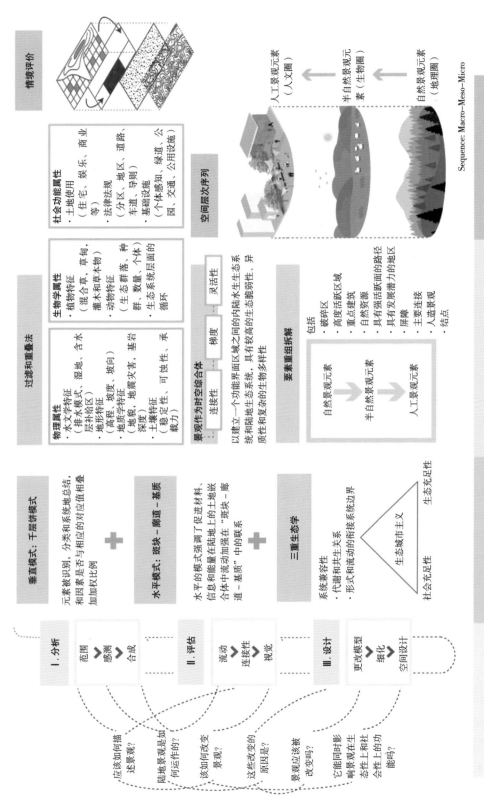

图 1-4 景观引导的城市设计理论框架（作者自绘）

景观引导的城市设计方法强调自然环境和城市景观的融合和相互作用，通过理论框架指导场地分析（scoping—sensing—synthesizing），是一个城市诊断过程[32]，即通过土地评估程序，对自然系统和人工基础设施的要素进行分解，通过空间资源配置的手法，赋予这些要素不同的权重。下一步是将生态设计、生物圈的动态和人类圈（建筑、基础设施等）叠加起来，从而形成一个垂直整合的多层次设计分析，其中自然模式与城市空间形式交织在一起[14]。在"混合景观"中，既有静态因子，也有动态因子，它们的结构和功能都受到物理属性、生物学属性和社会学属性等复杂相互作用的影响。图1-5列出了三个维度的相关因素。各个相互离散的图层的剖析性和分离性传递出不同的信息，表达场地的复杂性。因此，图层技术可为更广泛的参与性决策提供基础。

物理属性
- 水文学特征
  （排水模式、湿地、含水层补给区）
- 地形特征
  （高程、坡度、坡向）
- 地质学特征
  （地貌、地震灾害、基岩深度）
- 土壤特征
  （稳定性、可蚀性、承载力）

生物学属性
- 植物特征
  （混合草，草甸，灌木和草本植物）
- 动物特征
  （生态群落、种群、数量、个体）
- 生态系统层面的循环

社会功能属性
- 土地使用
  （住宅、娱乐、商业等）
- 法律法规
  （分区、地区、道路、车道、导则）
- 基础设施
  （个体感知、绿道、公园、交通、公用设施）

图1-5　理论框架中筛选和叠加的相关因素（作者根据参考文献[33, 34]自绘）

景观引导的城市设计是把城市空间视为整体，对空间要素，以及要素之间的关系进行整合的设计。这个过程是在建构一种关系，这种关系不仅体现在物质层面上，包括不同建筑之间的关系，建筑与街道的关系，广场、公园及其他构成公共领域的空间关系；也体现在更为广泛的非物质层面上，包括主体与主体活动及其所代表的利益关系。跨尺度景观引导的城市设计框架在混合景观的融合与转换中，融合垂直模式"千层饼模型"[22]和水平模式"斑块—廊道—基质"[23]，提出了垂直因子、水平网络、空间层次三个维度的空间分析，以生态原则指导规划与设计。跨越人为的场地界限，将场地和周边的空间作为一个整体进行统筹性思考。

1.2.4　景观引导城市设计方法的优势

如图1-7所示，本研究提出的景观引导城市设计方法的理论框架以动态规划、滚动规划替代了原来的静态物质规划，以场地的演变肌理为蓝本，将景观空间分解成多种空间类型，按照"自然景观元素—半自然景观元素—人工景观元素"的层级结构，通过正向叠加这些空间类型以及相应的功能，进一步将文化和功能融合到场地的生态

景观引导的城市设计与现行城市设计思路的比较

规划对策是现行城市规划编制决策程序中的关键环节，是基于生态目标、分析和过程反馈采取相应的针对空间规划措施[32]，从而指导空间设计的手法。城市空间设计的传统手法，往往将人类住区（如城市、乡镇等）和自然环境（如森林、湖泊等）分开规划和独立设计。基础设施的设计若未能事先考虑水平的流动网络、时间变化与系统的随机性，经常会以控制性的几何的形态阻断并压制自然过程，继而导致空间形态与生态流动之间的不相容[35]。

景观引导的城市设计方法理论框架是建立在一种系统方法论之上的，它将传统的二分法（高度人工的环境与自然环境）视为一个统一的实体（图 1-6），以生态学为导向，将各种生态因素用循序渐进的规划手法统筹考量。除了传统空间规划中强调的社会、经济等因素外，还包括地理、地质、气候、土壤、动植物、自然景观等自然生态要素。传统的元素空间划分被垂直分层方法所取代，其中每一层被认为是一个完整的子系统。最终构建成一个巨大的复合生态系统。

现状网格模式

现状城市设计的功能分区是通过正交网格模式来构成空间配置，这与景观的自然动态相矛盾

景观引导的城市设计方法

景观主导的城市设计方法将自然环境和人工环境作为一个流动地景形式，设计作为一种生态的介入，得以重新组构与编织自然系统及城市肌理

图 1-6 现状网格模式与景观引导的城市设计方法的比较（作者自绘）

本章提出的框架有别于传统城市设计的几何构型设计，通过折叠创造出一种连续的、重复的大地表面和建筑组团的综合体，具备穿透各尺度、分析并处理跨尺度生态效应的能力。运用复合生态系统的观点及生态学、环境科学的理论与技术方法，对场地范

围内的资源与环境性能、生态过程特征、生态环境敏感性与稳定性进行综合分析。若按复杂程度为指标依序逐渐由弱而强，设计方案需囊括直观描述、主题分析、垂直因子、水平网络、空间阶层、时间、调适及行为等多种分析模式。在设计操作上，在大区域尺度范围的生态城市空间架构上，将物理属性的生态设计、生物圈的动态和人类圈（建筑、基础设施等）叠加起来，从而形成一个垂直整合的多层次设计分析，以构筑城市的生态基础设施，强调地景与城市意象的塑造[14]；最后以时间来推导发展进程，映射到自然演变过程、生物演化进程和城市发展过程的一个混合景观（hybrid landscape）。

演变中去[36]。整个景观空间的功能既能得到丰富和整合，还能保持各自空间层级上的功能独立性和包容性[37]。信息便会在持续不断变化的形式中流动，整个景观系统就有机会变成有机的、自发的系统[26]，进行维持自身不确定的、开放性的弹性变化。

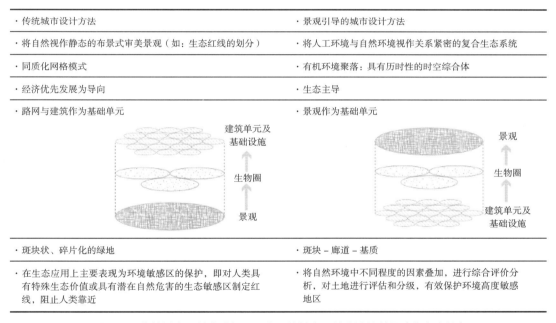

·传统城市设计方法	·景观引导的城市设计方法
·将自然视作静态的布景式审美景观（如：生态红线的划分）	·将人工环境与自然环境视作关系紧密的复合生态系统
·同质化网格模式	·有机环境聚落：具有历时性的时空综合体
·经济优先发展为导向	·生态主导
·路网与建筑作为基础单元	·景观作为基础单元
·斑块状、碎片化的绿地	·斑块–廊道–基质
·在生态应用上主要表现为环境敏感区的保护，即对人类具有特殊生态价值或具有潜在自然危害的生态敏感区制定红线，阻止人类靠近	·将自然环境中不同程度的因素叠加，进行综合评价分析，对土地进行评估和分级，有效保护环境高度敏感地区

图 1-7　传统城市设计方法与景观主导的城市设计方法的差异（作者自绘）

1.3　景观引导的城市设计框架下社区花园的功能定位

　　基于生态学视角的价值分析要求设计者具有更广阔的视野和时空概念。大规模的自然景观往往是长期积累的结果，而美学和生态效益往往局限于现场的短时体验，离日常生活距离较远，对日常生活影响较小[38]。相比较而言，小型城市绿地（如社区花园和口袋公园）在城市生态化过程中同样扮演着重要的角色，离居住地可达性更强，具有更广泛的生态和物理信息交流的功能[17]。这些绿地的存在，可以改善城市的生态系统，促进生物多样性，提升空气质量，并提供更多休闲和社交的空间。这些小型绿地的建设和保护对于城市的可持续发展和居民生活质量的提高具有重要作用。

为了更全面地了解社区花园等小型绿地在景观引导的城市设计、国土规划里的作用，作者团队在 CNKI、Web of science、Scopus 和 PubMed 四大电子数据库中进行系统性的文献检索，检索关键词从"社区花园"与"景观都市主义"两方面进行组合检索。例如，"community garden*" AND "landscape urbanism" OR "landscape" OR "ecological landscape"。检索类别为主题，包括标题，摘要和关键词。检索时间限定为 1990 年至 2023 年 9 月，语种限定为全英文和中文文献。并尝试使用 HistCite 等软件，追溯相关参考文献以保证文献齐备。

文献检索遵循如下准入标准：（1）全英文和中文撰写。（2）横向调查研究，干预研究，实证研究，质性研究或纵向追踪研究。文献剔除标准：（1）目标环境不是社区花园的文章。（2）低质量的灰色文献。（3）文章主题与景观都市主义不相干的研究等。

如图 1-8 所示，通过 4 个数据库共检索到 464 篇文献，通过去重后留下 392 篇文献，经过题目、摘要、全文的审阅过程，最后有 47 篇文章纳入综述报告中，其中英文文献

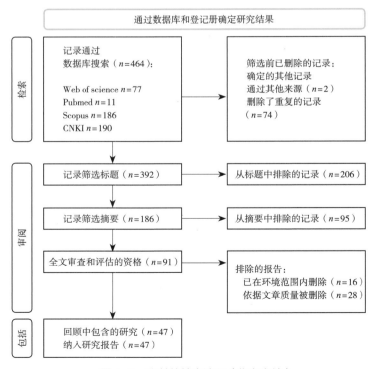

图 1-8　文献的检索流程（作者自绘）

为 26 篇，中文文献为 21 篇。在社区花园研究领域与景观都市主义相关的研究主要包括 3 个主题：（1）提供"社会—生态"系统服务。（2）可食用景观。（3）社区景观微更新。

1.3.1 促进社会——生态系统服务

一项美国社区花园网络的调查研究发现，广泛分布的社会花园通过生物和社会机制相互连接，构成了一个兼具社会互动和生物多样性保护的"社会—生态"系统[39]。

专栏 1-3

"社会—生态"系统连通性

"通过景观设计改善社会和生态连通性越来越受到城市规划者、城市环境保护者和科学家的关注。景观设计对城市具有在环境变化（包括气候变化、城市化、生物多样性丧失）帮助城市恢复的能力，同时对促进居民福祉具有潜在的积极影响。生态系统服务包括支持服务（例如营养循环）、供应服务（例如食物）、调节服务（例如气候调节）和文化服务（例如娱乐）等。这些服务通过改善身心健康、提高城市居民的福祉并提供良好生活的基本材料，使人们能够自由选择行动。"

"然而，由于土地利用构成的异质性及人口结构和资源获取的社会多样性，城市景观生态系统服务的维持和管理是具有挑战性的。促进生态系统服务的连通性作为一项'社会—生态'原则用于解决上述问题。连通性是实现资源、物种或社会行为者分散、迁徙或相互作用于生态和社会景观。生物连通性一般涉及在管理目标范围内，地貌的生物物理特征如何促进生物在资源斑块之间的移动。通过加强生物连通性，促进动物迁徙、植物授粉等与生态系统服务相关的相互作用，生态系统服务就会得到促进。社会连通性关系到社区内人们信息共享和联系的增加促进思想传播的程度，以及改善社会的治理结构和人类福祉的方式。"

"城市社区花园是广泛分布在城市社区的多功能社会生态系统，是生态系统服务的来源之一。作为生态服务，花园是多种生物的栖息地，兼具调节气候、控制雨水径流的作用。作为社会服务，社区花园可以增加新鲜食物的获取和安全、改善社会网络、提供教育和社会学习机会，同时增加社区组织和自我赋权。社区花园所服务的'社会—生态'系统使其成为该系统的服务'节点'，'节点'之间的互动可以通过连接生物走廊和促进人类社会互动来加强当地生态系统服务流动，使得当地社区受益。尽管社区花园的好处多种多样，但它们往往并不均匀地分布在城市景观中，而且可能像其他绿地一样，在某些社区内呈现集聚现象。通过制定新的办法来评估社会和生物物理连通性，以制定未来适用的战略，加强'社会—生态'系统网络的连通性，从而加强它们对环境变化的适应能力。"

（——EGERER M, FOUCH N, ANDERSON E C[39]）

社区花园作为离居住地较近的城市景观开放空间，为居民提供了重要的社会文化服务，包括身心健康、社会凝聚力、教育和文化维护，增加社会联系和提升人类福祉[39, 40]。社区花园的出现代表了公民的主动参与，也能满足使用者对开放空间的多元需求。在澳大利亚的阿德莱德，许多未被充分利用的土地被自发改造成社区花园，为恢复地方活力和促进福祉作出了贡献[40]。这些花园通常包含草坪、社交区域和活跃的球类运动空间等非园艺元素空间。这些特点使得社区花园有效地扮演起小型公园的作用[41]。从这个意义上来说，社区花园是在传统正式规划结构之外由当地居民共同创建的公共绿地，更能体现社区的绿地需求。

社区花园作为城市绿地在城市生态系统中也带来许多益处，在相关的生态系统服务文献和论述中被广泛提及。这些益处包括气候调节[42, 43]、雨水收集[44]、生物多样性保护[45]、微型栖息地供应[42]及粮食生产[39, 46]。社区花园的实践可以通过一系列土壤管理措施，如厚土栽培、土壤改良、灌溉实践和科学种植资源植物等来影响地上和地下栖息地特征、生态相互作用和过程[45]。社区花园作为微型绿色基础设施，发挥了重要的创造小型生境、联系周边绿地和自然区域方面的作用[47]。社区花园可以作为城市地区的生态踏脚石，这些小块栖息地可能拥有意外丰富的动植物物种，并可以通过补充和串联大型生态斑块孤岛，使常见物种扩大到日常生活的空间[48]。

有研究认为社区花园是城市生物多样性保护的蓄水池，在透水性较差的城市景观中创造了凉爽的绿洲，特别是对受到生物气候影响较大的脆弱物种而言[43]。例如，上海的虹旭生境花园是在小区中创建小而美的生境花园优秀范例，设计特别关注授粉类昆虫和鸟类的存在，保护地方物种多样性[48]。因此，社区花园作为最为底层的生境单元，对城市不同空间尺度的生态网络和生物多样性格局的构建至关重要。在城市中广泛分布的社区花园有助于建立更大的生态系统服务网络，有助于更好地保护生物多样性、提供生态系统服务、缓解城市气候和其他环境压力[49]。在合理规划和设计下，社区花园的小型绿地空间有潜力为城市提供一系列独特的生态系统服务，支持生态系统和人类健康。

在国内，尽管也存在着食品安全和资源短缺的问题，但可食用景观的推广却一直未能取得进展。城市居民普遍认为，在城市中种植食用植物只是为了提高土地利用效率和美化环境，并不能完全满足粮食生产的需求[50]。一些居民只能在社区的非正式空间，

社区花园与城市食用性景观

社区花园可以在城市和城市周边地区种植供销售或消费的食物和非食物产品。在世界各地的许多城市，特别是在发展中国家，将蔬菜、水果、草药和农作物等可食用元素引入城市公共空间，这种都市农业被视为改善粮食和营养安全的战略，作为景观都市主义重要的实践[50]。例如，美国的社区花园运动和多伦多的社区食品安全运动将社区花园作为一项战略，以重振当地的食品系统，提供健康、人们负担得起的食品[51, 52]。如果城市社区花园具备食用性景观元素，可以提供很多好处，例如提供新鲜和有营养的食物、支持环境教育、促进社会互动和社区建设、促进可持续发展[46, 53]。

如住宅周围、屋顶和建筑物内部的公共区域进行种植，并常常面临物业管理方面的反对，因为这些种植活动通常被视为违规的[54]。一项关于武汉居民对城市可食用景观的关注和意识的研究发现，在接受调查之前，近三分之一的受访者并不知道城市中存在可食用的景观。大多数居民认为可食用景观可以提高土地利用效率（57.26%），并具有特殊的观赏效果（54.64%），但相当一部分居民不相信在城市公共空间种植食用植物可以增加食物产量（37.10%）和提高食物质量（40.12%）[50]。

社区花园为可食用性景观提供了设施和场地的支持，一定程度上增强了人们对可食用性景观的认知度。然而，由于缺乏合理的绩效评估和地方政府以及官方机构对其提供政策支持，国内的发展在目前阶段受到一定的限制。有研究对美国风景园林基金会发布的与社区花园相关的 11 个案例进行了整理，其中涉及景观绩效系列（Landscape Performance Series），对项目类型、规模、评价指标和方法等内容进行了统计分析。这些研究结果对我国社区花园建设具有借鉴意义，并有助于为社区花园作为城市绿地景观提供有力的证据支持[55]。

1.3.2　社区景观微更新的新途径

随着城市化建设由增量扩张逐渐转向存量优化，城市设计理念也在发生转变。人们开始更加关注老城区的空间品质和公共生活，强调在充分认知城市复杂性的前提下进行景观设计。近年来，在新自由主义和景观都市主义的影响下，有人主张将城市更新的责任下放给城市居民，将社区花园作为实现居民参与城市更新的一种途径，尤其适用于老旧小区的改造[56~58]。例如，在波兰，社区花园被视为开发居住区中可互动绿地的新方法，通过改变居住区的景观，增强居民的社区感、团结感和共同责任感[59]。在我国的北京、上海等地，通过"在地微更新"的方式，利用参与式设计、参与式共建，以及认领认养的方法建设社区微花园，不仅能改善社区环境，还能促进邻里关系。这一做法被广泛认为是有效的社区治理途径[60~63]。

以社区花园作为社区微更新的路径，涉及美学、景观元素配置，以及公共艺术的结合。社区花园的美学不仅涉及社区景观带来的感官审美体验，还包括与地方相关的情感体验。此外，树木、符合人体工程学的座椅、野餐桌、雨棚、小径、种植园、储藏室、堆肥区和游乐区也被视为构成社区花园的吸引活动的空间景观元素[64]。

沃尔特提出了乡土社区花园设计的9个要素[65]，这些要素包括：在花园中采用更有机的长方形花圃网格；个人和公共的花圃结合；注重参与性和持续变化的审美；设置遮阳座位以欣赏花园；大型和小型花圃的混合利用；儿童花园；教育性的花园会议空间；具有吸引力的公共形象；支持参与和联系的花园组织。

社区花园与当代艺术的结合是一种新的思路，让人们可以以一种新的方式了解社区花园[66]。作为一种新型公共艺术形式，社区花园通过微景观的介入方式强化了社区内人与人之间的联系、连接了文化和社会、寻找了共识、最终建立起了一个容纳多元观点的公共沟通场域[67]。艺术化的场景不仅创造了良好的邻里关系、延续了城市的历史文脉、强化了当地的风土人情，也为社区生活注入了新的活力[68]。一些简单的公共艺术，如旧物改造的装置，虽然不起眼，但是来自居民本身的生活，具有强烈的亲切感。社区花园作为景观艺术的载体已经在国内的许多地区进行了实践。例如，"行走上海2016——社区空间微更新计划"将社区花园引向生态景观和参与式艺术之路，构建了社区独特的"美学场所"，使当代艺术的视觉内涵与日常生活之间的距离转化为可供日常欣赏的景观阅读与体验[69,70]。但是，这些社区的更新成果往往容易遭到破坏和缺失维护。有学者建议可以参考西雅图社区花园的理念，精细化社区花园的功能分区和元素构成，建立标准化和实用化的模式。结合朴门永续农业和社区促进的功能需求，实现可持续农业生产和社区健康发展。这些经验探索了社区花园的可持续发展路径，为我国社区花园的可复制和未来推广提供了范本[71,72]。

近年来，社区花园在许多西方国家，特别是北美国家迅速发展。它们不仅仅是一个用于园艺的公共空间，更是一个独特的公共景观绿色空间（表1-1~表1-2）。作为景观引导的城市设计框架在社区尺度微更新的有力抓手，社区花园不仅可以提供具有营养和经济价值的可食用景观，还满足当地居民与自然、教育、公民活动接触的需求，实现了"社会—生态"系统连接性的提升。另外，这种在传统正式规划结构之外创造的公共绿色空间由当地居民努力发起、维护，更能反映社区特定的绿色空间需求，体现了"人民城市人民建的理念"。在这种背景下，将社区花园的创建和管理与正式的绿

西雅图社区花园的理念

表 1-1　社区花园基本功能需求（根据参考文献[71]作者自绘）

功能需求	朴门永续农业	社区促进
	有机农业生产 生产废物循环利用 低投入、维护的材料设施 水收集和再利用 清洁能源利用 农产品自给 生态系统修复	社区公众参与 社区自组织管理 创造公共空间 开展生态科普教育 低收入人群食物供应 引入公共文化艺术

表 1-2　功能分区与元素组成（根据参考文献[71]作者自绘）

功能分区	公共服务区	公共种植区	生产配套区	租赁花园区
元素组成	停车场 管理服务建筑 标识通信板 公共广场 休闲草坪 野餐设施	给予花园儿童花园 原生植物示范园 艺术花园	工具间 加工区 堆肥区 水收集系统 温室 蜂箱	种植区 果园 动物饲养区

地规划联系起来可以带来明显的好处。例如，20 世纪 70 年代初的西雅图 P-Patch 计划，通过官方出台的社区园艺计划来帮助社区居民更好地种植、管理和推广社区园艺，不仅缓解了居民因失业造成的经济困难，改善了社区环境，还增强了社区居民自主管理社区的责任，培育了社区意识[73]。另外，一项来自澳大利亚珀斯的研究提出了促进正式绿地规划与社区花园发展融合的策略。这一建议认为社区花园需要正式规划批准和相关保护，以便保障社区花园在日益复杂的城市土地使用谈判中的合理地位。

城市绿地种类繁多，包括绿化、中心景观、休憩功能的小游园，而社区花园作为法定国土规划的"最后 100 米"，应该在城镇化和城市更新中得到重视和保护。本书呼吁将社区花园纳入国土规划体系，实现从非正式到正式化。这样，作为公共绿地，社区花园可以受到相关规划法制系统的保护，也可以保障土地使用的权利、参与者的权益。最终为社区花园在我国的推广提供政策和法律层面的支持。

参考文献

［ 1 ］ LI Y, JIA L, WU W, et al. Urbanization for rural sustainability−Rethinking China's urbanization strategy ［ J ］. Journal of Cleaner Production, 2018, 178: 580−586. DOI:10.1016/j.jclepro.2017.12.273.

［ 2 ］ XIA L, CHENG W. Sustainable development strategy of rural built−up landscapes in Northeast China based on ANP approach［ J ］. Energy Procedia, 2019,157: 844−850.

［ 3 ］ ARKI V, KOSKIKALA J, FAGERHOLM N, et al. Associations between local land use/land cover and place−based landscape service patterns in rural Tanzania［ J ］. Ecosystem Services, 2020, 41: 101056. DOI:10.1016/j.ecoser.2019.101056.

［ 4 ］ 张忠跃, 胡灵坊. 中国生态文明建设历程回顾与经验分析［ J ］. 长春师范大学学报, 2020, 39（1）: 39−41.

［ 5 ］ 唐燕. 政府机构改革影响下的城市设计——与城乡规划管理的关系重构［ J ］. 城市设计, 2018,6: 10.

［ 6 ］ 袁兴中. 生态修复理论与实践［ J ］. 西部人居环境学刊, 2020,35（4）: 4.

［ 7 ］ WU J, XIANG W N, ZHAO J. Urban ecology in China: Historical developments and future directions ［ J ］. Landscape and Urban Planning, 2014, 125: 222−233. DOI: 10.1016/j.landurbplan.2014,2: 10.

［ 8 ］ 孙娟, 林辰辉, 陈阳, 等. 长三角生态型发展区空间治理研究［ J ］. 城市规划学刊, 2020,3: 96−102.

［ 9 ］ 陈利顶, 李秀珍, 傅伯杰, 等. 中国景观生态学发展历程与未来研究重点［ J ］. 生态学报, 2014,1（12）: 3129−3141.

［ 10 ］ 徐凌云, 王云才. 从景观都市主义到生态都市主义［ J ］. 中国城市林业, 2015,13（6）: 23−26,31.

［ 11 ］ MOSTAFAVI M, DOHERTY G, KOOLHAAS R, et al. Ecological Urbanism［ M ］.Rev.ed. Zürich: Lars Müller Publishers. 2016.

［ 12 ］ 宋秋明. 基于景观都市主义的城市设计策略探究［ J ］. 城市建筑, 2019,16（16）: 166−172.

［ 13 ］ 翟俊. 景观都市主义的理论与方法［ M ］. 北京: 中国建筑工业出版社, 2018.

［ 14 ］ 杨沛儒. 生态城市主义: 5种设计维度［ J ］. 世界建筑, 2010,（1）: 22−27.

［ 15 ］ WALDHEIM C. The Landscape Urbanism Reader［ M ］.1st ed. New York: Princeton Architectural Press, 2006.

［ 16 ］ 黄光宇. 生态城市研究的回顾与展望: 生态学与全面·协调·可持续发展——中国生态学会第七届全国会员代表大会论文摘要荟萃［ C ］. 北京: 化学工业出版社, 2004.

［ 17 ］ 陈跃中. 大景观——景观规划与设计的整体性框架探索［ J ］. 建筑学报, 2005,（8）: 36−40.

［ 18 ］ HOWARD E. Garden Cities Of To−Morrow［ J ］. Organization & Environment, 1903, 16: 98−107.

［ 19 ］ GEDDES P. Cities in Evolution: An Introduction to the Town Planning Movement and to the Study of Civics［ M ］. London: Williams, 1916.

［ 20 ］ WRIGHT F L. Broadacre City: A new community plan［ M ］//The city reader. London: Routledge 2015: 432−437.

［ 21 ］ HILBERSEIMER L. The new regional pattern: industries and gardens, workshops and farms［ M ］. Chicago: Theobald. 1949.

［ 22 ］ MCHARG I L. Design with nature［ M ］. Hoboken: Wiley, 1969.

［ 23 ］ FORMAN R T T. Land Mosaics: The Ecology of Landscapes and Regions［ M ］. Cambridge: Cambridge University Press, 1995.

［ 24 ］ HOUGH M. Cities and natural process［ M ］. London: Routledge, 1995. DOI:10.4324/9780203292433.

［25］ SPIRN A W. The language of landscape［M］. New Haven: Yale University Press, 2000.

［26］ HAGAN S. Ecological Urbanism: The Nature of the City［M］.1st ed. London：Routledge, 2014.

［27］ CORNER J. Landscape Urbanism in the Field: The Knowledge Corridor, San Juan, Puerto Rico［J］. Topos, 2010, 71（2）: 26.

［28］ 王建国. 生态原则与绿色城市设计［J］.建筑学报, 1997,（7）: 5.

［29］ 俞孔坚,李迪华,刘海龙.《反规划》途径［M］.北京：中国建筑工业出版社,2005.

［30］ FAN P L, CHEN J Q, WU J. Evolving Landscapes under Institutional Change, Globalization, and Cultural Influence in Contrasting Urban Systems［J］. Landscape and Urban Planning, 2019, 187: 129–131. DOI:10.1016/j.landurbplan.2019.04.013.

［31］ GUATTARI F, PINDAR I, SUTTON P. The three ecologies［M］. London: Bloomsbury Publishing, 2008.

［32］ BLACK P, SONBLI T E. The Urban Design Process［M］. 9th ed. London: Lund humphries, 2020.

［33］ CARMONA M, TIESDELL S.Urban design reader［M］. London: Routledge, 2006.

［34］ LAGRO J A. Site Analysis: A Contextual Approach to Sustainable Land Planning and Site Design［M］. 2nd ed. Hoboken: Wiley, 2007.

［35］ 王华东,王建. 城市景观生态学雏议［J］.城市环境与城市生态,1991,（1）: 26–27.

［36］ 陈跃中,唐艳红. 生态水景——规划设计是关键［J］.中国园林,2011,27（10）: 34–37.

［37］ FENG W, LIU Y, QU L. Effect of land-centered urbanization on rural development: A regional analysis in China［J］. Land Use Policy, 2019, 87: 104072. DOI:10.1016/j.landusepol.2019.104072.

［38］ 石铁矛. 城市生态规划方法与应用［M］.北京：中国建筑工业出版社,2018.

［39］ EGERER M, FOUCH N, ANDERSON E C, et al. Socio-ecological connectivity differs in magnitude and direction across urban landscapes［J］. Scientific Reports, 2020, 10（1）: 4252.

［40］ COLLINS J. Reimagining small scale green spaces in Adelaide's West End［J］. Australian Planner, 2020, 56（4）: 290–300.

［41］ HOU J, GROHMANN D. Integrating community gardens into urban parks: Lessons in planning, design and partnership from Seattle［J］. Urban Forestry and Urban Greening, Elsevier GmbH, 2018, 33: 46–55.

［42］ CABRAL I, KEIM J, ENGELMANN R, et al. Ecosystem services of allotment and community gardens：A Leipzig, Germany case study［J］. Urban Forestry and Urban Greening, 2017, 23: 44–53.

［43］ NOLTE A C, BUCHHOLZ S, PERNAT N, et al. Temporal Temperature Variation in Urban Gardens Is Mediated by Local and Landscape Land Cover and Is Linked to Environmental Justice［J］. Frontiers in Sustainable Food Systems, Frontiers Media S.A., 2022, 6.

［44］ 张铭遥；吴扬睿. 基于生态系统文化服务的社区花园空间微更新策略研究［J］.绿色科技,2022, 24（5）: 14–18.

［45］ EGERER M, OSSOLA A, LIN B B. Creating Socioecological Novelty in Urban Agroecosystems from the Ground Up［J］. Bioscience, 2018, 68（1）: 25–34.

［46］ PARECE T E, CAMPBELL J B. Assessing Urban Community Gardens' Impact on Net Primary Production using NDVI［J］. Urban Agriculture and Regional Food Systems, John Wiley and Sons Inc, 2017, 2（1）: 1–17.

［47］ SEMERARO T, ARETANO R, POMES A. Green Infrastructure to Improve Ecosystem Services in the Landscape Urban Regeneration［C］//IOP Conf. Ser. Mater. Sci. Eng. Institute of Physics Publishing,

2017, 245 (8).

［48］ 王向颖. 社区生境花园的设计与应用实践——以上海市长宁区社区生境花园项目为例［J］. 现代园艺, 2022, 45 (12): 131-133.

［49］ ANDERSON E C, EGERER M H, FOUCH N, et al. Comparing community garden typologies of Baltimore, Chicago, and New York City (USA) to understand potential implications for socio-ecological services［J］. Urban Ecosystems, 2019, 22 (4): 671-681.

［50］ XIE Q J, YUE Y, HU D H. Residents' Attention and Awareness of Urban Edible Landscapes: A Case Study of Wuhan, China［J］. Forests, 2019, 10 (12): 1142.

［51］ BAKER L E. Tending Cultural Landscapes and Food Citizenship in Toronto's Community Gardens［J］. Geographical Review, American Geographical Society, 2004, 94 (3): 305-325.

［52］ BIRKY J, STROM E. Urban perennials: how diversification has created a sustainable community garden movement in the united states［J］. Urban Geography, 2013, 34 (8): 1193-1216.

［53］ NOVA P, PINTO E, CHAVES B, et al. Urban organic community gardening to promote environmental sustainability practices and increase fruit, vegetables and organic food consumption［J］. Global Health Promotion, 2020, 34 (1): 4-9.

［54］ 何伟, 李慧. 探析社区中可食景观的空间载体及设计理念和技术［J］. 风景园林, 2017, (9): 43-49.

［55］ 纪丹雯, 沈洁, 刘悦来, 等. 基于景观绩效系列的社区花园绩效评价体系研究［C］. 中国风景园林学会2018年会论文集, 2018: 151-158.

［56］ 侯晓蕾, 疏伟慧. 微花园·微更新·微生态——基于社区营造的北京老城区胡同绿色景观环境提升途径探索［J］. 中国艺术, 2020 (2): 24-29.

［57］ 张馨文, 陈磊. 老旧社区更新与社区花园［J］. 四川建筑, 2022, 42 (6): 60-62.

［58］ 李佳琦. 社区花园在城市更新设计中的价值与作用［J］. 房地产世界, 2022, 3: 36-38.

［59］ JANOWSKA B, LOJ J, ANDRZEJAK R. Role of Community Gardens in Development of Housing Estates in Polish Cities［J］. Agronomy-basel, 2022, 12 (6): 1447. DOI:10.3390/agronomy12061447.

［60］ 侯晓蕾. 从"社区微花园"到"街区微花园"——城市绿色微更新的社会治理途径探索［J］. 北京规划建设, 2021 (S1) 74-78.

［61］ 刘悦来, 魏闽, 范浩, 等. 空间更新与社区营造融合的实践——上海市多元主体参与社区花园建设实验［J］. 社会治理, 2019, 10: 69-72.

［62］ 刘祎绯, 梁静宜, 陈瑞丹. 北京老城失落空间里的社区花园实践——以三庙社区花园为例［J］. 中国园林, 2019, 35 (12): 17-22.

［63］ 刘悦来. 高密度中心城区社区花园实践探索——上海市杨浦区创智农园和百草园［J］. 城市建筑, 2018, 25: 94-97.

［64］ BRADLEY L K, LELEKACS J M, ASHER C T, et al. Design matters in community gardens［J］. Journal of Extension, 2014, 52 (1).

［65］ REES A, MELIX B. Landscape discourses and community garden design: creating community gardens in one mid-sized southern US city［J］. Studies in the History of Gardens and Designed Landscapes, 2019, 39 (1): 90-104.

［66］ SALWA M. Community gardens as public art［J］. Aisthesis-pratiche linguaggi e saperi dell estetico, Firenze University Press, 2022, 15 (1): 41-53.

［67］ 齐玉丽. 新类型公共艺术理念下的上海社区花园营造［J］. 上海艺术评论, 2021, 4: 72-74.

［68］ 黄艳, 杨声丹. 市井花园——城市邻里生活与高密度社区公共空间营造［J］. 中国艺术, 2020, 6:

27-35.

［69］齐玉丽，刘悦来. 在地自主多元融合：上海社区花园公共艺术实践参与机制探索［J］. 装饰，2021，11：45-49.

［70］孙帅. 人与自然互动的参与式景观设计——社区市民农艺园设计研究［J］. 华中建筑，2015，2：109-112.

［71］李惊. 西雅图社区花园的用地获取、功能分区和元素组成［J］. 风景园林，2019，11：113-119.

［72］曹子芯，范晓莉. 朴门永续设计对社区花园可持续发展的启示［J］. 设计，2020，33（23）：61-63.

［73］张亚萍. 西雅图社区农园建设实践研究［J］. 中国园艺文摘，2018，34（6）：112-115.

近年来，随着城市发展模式从"增量发展"转向"存量更新"，城镇老旧小区改造成为学界和业界关注的热点话题之一。当前，全国城镇区域内有 17 万个待改造的老旧住宅小区，共计容纳超过 1 亿人口[1]。2020 年颁发的《国务院办公厅关于全面推进城镇老旧小区改造工作的指导意见》指出，作为推进城市更新和开发建设方式转型的重要抓手，城镇老旧小区改造对提升人居生活综合品质、满足人民日益增长的美好生活需要具有重要意义[2]。计划于"十四五"期间基本完成对 2000 年底前建成的老旧小区改造任务。这也意味着城镇老旧小区改造被正式提上了城市发展议程，并成为当前新型城镇化（2021—2035 年）的重点工作之一。

随着我国于 1999 年步入老龄化社会，目前城镇老旧小区中的常住居民以老年人为主，且部分老旧小区集中的城镇区域老龄化问题严峻[3]。以上海为例，作为全国老龄化最严重的城市之一，上海早在 2005 年便率先提出了"90—7—3"的养老模式，即 90% 的老年人将建议居家养老，7% 的老年人将建议依托社区支持养老。而仅有 3% 的老年人将有机会入驻养老机构。换言之，约 97% 的老年人将要依托其所在居住区"原居安老"（ageing-in-place）。该养老模式已在全国范围内被广泛推广。

然而，作为使用居住区环境时间最长、次数最频繁，且对小微环境变化最敏感的老年居民，他们的身心需求并未在居住区的设计、建造、运维和改造过程中得到足够重视。当前全面推进的城市更新为综合应对上述挑战提供了一个良好契机。

本章旨在探索以社区花园来辅助城镇老旧小区适老化改造的模块化景观设计策略。基于环境行为学相关理论，本章系统地回顾老年人的身心需求及其与疗愈景观之间的关系，归纳总结出相关植物配置表，作为后续设计研究的理论基础。希望相关成果能被纳入对《居住区绿地设计规范》的修订完善中，更好地指导当前的老旧小区适老化改造工作。

第二章
社区花园
—— 景观引导的城镇老旧小区适老化改造新路径

Chapter II

2.1 老旧小区适老化改造的新路径

2.1.1 老旧小区适老化改造的景观"短板"

老旧小区适老化改造的早期相关研究主要侧重于室内环境的无障碍设计，如清华大学的周燕珉教授团队[4]、同济大学的李斌教授团队等在做的研究项目[5]。近年来，随着社会、经济和技术进步，各地市开始在老旧小区改造中增设电梯（如2019年通过的《苏州市既有多层住宅增设电梯的实施意见》）。这使得老年人使用居住区室外公共空间的频率和参与户外活动的时长均得到了大幅提升，同时也对居住区的室外公共空间设计提出了更高的要求[6]。作为影响居住区室外公共空间综合品质的重要元素之一，景观在老旧小区的设计之初并未得到足够的重视——在大部分2000年底前建成的老旧小区中，景观设计仅停留在满足《城市住区规划设计规范（GB 50180—93）》所规定的25%绿地率的基本要求，而"适用、经济、绿色、美观"的设计原则也让一些设计师忽视了自然景观的疗愈功效，特别是对经常在居住区绿地附近活动的老年人和儿童群体的身心健康的影响。

此前，当前居住区的绿色景观系统缺少与城市生态系统的联系。根据景观都市主义理论，居住区绿地作为城市生态系统中的"斑块"，应与"廊道"一起形成网络基质，从而发挥其相应的生态功能。2017年，住建部开展了"城市双修"工作，包含"生态修复"和"城市修补"两项主要内容。其中，前者旨在修复城市生态系统的自我调节功能，而后者则侧重于用更新织补的理念修复城市空间。这一工作无疑为当前老旧居住区绿地景观的适老化改造研究提供了良好的契机和指引。

本章将从老年人的身心健康需求出发，探索居住区适老化改造中景观的设计方法及植物配置，并在此基础上提出以景观为引导的城镇老旧居住区适老化改造的新路径。

2.1.2 社区花园与老年友好设计

通过系统性文献综述的方法可以全面了解社区花园在关于老年友好设计的相关领域的研究现状和趋势。研究团队使用中文关键词，包括"社区花园"与"老年友好"或"老年"在中国知网CNKI数据库进行搜索，以及使用英文关键词包括"community garden*" AND "elderly-friendly" OR "Aged-friendly" OR "old

本章作者为于筱雨（北京清华同衡规划设计研究院有限公司设计师）、陈冰（西交利物浦大学设计学院城市规划与设计系高级副教授）、陈思宇（西交利物浦大学在读博士研究生，英国利物浦大学博士候选人）。本章受山东省自然科学基金项目"基于人工神经网络的建筑环境健康性能多因子研究模式"（项目编号：ZR2023ME234）、江苏省吴江东太湖生态旅游度假区（太湖新城）建设局技术开发项目"景观引导的老旧小区适老化微更新研究"（项目编号：RDS10120210101）、西交利物浦大学研究发展基金项目"转型下的原居安老：挑战、机遇和多样性"（RDF-20-02-19）和"老年友好社区规划：评估体系和基于中国苏州的案例分析"（RDF-15-01-31）资助。

adult*" OR "older" OR "elderly" 在 Web of science、Scopus 和 PubMed 进行了系统搜索，确保了文章的广泛覆盖面。纳入标准仅包括 1990 年至 2023 年 9 月期间发表的、经同行评审的文章，且仅以英文和中文的发表的文章。并通过参考文献追溯的方法以保证文献齐备。

文献检索遵循如下准入标准：（1）全英文或中文撰写。（2）采用临床试验、随机对照试验、横向调查研究、质性研究或纵向追踪研究等方法，探究社区花园对于社区老年友好的促进之间的关系。文献剔除标准：（1）环境不是社区花园的文章。（2）低质量的灰色文献。（3）研究主体为老年外的其他群体等。

如图 2-1 所示，通过 4 个数据库共检索到 162 篇文献，通过去重后留下 143 篇文献。经过题目、摘要、全文的审阅筛选，最后有 28 篇文章纳入综述报告中。其中，英文文献 17 篇，中文文献 11 篇。

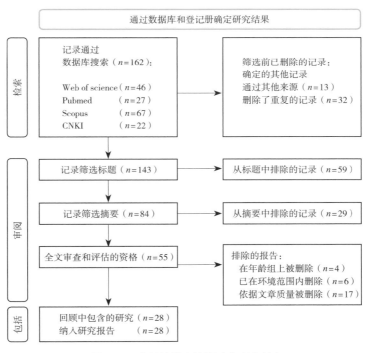

图 2-1　文献的检索流程（作者自绘）

作者通过文献梳理发现，社区花园对于老年友好设计而言至关重要。有研究指出，那些设计精良的花园可以鼓励老年人积极地参与户外活动并融入自然。规划师和设计师应该越来越多地关注不同人群在户外空间中的身心需求和感受，而不仅仅是既有的景观设计标准所强调的功能和美学元素[7]。居住区景观规划设计应充分考虑人的亲生物性和人与环境之间的内在联系，通过制造丰富的自然体验来实现景观的疗愈功能。正如世界卫生组织出版的《全球老龄友好城市指南》（2007 年版）中所建议的，为确保我们的城市和社区可以充分满足老龄人口需要，应让相应人群参与设计和营造的过程，特别是那些出于自然角度考虑的城市决策过程。

设计师需要对社区花园进行有针对性的设计，才能有效增强使用者的获益。否则，花园仅仅作为一个静态的景观存在，不能充分发挥其作为复愈性环境的作用。研究显示，社区花园的疗愈效果可以通过那些能够激发居民进行户外活动的热情、鼓励社交、支持开展体育运动项目的设计手段来实现[8]。一个设计精良的社区花园能够鼓励老年人花更多时间在户外空间停留、活动，为他们提供积极的感官体验和情绪反馈。固然，这也受天气、个人健康状况、个人喜好等因素的影响[7]。

近年来，参与式设计 (participatory design or co-design) 这一研究方法的推广使得自然环境因素与老年人健康的相关性得到了广泛且不断增多的实证支撑。在一项基于意大利米兰奥蒂卡地区社区花园的定性研究中，研究人员采用了参与式设计的研究方法并应用了注意力恢复理论（attention restoration theory），探究了老年人在原生态的自然环境和经过设计的自然环境中的不同感受。该项研究的结果印证了亲生物设计 (biophilic design) 的理念，同时揭露了注意力恢复理论与设计要素的之间的内在联系[9]。

在另一项来自中国澳门的针对高密度地区社区花园的老龄友好设计研究中，研究团队通过案例研究分析了老年人对社区花园的感知与使用强度的关系，总结出社区花园设计的七点建议和相应的设计要素，包括开敞空间、健身器材、庇荫、物种丰富度、私密性、交通噪音、儿童活动，为高密度地区社区花园的适老化设计和管理提供了借鉴[10]。新加坡组屋的绿色开放空间也通过社区花园共建模式建立起了"个体—社会关联—场所建设"的联系，为老年人个体、同兴趣朋友、家人等提供了园艺培植和绿色康复的"乐龄"场所。来自我国中央美术学院的侯晓蕾团队通过邀请当地老年群体参与"设计工作坊"，对老旧小区的进行微更新，居民对于参与共建过的社区花园具有更多理解和维护的热情[11]。

我国针对社区景观的老龄友好循证设计 (evidence-based design) 大多基于医院和养老机构的康复花园（或称疗愈花园）[12]。例如，在一项基于北京某康复花园植物景观设计的研究中，研究人员强调，通过采用具有药用价值和保健功效的植物可以帮助患病老人恢复身心康复[13]。另外，有研究将康养花园的设计理念引入社区花园中，希望可以提高其对居民的疗愈和恢复效益。例如，厦门苏厝溪社区花园以"康复 + 养生 + 全龄友好"为出发点，从空间布局、种植设计、道路设计、康养疗愈功能，以及使用者体验互动等方面阐述了社区花园的设计要点[14]。

针对养老社区的景观设计，也有学者提出可以借鉴康复花园的理念，总结出一套适用于养老社区的景观设计基本原则，包括舒适性、安全性、生态性、丰富性、可达性、可辨识性、神秘性等[15]。一些既有研究已经提出了基于社区整体景观规划设计的老龄友好指南，但仍缺少针对社区花园这种小尺度的疗愈空间的设计指导框架，同时既有研究忽略了针对老年人特殊的身心需求和对于环境的感知能力变化的研究。

2.2　老年群体对于社区花园的需求与感知

2.2.1　老年群体独特的身心需求

世界卫生组织指出，在晚年生活中保持身心健康是实现健康老龄化的一个重要前提[16]。随着年龄增长，人们面临着一系列和健康相关的挑战，诸如行动不便、感官失敏、认知能力变差等。因此，探究老年人独特的生理和心理需求显得十分重要。对于一些中等强度的体力活动，如使用锻炼器械、慢跑等活动，老年人只有在满足了其对空间安全的需求后才能被激发参与[17]。本研究参考马斯洛需求模型所提出的人类的 5 个需求层级[18, 19]，对老年群体的独特的身心需求进行了详细解读。

2.2.2　社区花园提升老年群体的感知体验

社区花园感知体验的相关研究往往是基于环境心理学的理论框架的。人们在社区花园里的良好体验来自恢复性的感知，包括精神上的放松、视觉上的吸引、情感上的寄托和压力的缓解。自然花园提供了一个具有象征性和多感官体验的环境，有助于人回忆往事和唤起记忆。对于老年人来说，这有助于激活美好的记忆、增强自我认同感和自我价值感，同时可以增强社会互动性和交往性，促进更多的对话和交流[21]。人们在社区花园中的感知和体验被视为通向亲自然环境和社会行为的桥梁。在环境心理学领域，学者 Zulmira Bomfim 创建了"情感地图"工具[20]。一项来自巴西南部巴拉那州的关于社区花园的研究采用"情感地图"的方式，邀请了受邀者在一幅图片（地图）中表达他们所感知的花园，并写出一个代表花园的短语。受邀者通过绘制表达自己和周围环境的关系的图像来表达他们对环境的感知和情感[20]。

经常参与社区花园活动（如园艺活动）的老人与没有接触过社区花园的老人对于社区花园的感知和态度存在较大差异。在美国弗吉尼亚州罗阿诺克市开展的一项研究通过场景评级的方式调查了四个不同群体（即社区园丁、社区和家庭园丁、家庭园丁和非园丁）对社区花园的态度和认知。研究发现，这四类人群在社区园艺景观的偏好上存在较大差异。甚至在一些方面，园丁和非园丁之间的观点可能存在对立，例如堆肥箱的设立[22]。通过积极参与园艺活动，老年人有机会参与社区花园的共建、共治、共享。这不仅能降低景观的维护成本，还能实现社区赋权和自治，从而满足较为高阶的马斯洛需求——自我实现[23]。

另外，不同年龄层次和健康状态的老人（如残疾老人、患病老人、体弱及高龄老人）对于环境的感知也有所不同[24]。因此，了解不同人群对于社区花园的感知和态度对社区花园项目获得更多的公众支持非常重要。

2.3 社区花园与老年健康促进

2.3.1 老年园艺活动与社会支持

早期的医学强调通过药物来维持和改善人类的健康状况[25]。自第二次公共健康改革以来，人们逐渐意识到，环境因素对于健康的长期影响远超任何医疗服务[26]。居住区作为城市这一有机体的细胞，其健康状况与整个城市的健康状况密切相关[27]。世界卫生组织在《世界卫生组织宪章》提出，所谓健康不仅仅指消除病痛，而是包括个人生理、心理健康、社会和谐的统一状态[12]。在"大健康"（One Health）这一概念之下，全面、系统地认识人和环境的内在联系能解决一系列复杂的健康和生态问题[28]。在居住区内部，绿地是人们日常可以接近和互动的空间，其对公共健康的价值不可忽视。考虑到老旧居住区内的绿色空间十分有限，对其进行升级改造并使其成为具备疗愈和生态效益的多功能空间则显得尤为重要。社区花园的改造升级为后疫情时代改善老年人的健康状态及提供恢复性环境提供了新的路径。

相关报告显示，社区花园和园艺活动与发达国家老年人的健康和生活方式之间存在正相关性，包括更多的水果和蔬菜摄入量[29, 30]、园艺相关的体力活动[31~33]、自我评估的健康状况[34]、心理健康状况[35]和社会幸福感[36, 37]等方面。经常参观社区花园及进行园艺活动可以有效提高老年人的健康意识，帮助建立正确的认知和生活习惯。一项来自英国的研究证实，经常参观社区花园对老年居民的身体健康有积极的影响，通过让其专注于当下的时刻并提供多种感官体验可以增加幸福感[31]。另有学者在我国广东省某老旧小区的改造过程中引入社区花园的理念，通过对比研究发现，社区花园带给老年居民的健康效益由环境健康、身心健康和社区健康三方面构成[29]。美国缅因州奥罗诺市一个对某长期的社区捐赠花园项目的研究发现，老年人参与社区花园项目对提升粮食安全及对食品健康的认知有促进作用[32]。来自日本的研究表明，园艺活动时长与健康的日常生活方式之间存在紧密联系。同时，与他人一起从事园艺工作与主观幸福感和生存信念感的关系也十分显著[38]。作为一项体力活动，园艺种植能全方面改善老年人身心健康状况。美国一项针对 65 岁及以上的老年人的研究显示，与不参与园艺活动的受访者相比，园艺爱好者的各项健康指标不合格率明显降低，并且更有可能每日食用五种及以上的水果和蔬菜[39]。园艺活动还与导致心血管疾病的健康指标相关，例如糖尿病、肥胖症和久坐不动的生活方式[33]。此外，社区花园还可以提供一个具有社会支持性的场所。在澳大利亚农村地区生活的城镇老年人通过参与社区花园的营建，与其他人建立了良好的社会关系，逐渐形成了稳定的社会支持网络，并培养了社会资本[40]。

2.3.2 疗愈景观与老年心理健康

除了促进身体健康和提高社会福祉，社区花园能在不同程度上促进心理健康并带来一定的精神慰藉。以澳大利亚第一个社区花园莫斯维尔社区花园为例，该花园通过营造支持性环境，刺激居民"心理—神经—激素"系统，缓解了居民压力并改善其心理健康状况[36]。有研究发现，社区花园能够使人远离压力，特别是从事园艺相关的具有治疗作用的特定任务，能够改善心脏功能，实现疗愈效应[35]。社区花园的疗愈功能可以通过注意力恢复理论（Attention Restoration Theory）和减压理论（Stress Recovery Theory）来进行解释。其中，卡普兰夫妇提出的注意力恢复理论将自然的疗愈效益归因于其以下4个特质：远离日常生活（being away）、迷人性（fascination）、丰富性（extent）、兼容性（compatibility）[41]。其中，迷人性（fascination）是指自然景观可以吸引人们的自发注意力而不需要额外的努力或刻意地限制其他刺激的竞争。

乌尔里希（Ulrich）于1984年提出的减压理论也表达了类似的观点，即自然风景能够吸引人们的直接注意力从而实现缓解精神疲劳以及减压的目的。和年轻人相比，中老年人由于身体机能的衰退往往更容易出现注意力疲劳的状况，因此对某些自然环境特征及其疗愈功效有更迫切的需求[7, 9, 42]。

基于以上理论，疗愈景观（therapeutic landscape）这一概念于上个世纪末进入了人们的视野。自20世纪90年代中期以来，疗愈花园开始出现在主流西方国家的医院、护理机构、养老社区等场所，其服务对象主要是患者，尤其是老人和儿童[43, 44]。在社区花园内往往会设置疗愈花园（healing garden）来辅助老年群体的复愈[45]。疗愈景观的设计原理之一是引导老年人通过五感（视、听、嗅、触、味）与环境进行互动[46]。因此，选取能够丰富感官体验的植物搭配进行景观设计是实现社区花园疗愈目标的一个重要前提。

在后文中，作者团队通过梳理植物搭配组合及其疗愈效果与老年群体五感的关系，提出能够丰富老年人群感官体验的社区花园景观设计框架，从而辅助老旧小区适老化改造过程中景观的配置，以期解决绿地规划设计的困境。

2.4 促进疗愈效益的社区花园景观设计框架

2.4.1 环境与人类行为的关系

环境行为学相关研究指出，环境一般通过两种途径影响人的行为（图2-2）。一种途径是环境通过提供场所和设施来承载人们的行为；另一种是环境通过调动人们的心理从而激发相应的活动[47]。作者研究团队侧重于后者，即居住区层面的景观设计如何激发老年人参与积极活动的心理进而引领一种

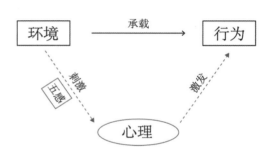

图2-2 环境与人类行为的关系（作者根据参考文献[47]自绘）

健康的生活方式。基于这种思路，作者及研究团队通过查阅相关文献，梳理了老年人的身心需求和植物景观的疗愈功能（借助五感）之间的联系，进而得出社区适老化景观设计的理论框架。

2.4.2 老年"五感体验"与疗愈景观设计

视觉是人们获取外界环境信息主要途径之一[48]，而颜色又是视觉感知的一个重要维度。因此，色彩是疗愈花园的植物选型和搭配的首要考虑因素之一。一个悦目的花园（无论是色彩鲜艳或是能够唤起某种回忆）总是能给人带来强烈的心理舒适感[44]。

随着身体机能的衰退，老年人对光的敏感度和对颜色的辨别能力往往会下降，因此更偏爱那些能给他们带来希望、活力和欢乐的明亮而温暖的颜色[44]。研究显示，叶片呈红色或橘色的植物，如红枫和鸡爪槭，能够给老年人的神经系统带来一定的刺激，从而加速血液循环并促进消化[49]。而一些叶片呈黄色的植物，如雏菊和银杏，则有助于集中注意力以及改善胃口[50]。此外，叶片或花朵呈现粉色或紫色的植物，如薰衣草和鸢尾，能够起到镇定和舒缓的效果[51]。同时，常见的绿色植物可以提升绿视率（green visibility）——人眼水平高度处绿色空间面积所占的比例，也是疗愈环境的重要考虑因素之一[52]。研究显示，24% ~ 35% 的绿视率对于改善视觉疲劳和缓解压力有比较显著的效果。

在疗愈景观的设计过程中，那些与颜色相关的文化寓意也应该被考虑在内[53]。例如，在中国传统文化中，红色象征着好运和财富，能够给老年人带来积极的心理暗示，在植被颜色的选择过程中应该得到重视[44]。梅、兰、竹、菊这类隐喻某些优秀品质的植物能够潜在地唤起老年人的美好回忆，同时激发他们的文化认同感。此外，植株躯干的形态和叶片的形状也会对人的心理产生一定影响。人们往往更加青睐海桐这类叶片呈圆形的植物，因为圆形在中国传统文化中象征着幸福和团圆，能够给儿女不在身边的老年人带来一种积极的心理暗示[54]。丰富的季相变化也是疗愈花园景观设计的一个重要组成部分。研究显示，植物的季节更替能够帮助人们更好地感知时间的流逝和轮回[46]。例如，春天的新生仿佛在提醒人们生命是周期变化的，而眼下那些烦恼的事情终究都会过去。因此，疗愈花园的景观设计中应该选用一种或多种落叶植物或季节性开花的植物，如榉树、樱花、红枫、三角梅、红叶石楠等[55]。

自然界中存在多种具有疗愈效果的声音，比如鸟鸣声、流水声，以及树叶在风中沙沙作响的声音，他们被统称为"白噪声"[44]。依据注意力恢复理论，自然声源的疗愈功效主要得益于其"远离日常生活"和"迷人性"两个特质。换言之，白噪声能够吸引人们的非自发注意力，从而使其暂时地逃离生活的压力和琐事。鸟鸣声是最常见的白噪声之一[56]。常见的结实植物比如香樟、杨梅、苦楝、火棘、荚蒾、罗汉松、矮子衫和八角金盘，能够吸引鸟类前来玩耍和觅食，从而产生悦耳的鸟鸣声[49, 55]。此外，蜜源性植物（国槐、海桐等）能够吸引蜜蜂和蝴蝶等昆虫前来采蜜，其翅膀振动时发出的"嗡嗡"的声音也是白噪声的一种。水流声是疗愈声环境的另一重要组成部分。一方面，水环境能够增加空气中氧气和负氧离子的含量，从而改善老年人的呼吸系统、平稳心跳，以及缓解压力[57]。另一方面，水象征着生命之源，因此能够给老年人带来活力与希望。对于上文提及的鸟类和昆虫来说，水环境将为其提供宜居的栖息地，从而进一步丰富物种的多样性及白噪声的多样性[58]。有证据显示，45 分贝的白噪声的疗愈效果最佳[59]。此外，白桦、竹子、芦苇和白皮松等植物的叶片在风中相互碰撞亦能发出清脆悦耳的声音[60]。

芳香疗法在疗愈景观设计实践中被广泛采用。研究显示，植物的芳香气味源自其分泌并储存于细胞、导管和腺毛中的精油[61]。当老年人靠近绿色植物时，精油这类具有挥发性的物质能够通过呼吸系统和皮肤表层的毛孔进入人体，从而提升神经细胞的兴奋性并调动人的情绪[57]。在人类的大脑中，气味和回忆之间有很紧密的联系。对于老年人来说，芳香气味往往能唤起他们对于逝去的记忆，特别是那些与童年温馨快乐的家庭生活相关的回忆，从而起到治愈人心的作用[44]。有研究通过对美国 14 处疗愈花园进行比较，总结归纳出了薰衣草、鼠尾草、迷迭香、牛膝草、薄荷和罗勒 6 种广受欢迎的芳香植物[62]。此外，桂花、含笑、丁香、天竺葵、米仔兰、茉莉、栀子花、蜡梅、百里香、香樟、侧柏及益母草也是适宜苏州气候的芳香类植物[54, 55, 61, 63]。值得注意的是，薄荷、迷迭香、樟树等有强烈芳香味道的植株还能够起到驱赶蚊虫的作用，从而缓解老年人对户外空间的畏惧情绪[54]。

不同植物的叶片、花朵、枝干和果实的不同的纹理、温度、潮湿度和硬度能够给老年人带来丰富的触觉体验[50]。其中，合欢、含羞草、玫瑰、百合等植物拥有柔软、光滑或毛茸茸的特殊外表，能够激发老年人进行抚触的欲望，从而调动他们的非自发注意力[7, 57]。此外，天竺葵、薄荷和柠檬桉树等植物会在人们触碰时散发出香味，从而给老年人带来一份神秘而惊喜的感觉[57]。在炎炎夏日，植物平滑而宽大的叶片的温度因其自身蒸腾作用而明显低于周围的空气，因而能够给老年人带来凉爽、惬意的抚触体验[44]。需要注意的是，如果一个疗愈花园想要为老年人带来丰富的触觉体验，那么其中植被最好具有一定的规模（例如形成簇），从而抵御抚触对其带来的潜在破坏。此外，在美国俄勒冈州的烧伤中心花园，为了让轮椅使用者和无法弯腰的老年人能够近距离接触植被，设计师在花园里安装了具有一定高度的种植床[64]。

在疗愈花园中栽种果实类植物或是叶片、花朵能够食用的植物可以丰富老年人的味觉体验。研究显示，石榴、凤梨、鼠尾草和越橘是"食用花园（Edible Garden）"中十分常见的植物[57]。此外，有研究从季节变换的角度给出了植物配置的建议，即春季种枇杷，夏季种葡萄，秋季种柿子及冬季种金橘[61]。这样一来，花园一年四季都有不同的景致和丰富的采摘体验。药用植物也是疗愈景观的重要组成部分，中医的常用药材可以种植在疗愈花园内供老年人食用[50, 65]。

　　图 2-3 总结了植物特征与老年人的身心需求及行为之间的内在联系，即具有疗愈效益的景观设计框架。特定的植物搭配可以满足老年人的特定的身心需求，从而鼓励他们从事相应的积极健康的活动。

专栏 2-1

基于老年"五感"体验的植物配置

视觉体验：

鲜艳色彩的植物：红枫、鸡爪槭、雏菊、银杏、薰衣草及鸢尾

文化寓意的植物：梅、兰、竹、菊及海桐

季节变化的植物：榉树、樱花、红枫、三角梅及红叶石楠

听觉体验：

结实植物：香樟、杨梅、苦楝、火棘、荚蒾、罗汉松、矮子衫及八角金盘

蜜源性植物：国槐、海桐

叶片发声的植物：白桦、竹子、芦苇及白皮松

嗅觉体验：

芳香植物：薰衣草、鼠尾草、迷迭香、牛膝草、薄荷、罗勒、桂花、含笑、丁香、天竺葵、米仔兰、茉莉、栀子花、蜡梅、百里香、香樟、侧柏及益母草

驱赶蚊虫植物：薄荷、迷迭香及樟树

触觉体验：

可触摸植物：合欢、含羞草、玫瑰、百合、天竺葵、薄荷及柠檬桉树

味觉体验：

食用花园的植物：石榴、凤梨、鼠尾草、越橘、枇杷、葡萄、柿子及金橘

具有药用的植物：积雪草、桔梗、薄荷、野山楂、枸杞、杜仲、沉香、凤仙花、杜鹃、芦荟、百合、菊花、金银花及麦冬草

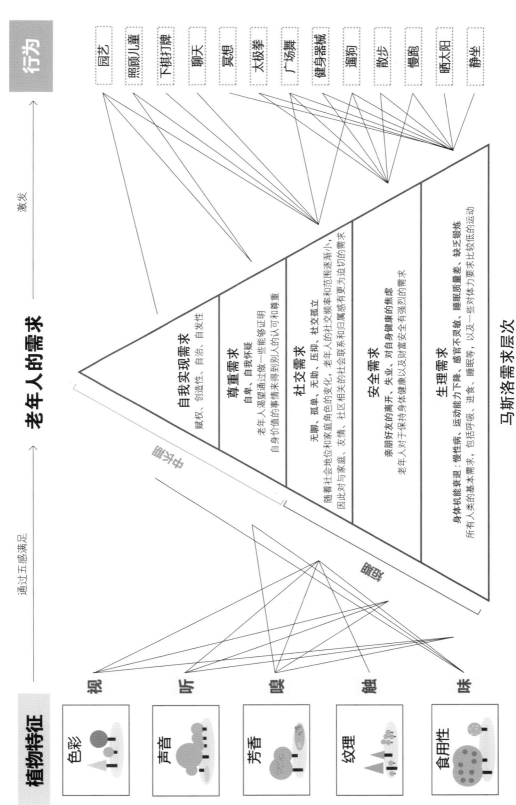

图 2-3 促进疗愈效益的景观设计框架（作者自绘）

2.4.3 "模块化"的社区花园辅助适老化改造

目前，国内老旧居住区的绿地规划设计亟待更多适合老年群体的社区疗愈景观和生态环境。在城市更新的大背景下，为了更科学地指导老旧居住区内景观的改造工作，本研究团队建立了一个基于苏州的植物选型库，并设计了不同的景观"模块"。组团绿地和宅前绿地是离老年人生活距离最近、最亲密的公共空间。因此，作者提出的设计模块主要应用于离居住单元最近的组团绿地和宅前绿地，通过配置调动多种感官的植物类型进行场景模拟和活动设计（图 2-4 ~ 图 2-6）。在既有《城市居住区规划设计规范（GB 50180—93）》的基础上 [66]，这些景观设计模块在满足相应的绿地率指标的同时，将显著提升居住小区公共绿地的质量，进而提升居民（尤其是老年居民）的生活质量，从而创造更加老年友好的环境。

值得注意的是，本章所提出的 10 种社区景观设计模块仅代表建议的植物选型和搭配方式。在实践过程中，设计师可以结合具体情境，从空间布局和美学的角度出发，合理选择植物进行组合。此外，这些具有空间自适应性的模块构件可以是单个预制件，也可以是一组构件。利用模块化思路探讨户外空间与景观设计的结合是一种积极的探索，将对未来构建弹性社区景观提供有益的借鉴 [34]。作者团队初步验证了模块化景观的可行性，其有益于老年人的身心健康并能潜在地引导他们选择更积极健康的生活方式，进而为社区花园的植物配置提供了参考。

本章探讨了社区花园疗愈景观设计作为城镇老旧小区景观引导的适老化改造的新思路。具有疗愈效益的花园景观不仅可以为老年人提供安全、舒适的居住环境，促进身心健康，提高生活质量，还可以满足老年人对自然环境的需求，减轻城市生活带来的压力和焦虑。社区花园不仅是一种美化居住环境的手段，更是一种改善老年人身心健康和提高居住质量的有效途径，在推进未来高质量的老旧小区改造和老年友好城市建设中具有极大的潜力。引导老年人参与社区花园的共建和共治，既能化解景观维护成本高的难题，也能促进老年人的身心健康，从而实现原居安老的目标。

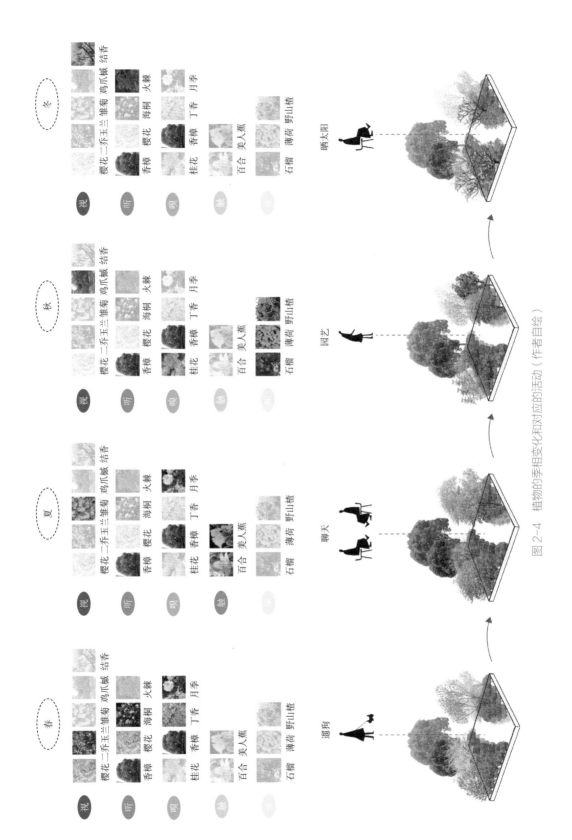

图2-4 植物的季相变化和对应的活动（作者自绘）

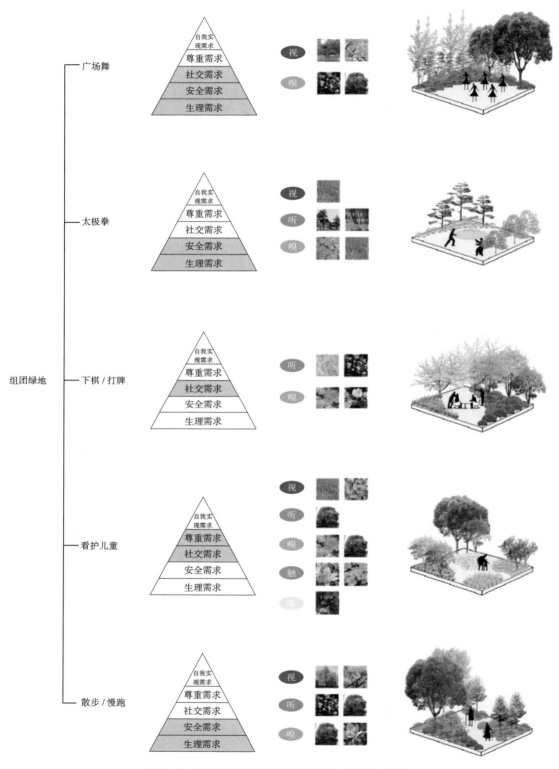

图 2-5　5 种组团绿地景观设计的模块（作者自绘）

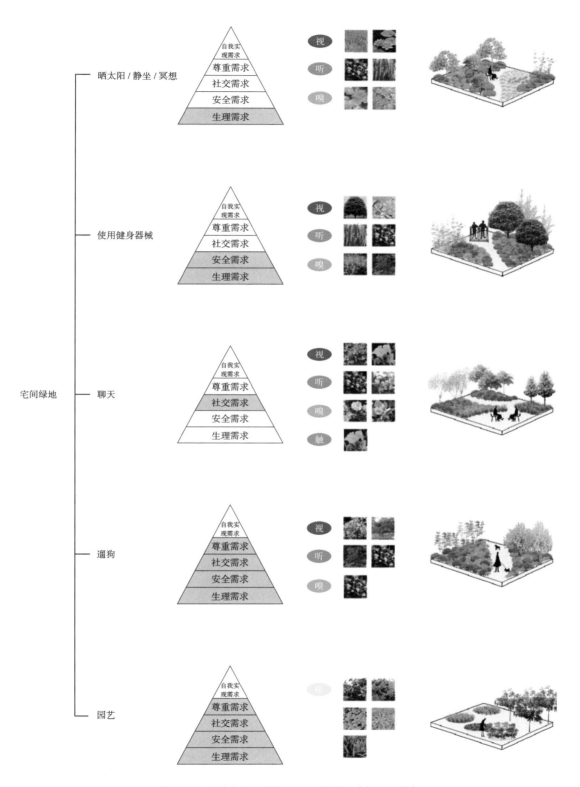

图 2-6　5 种宅间绿地景观设计的模块（作者自绘）

参考文献

［1］刘家文,简宇航.以提升人居环境为目的城市老旧小区改造策略［J］.城市建筑,2019,16(21):72-75.

［2］国务院办公厅.国务院办公厅关于全面推进城镇老旧小区改造工作的指导意见_城乡建设(含住房)_中国政府网［EB/OL］.(2020-07-20)［2023-10-10］.https://www.gov.cn/zhengce/content/2020-07/20/content_5528320.htm.

［3］赵蔚,杨辰.城市老旧住区适老化改造的需求,实施困境与规划对策——内生动力与外力介入的协同治理探讨［J］.住宅科技,2020,40(12):27-34.

［4］周燕珉.老人家:老年住宅改造设计集锦［M］.北京:中国建筑工业出版社,2012.

［5］李斌,蔡泉源.居家老年人行为类型及空间改造需求［J］.南方建筑,2019,(2):50-54.

［6］周燕珉,王欣.老旧住宅中通行无障碍的改造研究［J］.建筑技艺,2014,(3):94-97.

［7］FUMAGALLI N, FERMANI E, SENES G, et al. Sustainable Co-Design with Older People: The Case of a Public Restorative Garden in Milan(Italy)［J］. Sustainability, 2020, 12(8): 3166.

［8］刘爽,陈冰.基于环境行为学原理,运用装置艺术促进社区参与及原居安老——苏州的案例研究［J］.中国医院建筑与装备,2020,(1):64-70.

［9］BOFFI M, POLA L, FUMAGALLI N, et al. Nature Experiences of Older People for Active Ageing: An Interdisciplinary Approach to the Co-Design of Community Gardens［J］. Frontiers in Psychology,2021, 123(1): 702525.

［10］DING X, WU J, FENG B. Analysis and Design Strategy on the Older People's Use Vitality of Community Garden［C］//IEEE Int. Conf. Electron. Inf. Commun. Technol., ICEICT. Institute of Electrical and Electronics Engineers Inc., 2022: 995-997.

［11］侯晓蕾."微花园设计":基于日常需求的老旧社区微更新——常营玫瑰童话花园设计解析［J］.建筑学报,2022,(3):33-36.

［12］PHIRI M, CHEN B. Sustainability and evidence-based design in the healthcare estate［M］. Heidelberg: Springer, 2014.

［13］沈晓萌,李彦婕,王应临,等.北京康复花园植物景观营造特征研究［J］.中国城市林业,2019,(4):58-62.

［14］李明明,遇琦,白伟岚,等.基于老龄化背景的社区康养花园设计方法探讨——以厦门苏厝溪社区花园为例［J］.园林,2022,39(11):77-84.

［15］朱冬冬,刘春云.基于康复花园理念的养老社区景观设计探讨［C］.中国风景园林学会2014年会论文集.2014:696-698.

［16］世界卫生组织.关于老龄化与健康的全球报告［R］.2015.

［17］张丽艳,李闻.马斯洛需求层次理论视阈下社区养老途径探究［J］.行政与法,2019,(1):62-69.

［18］保史·贝尔,托马斯·格林,杰弗瑞·费希尔.环境心理学［M］.5版.北京:中国人民大学出版社,2009.

［19］张静.中国老年人的需求分析——以马斯洛的需求层次理论为切入点［J］.思茅师范高等专科学校学报,2010,26(4):27-30.

［20］CHIERRITO A E, YAEGASHI S F R, PACCOLA E A D S, et al. Environmental perception and affectivity: experiences in a community garden［J］. Ambiente & Sociedade, Universidade Estadual de Campinas, 2018, 21(0): e01232.

［21］MARTENS N E, NORDH H, GONZALEZ M T. Visiting the Allotment Garden-A Complete

Experience［J］. Journal of housing for the elderly, 2018, 32（2）: 121−134. DOI:10.1080/02763893.2018. 1431580.

［22］ KORDON S, MILLER P A, BOHANNON C L. Attitudes and Perceptions of Community Gardens: Making a Place for Them in Our Neighborhoods［J］. Land, 2022, 11（10）: 1762.

［23］ 刘悦来, 尹科娈, 葛佳佳. 公众参与协同共享日臻完善——上海社区花园系列空间微更新实验［J］. 西部人居环境学刊, 2018, 33（4）: 8−12.

［24］ 余美瑛, 韩胜发. 基于老年社群需求的城市微更新策略机制探索——以鞍山三村社区花园规划为例［C］. 面向高质量发展的空间治理——2020中国城市规划年会论文集, 2021: 526−535.

［25］ 马明, 蔡镇钰. 健康视角下城市绿色开放空间研究——健康效用及设计应对［J］. 中国园林, 2016, 32（11）: 66−70.

［26］ 吴晓, 王慧, 张莹, 等. 风景园林与公共卫生: 共识, 分野与融汇——2次公共卫生革命视野下的学科关系审视［J］. 中国园林, 2021, 37（3）: 6−13.

［27］ 殷利华, 张雨, 杨鑫, 等. 后疫情时代武汉住区绿地健康景观调研及建设思考［J］. 中国园林, 2021, 37（3）: 14−19.

［28］ FELAPPI J F, SOMMER J H, FALKENBERG T, et al. Green infrastructure through the lens of "One Health": A systematic review and integrative framework uncovering synergies and trade−offs between mental health and wildlife support in cities［J］. Science of The Total Environment, 2020, 748: 141589. DOI:10.1016/j.scitotenv.2020.141589.

［29］ MA Y, LIANG H, LI H, et al. Towards the Healthy Community: Residents' Perceptions of Integrating Urban Agriculture into the Old Community Micro−Transformation in Guangzhou, China［J］. Sustainability, 2020, 12（20）: 8324.

［30］ ZHOU Y, WEI C, ZHOU Y. How Does Urban Farming Benefit Participants? Two Case Studies of the Garden City Initiative in Taipei［J］. LAND, 2023, 12（1）: 55.

［31］ LEAVER R, WISEMAN T. Garden visiting as a meaningful occupation for people in later life［J］. British Journal of Occupational Therapy, SAGE Publications Inc., 2016, 79（12）: 768−775.

［32］ TIMS K, HAGGERTY M, JEMISON J, et al. Gardening for change: Community giving gardens and senior food insecurity［J］. Journal of agriculture food systems and community development, 2021, 10（4）: 85−101.

［33］ ROBSON, JR. J P, TROUTMAN−JORDAN M L. Back to Basics: Health and Wellness Benefits of Gardening in Older Adults［J］. Activities, Adaptation & Aging, Routledge, 2015, 39（4）: 291−306. DOI: 10.1080/01924788.2015.1089709.

［34］ 蒙小英, 冯亚茜, 朱宇. 基于运动与心理健康提升的社区景观营造策略研究［J］. 风景园林, 2021, 28（9）: 36−41.

［35］ PITT H. Therapeutic experiences of community gardens: putting flow in its place［J］. Health and Place, 2014, 27: 84−91.

［36］ 陆建城, 罗小龙. 健康促进视角下社区花园支持性环境营造研究——以澳大利亚莫斯维尔社区花园为例［J］. 中国园林, 2022, 38（1）: 129−133.

［37］ MARSH P, COURTNEY−PRATT H, CAMPBELL M. The landscape of dementia inclusivity［J］. Health and Place, Elsevier Ltd., 2018, 52: 174−179.

［38］ MACHIDA D. Relationship between Community or Home Gardening and Health of the Elderly: A Web−Based Cross−Sectional Survey in Japan［J］. International Journal of Environmental Research and

Public Health, Switzerland: 2019, 16（8）: 1389.

［39］ VELDHEER S, TUAN W J, AL-SHAAR L, et al. Gardening Is Associated with Better Cardiovascular Health Status Among Older Adults in the United States: Analysis of the 2019 Behavioral Risk Factor Surveillance System Survey［J］. Journal of the academy of nutrition and dietetics, 2023, 123（5）.

［40］ LIAMPUTTONG P, SANCHEZ E. Cultivating Community: Perceptions of Community Garden and Reasons for Participating in a Rural Victorian Town［J］. Activities adaptation & aging, 2018, 42（2）: 124-142.

［41］ KAPLAN R, KAPLAN S. The experience of nature: a psychological perspective［M］. Cambridge: Cambridge University Press, 1989.

［42］ FUMAGALLI N, MACCARINI M, ROVELLI R, et al. An Exploratory Study of Users' Preference for Different Planting Combinations along Rural Greenways［J］. Sustainability, 2020, 12（5）: 2120.

［43］ MARCUS C C, BARNES M. Healing gardens: therapeutic benefits and design recommendations［M］. Hoboken: Wiley, 1999.

［44］ SACHS N, MARCUS C C. Therapeutic Landscapes: An Evidence-Based Approach to Designing Healing Gardens and Restorative Outdoor Spaces［M］. Hoboken: Wiley, 2014.

［45］ 郭庭鸿, 董靓, 孙钦花. 设计与实证康复景观的循证设计方法探析［J］. 风景园林, 2015（9）: 106-112.

［46］ PARASKEVOPOULOU A T, KAMPERI E, DEMIRIS N, et al. The impact of seasonal colour change in planting on patients with psychotic disorders using biosensors［J］. Urban Forestry & Urban Greening, 2018, 36: 50-56. DOI:10.1016/j.ufug.2018.09.006.

［47］ 林玉莲, 胡正凡. 环境心理学［M］. 北京: 中国建筑工业出版社, 2006.

［48］ ULRICH R S, SIMONS R F, LOSITO B D, et al. Stress recovery during exposure to natural and urban environments［J］. Journal of Environmental Psychology, 1991, 11（3）: 201-230. DOI:10.1016/S0272-4944（05）80184-7.

［49］ 胡丹妮, 徐俊辉. 江汉平原地区适老化康复景观中的植物配置研究［J］. 设计艺术研究, 2020, 10（1）: 31-36, 46.

［50］ 程焕杰. 基于五感的适老化植物景观营造方法研究［J］. 花卉, 2019,（16）: 26-27.

［51］ LU S, WU F, WANG Z, et al. Evaluation system and application of plants in healing landscape for the elderly［J］. Urban Forestry & Urban Greening, 2021, 58: 126969. DOI:10.1016/j.ufug.2020.126969.

［52］ 吴正旺, 马欣, 杨鑫. 高密度城市居住区的"绿视率"调查——以北京为例［J］. 华中建筑, 2014, 32（2）: 85-89.

［53］ 徐磊青, 孟若希, 黄舒晴, 等. 疗愈导向的街道设计: 基于VR实验的探索［J］. 国际城市规划, 2019, 34（1）: 38-45.

［54］ 贾梅, 金荷仙, 胡肖肖. 园林植物在康复花园中的应用浅析［C］// 中国园艺疗法学术研究会议北京大会暨第一届园艺疗法与康复景观高峰论坛暨学术研讨会论文集. 北京: 中国社会工作联合会, 2015: 303-312.

［55］ 杨羚. 浅谈养老地产中的植物景观设计［J］. 现代园艺, 2018,（20）: 105-106.

［56］ RATCLIFFE E, GATERSLEBEN B, SOWDEN P T. Predicting the Perceived Restorative Potential of Bird Sounds Through Acoustics and Aesthetics［J］. Environment and Behavior, 2020, 52（4）: 371-400. DOI:10.1177/0013916518806952.

［57］ 薛滨夏, 王月, 戚凯伦, 等. 基于康复花园行为引导理论的城市居住区绿地规划设计策略研究［C］

// 中国风景园林学会2015年会论文集. 北京: 中国建筑工业出版社,2015.

[58] ZHAO W, LI H, ZHU X, et al. Effect of Birdsong Soundscape on Perceived Restorativeness in an Urban Park [J]. International Journal of Environmental Research and Public Health, 2020, 17(16): 5659. DOI:10.3390/ijerph17165659.

[59] 马蕙, 王丹丹. 城市公园声景观要素及其初步定量化分析[J]. 噪声与振动控制, 2012,32(1): 81-85,118.

[60] SÖDERBACK I, SÖDERSTRÖM M, SCHÄLANDER E. Horticultural therapy: the 'healing garden' and gardening in rehabilitation measures at Danderyd hospital rehabilitation clinic, Sweden[J]. Pediatric Rehabilitation, 2004, 7(4): 245-260. DOI: 10.1080/13638490410001711416.

[61] 张君怡. 基于老龄化社会的养老机构景观植物配置策略[J]. 大众文艺, 2020, (2): 88-89.

[62] YA-NA L. I., 李雅娜, JIN-BIAO XI, 等. 康复花园植物应用分析[C]// 中国园艺疗法学术研究会议北京大会暨第一届园艺疗法与康复景观高峰论坛暨学术研讨会文集. 北京: 中国社会工作联合会. 2015: 166-169.

[63] 贾梅, 金荷仙, 王声菲. 园林植物挥发物及其在康复景观中对人体健康影响的研究进展[J]. 中国园林, 2016,32(12): 26-31.

[64] 张文英, 巫盈盈, 肖大威. 设计结合医疗——医疗花园和康复景观[J]. 中国园林, 2009,25(8):7-11.

[65] 张慧文, 张德顺. 康复花园景观规划设计方法研究——以泰安金陡山岳麓康复花园为例[J]. 中国城市林业, 2014,12(5): 47-51,63.

[66] 李旭光. 对《城市居住区规划设计规范》若干问题的思考[J]. 规划师, 2005,21(8): 52-54.

儿童是一个国家和地区未来的支柱，也是最需要关注的弱势群体之一。他们的健康成长是实现可持续发展的先决条件。然而，现有的室外公共空间主要是为满足成年人的户外活动和需求而设立的，其设施尺寸和功能往往按成年人的标准为依据，忽视了儿童的特殊需求。即便有专门为儿童设计的活动空间，往往也存在诸多问题，如设计简单、缺少趣味性，游戏设施和游戏内容缺乏创新，老年人与儿童的"动静活动"冲突等。因此，儿童友好型社区花园的设计和建设并不是简单地堆砌游戏设施，而是基于儿童友好的理念，充分考虑儿童的心理和生理特点，使活动空间具有趣味性、吸引力、安全性、启发性和互动意义。为弥补现行社区花园设计的不足，本文对国内外相关文献进行系统回顾，旨在探索以儿童需求为导向的社区花园设计建议导则，以保证社区花园在内容丰富、设施齐全且适合开展各类户外活动的基础上，纳入儿童友好型设计的考虑。

第 三 章

成长的乐土
——儿童友好视角下的社区花园设计研究

Chapter
III

3.1 儿童友好的社区环境

3.1.1 儿童友好环境的重要性

据世界银行的统计数据，截至 2020 年，全球儿童（14 周岁以下）总数约 19.8 亿人，占全球总人口的 25%[1]。中国作为全球人口最多的国家，拥有世界上数量最大的儿童群体——近 2.5 亿 0～14 岁的儿童，占人口总数的 17.9%[2]，这也带来了对儿童户外活动空间的巨大需求。研究表明，儿童友好空间的建设有助于提高适龄人口生育意愿，推动二孩、三孩政策的落实和执行，还有助于积极应对我国人口老龄化带来的社会问题[3]。另一方面，也有研究指出，随着快速城镇化进程和急剧增加的私家车数量，适合儿童、安全可达的户外公共空间迅速减少，儿童的出行和户外活动变得越来越困难和不安全，这在很大程度上影响了儿童的生活方式，迫使他们逐渐将活动转移到室内，增加了沉迷网络的可能性，也可能引发儿童肥胖和近视，影响其健康成长[4, 5]。

1996 年联合国儿童基金会（United Nations International Children's Emergency Fund）和人居署（UN-Habitat）共同发起了儿童友好城市倡议（Child Friendly Cities Initiative），指出少年儿童的福祉是衡量人居环境健康程度、民主社会文明程度和政府良好治理水平的重要标准，其中特别强调儿童的生活环境应安全整洁，并有可供玩耍、娱乐和交友的绿色空间[6]。儿童友好城市倡议把"儿童友好城市"定义为：一个城市、城镇、社区或任何地方治理系统将《联合国儿童权利公约》中明确规定的儿童权利和需求纳入优先考虑范围，改善其管辖范围内儿童生活，形成一个儿童在身体、心理、社会和经济等各方面都能够被平等对待的健康且安全的城市公共空间环境。儿童友好城市旨在为儿童的成长和发展创造良好的条件、环境和服务，切实保障其生存权、发展权、受保护权和参与权[7]。

社区内儿童友好空间的数量和质量是儿童友好城市建设的重要指标。2019 年，《儿童友好社区建设规范》正式发布，为推进儿童友好社区建设提供了团体标准，特别是强调了儿童友好的空间营造和户外活动空间的配置[8]。2021 年《关于推进儿童友好城市建设的指导意见》（发改社会〔2021〕1380 号）指出，需在社区内增设"微空间"，鼓励社区打造儿童"游戏角落"，提供适龄儿童步行路径和探索空间[9]。同年由国家发改委联合 22 个部门印发《关于推进儿童友好城市建设的指导建议》。2023 年住房城乡建设部办公厅、国家发展改革委办公厅、国务院妇儿工委办公室印发《〈城市儿童友好空间建设导则（试行）〉实施手册》，进一步深入推进城市儿童友好空间建设，强调配置特色趣味的儿童活动场地[10]。

本章作者为贺懿（英国诺丁汉大学建筑与建筑环境系可持续城市设计研究生）、陈冰（西交利物浦大学设计学院城市规划与设计系高级副教授）、陈思宇（西交利物浦大学在读博士研究生，英国利物浦大学博士候选人）。本章受山东省自然科学基金项目"基于人工神经网络的建筑环境健康性能多因子研究模式"（项目编号：ZR2023ME234）、西交利物浦大学教学发展基金项目"游戏设计：通过游戏化促进研究导向型教学"（TDF-20/21-R22-149）和"小组作业中的团队日志"（TDF-22/23-R26-218）资助。

儿童友好空间配置相关规范及导则

街道 / 镇应设置满足儿童需求的独立户外游戏空间。

各类户外游戏空间布局应布局在儿童活动安全的区域,应靠近社区儿童主要出行活动线路和节点,宜布局在公园或广场内;若毗邻城市干道,应采取相应的安全防护措施:

(1) 5 分钟生活圈内,至少配有 1 处适合 12 岁以下儿童户外游戏场地,宜提供沙坑、浅水池、滑滑梯、微地形等设施,游戏设施和铺地宜采用自然化、软质、柔性耐磨的环保材料。

(2) 15 分钟生活圈内,至少配有 1 处适合 12 岁及以上儿童户外游戏场地,宜提供攀爬架、篮球场、足球场等设施,游戏设施和铺地宜采用自然化、软质、柔性耐磨的环保材料。

户外游戏空间设计应统筹考虑植物配置、标识系统和灯光照明等内容:鼓励社区中小学内的校园、球场在非上学时间段内定时对外开放。

——户外游戏空间《儿童友好社区建设规范》6.2

配置特色趣味的儿童活动场地:

社区应充分利用游园、口袋公园、多功能运动场地等,增设儿童游乐场地和体育运动场地。鼓励利用社区闲置空间营造儿童"微空间",为儿童交流、体验自然、参与社区美化、体验社区文化等活动提供美育和自然教育场所。社区应急避难场所宜考虑儿童生理及心理需求,设置适宜儿童使用的休憩专区,配备儿童适用的生活物资和防护物资。

——社区层面《城市儿童友好空间建设导则》4.2

3.1.2 社区花园与儿童友好设计研究现状

本章以 CNKI、Web of Science、Scopus 和 PubMed 四大电子数据库为基本检索范围进行文献检索,检索关键词从"社区花园"与"儿童友好"两方面进行组合。例如,中文检索词包括"社区花园"与"儿童友好"或"儿童";英文检索词包括"community garden*" AND "child-friendly" OR "children" OR "child"。检索类别为主题，包括标题，摘要和关键词。检索时间限定为 1990 年至 2023 年 9 月，语种限定为英文或中文文献。并尝试使用 HistCite 等软件，通过参考文献追溯的方法以保证文献齐备。

文献检索遵循如下准入标准：（1）全英文或中文撰写。（2）横向调查研究，干预研究，实证研究，质性研究或纵向追踪研究，探究社区花园对于社区儿童友好之间的促进关系。文献剔除标准：（1）研究目标非社区花园的文章。（2）低质量的灰色文献。（3）研究主体为儿童外的其他群体。

如图 3-1 所示，通过 4 个数据库共检索到 222 篇文献，去重后得到 173 篇文献，经过题目、摘要、全文的审阅过程，最后有 26 篇文章被纳入综述报告中。本研究共综述文献 26 篇，其中英文文献 15 篇，中文文献 11 篇。研究领域集中在预防儿童医学，环境心理学，以及公共健康与社会学。国外文章集中于北美洲、欧洲等发达地区，国内的文章也集中于上海、北京、苏州等儿童友好试点城市。在社区花园研究领域关注儿童友好议题的研究主要涵盖三方面的主题，即作为自然教育的载体，促进儿童的健康与福祉和儿童友好空间设计与营造。

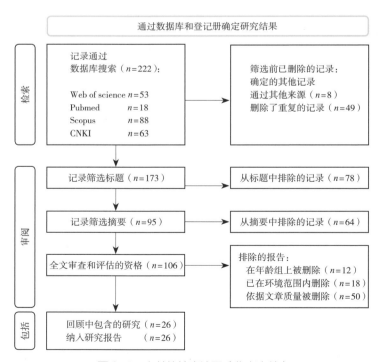

图 3-1　文献的检索流程（作者自绘）

3.2 社区花园与自然教育

3.2.1 自然教育的兴起

在快速城镇化和信息化的时代背景下，许多儿童沉迷于虚拟世界，以电子游戏取代了亲近自然的室外活动，继而出现了肥胖、注意力不集中、"自然缺失症"及亲子关系疏远等一系列身心问题，儿童的权益受到越来越多的关注。自然教育因能引导儿童重归自然、享受生活、塑造健康的人格、树立正确的价值导向，而逐渐得到重视。

自然教育是近年来兴起的一种在自然境域中开展的体验性活动。可以让人学习自然知识，拉近生活与自然的距离，重建人与自然的联结，让儿童在真实的世界里建立自然情感、爱护自然行动力的一种新教育形式[9]。

西方的自然教育思想源于卢梭的《爱弥儿》，强调把教育理论与实践相结合，让儿童在环境中体验，能有助于儿童成长为完整、独立、健康的儿童（whole child）[9]。我国北京大自然教育科技研究院也强调了对自然要素的采集、整理、编织可以有效训练儿童对于社会生活的思维逻辑[12]。自然教育的实现要回归儿童自身，培育他们对大自然及户外生活的热爱，这是自然责任感形成的基础，也是开展自然教育的前提条件[13]。在顺应儿童发展内在规律的基础上，要重视自然要素的设置和有效的感官训练，让自然和生活相连接，在实践中成长[14]。

3.2.2 社区花园作为自然教育的载体

了解身边的自然环境对于培养儿童的本土意识和健康成长非常重要[13]。对于那些与自然疏离的儿童来说，他们即使面对着每天都可见的动植物，却仍对它们感到陌生。虽然社区内部存在一些自然空间，但是这些绿化仅能满足美化环境的需求，缺少亲近自然和植物科普的设计。因此，这些社区内的公共绿地并不能满足居民特别是儿童的自然教育需求。而专业的自然教育场地往往位于郊区的农场或森林公园，距离较远。

社区花园位于小区中，是小区中人人可及的具吸引力和具活力的公共空间。它能有效解决当前自然教育场地距离远、参与难度大、参与群体小等问题，使自然教育贴近居民的日常生活，从而有利于自然教育的普及[14]。作为家门口的绿色空间，社区花园不仅为儿童开展非正式户外交流提供了大量机会，还在花园建造和维护的动态过程中引导儿童作为参与主体，加强儿童对生态的关注，是开展自然教育的理想场所[13, 15]。

多项研究表明，社区花园不仅丰富了正式和非正式的自然教学机会，还为社区本身提供了许多好处，例如获得新鲜食物、文化或精神实践、经济收益、社交和教育[16]。就教育载体而言，西方的相关实践较为丰富，强调环境载体的重要性。1972年，联合国人类环境会议提出了"环境教育"理念[17]。1975年，《贝尔格莱德宪章》提出应在正式及非正式教育中开展环境教育，包括森林幼儿园、医院、高校、科研机构、花园、菜园、普通公园及社区等。社区花园作为以土地为基础的学习和共享空间，通过承载园艺活动在城市儿童的科学和环境教育中扮演着重要角色，能促进正式和非正式学习的结合，同时融合了粮食安全、社会互动、社区发展、环境行动主义和文化融合等方面的内容[16]。

一项基于加拿大的社区花园的民族志研究发现，以社区花园为基础的非正式课程虽不是学校的标准课程，但参与过这项课程的儿童认为社区花园是一个开放的、非正式的、基于土地的学习空间，充满了可以探索的事物可以做出值得庆祝的成就[16]。同时，基于社区花园的社交网络为移民学生提供了跨文化交流的机会，有助于他们建立归属感[16]。

基于美国社区的 Science，Camera，Action 参与性行动也是自然教育在社区环境中的成功案例[18]。该项目旨在通过气候变化相关行动来增强儿童的意识和行动能力。该项目深受当地儿童的喜爱，其成功的关键因素之一是具有很强的互动性，以动手、体验、行动为导向。孩子们喜欢在整个项目中扮演积极的角色，而不是被动地接受知识或仅仅是扮演预先确定行动形式的"实施者"。儿童积极参与气候变化使得他们的主观能动性（agency）增强，让儿童相信自己有能力对气候变化采取知情行动。这种赋权使得儿童对项目活动保持持续热情，并通过他们的持续参与使学习、联系和行动成为可能[18]。

相较于国外，我国的自然教育起步较晚，多应用于森林、自然学校及自然教育机构等场所，在社区绿地和公共空间等场所的实践相对较少[12]。2010 年以来，中国自然教育机构发展呈井喷之势，但这些商业运营的自然教育机构往往存在距离远、受众范围小等问题[14]。虽然在国内多个城市开展了社区花园建设行动，居民自发种植行为也早已有之，但以儿童友好视角开展的社区花园营建并以之承载和促进自然教育的实现途径仍有待进一步探索。

有研究总结了北京、上海、深圳 3 个城市社区花园自然教育的类型分别为感知型、认知型和实践型，并对社区花园自然教育的空间布局、模式与发展状况进行了深入探索[9]。例如上海的创智农园，为满足自然教育的需要，规划了朴门花园区、一米菜园区和互动园艺区等，对于可持续理念和能量循环利用的实践和科普也融入花园的各个细节。创智农园还定期开展一米菜园课程，并制作了《创智农园植物图鉴》引导附近乃至全市公众养成观察记录自然的习惯，搭建自然观察网络平台，构建城市生态网[13]。

一些传统的老旧小区通过社区花园的软性介入，针对小微空间进行精细化改造，在改造中和改造后兼顾其自然教育的功能。例如，西安的天都佳苑社区的改造过程中以儿童为营建主体，开展参与式设计工作坊，并把改造后的社区花园作为自然教育的基地，为社区创立出一处可以供儿童观察、感知自然的场地，加强了儿童与自然的联系[15]。

社区花园的自然教育功能不仅在沿海地区有所实践，有相关研究发现在寒地城市同样有通过社区花园实现自然教育的案例。例如，哈尔滨市闽江小区社区花园不仅通过改变场地风环境、设置可移动的"半室内化"设施和种植耐寒植物克服了地域性、寒地气候性问题，同时以社区花园为基地积极地回应了儿童的自然缺失症，将自然教育理念有机融入社区公共绿地景观设计中，顺应他们对大自然好奇的天性，激发对大自然保护的主观能动性[19]。社区花园景观设计不但要儿童友好，还要同时辐射周围其他年龄层的人群，例如老年群体。通过"全龄友好"设计可以进一步增进邻里和睦与社区凝聚力[19]。相对于国外的社区花园已经具备完善的自然教育功能和儿童友好设计，我国的社区花园的建设还有很长的路要走，特别是在应用"朴门永续"的生态理念，开展自然教育的相关课程，配置可食用性景观，提升家长环境教育意识，促进儿童参与意识和个人自我效能等方面还有待提升。

3.3　社区花园促进儿童健康与福祉

3.3.1　儿童健康饮食与预防肥胖

越来越多的研究表明，儿童和青少年健康风险特别是肥胖的风险多出现在童年早期：儿童早期体重指数高、超重或肥胖的儿童在儿童中期和青春期更有可能超重或肥胖。根据对儿童休闲活动偏好的研究，此类儿童往往更喜欢室内活动，如看电视、阅读、使用电脑、玩电子游戏或使用其他现代媒体终端[20]。儿童花更多时间选择远离自然环境的室内生活方式，这一现象加剧了儿童的健康问题，如儿童肥胖、哮喘、注意力缺陷、多动障碍、维生素 D 缺乏引起的特应性皮炎及其他心理问题[21]。

研究发现，社区花园和社区干预为家庭提供营养课程，可能会帮助儿童实现或保持健康的体重。社区花园是一种有效的干预策略，可以增加水果和蔬菜的供应，特别是在低收入家庭中，从而减少儿童肥胖症和改善整体健康。一项针对拉美裔儿童的研究表明，以园艺、营养和烹饪为重点的 12 周干预可以改善拉美裔儿童的饮食，降低其血压和体重增加率[22]。另外，一项关于预防儿童肥胖的成长健康儿童计划（GHK）通过提供多种干预措施，包括园艺会议、烹饪工作坊和家庭社交活动等，为预防儿童肥胖问题提供了有效途径。这些措施不仅有助于改善儿童的体重指数，还能培养他们对健康饮食和生活方式的认知和兴趣[23]。研究发现经常接触社区花园的儿童相对平均水平会吃更多的蔬菜和水果，同时对健康有更高的自我意识[24]。

另一些研究表明，城市环境中社区花园可作为儿童开展健康相关行为和促进健康公平的潜在催化剂。经常参与社区园艺有助于增加儿童中等体力活动，同时促进社交行为[22]。值得注意的是，人口和社会经济因素对公共花园和儿童花园的发展也有一定影响。一项侧重于居住在公共住房中的社区花园研究发现，有许多因素可能影响青少年进行园艺和营养方案的可行性，例如，园艺和营养知识的普及程度和及时的花园维护以及花园的安全性[25]。

3.3.2　促进儿童健康与福祉

一项关于社区园艺对成人和儿童健康和福祉的影响的系统综述表明，社区园艺是一项复杂的多因素活动，可能对参与者的健康和福祉产生多种直接或间接的影响[26]。社区园艺对儿童的健康和福祉产生影响的具体方式有很多，可以在不同规模上通过不同的机制运作。例如，经常参与园艺活动的儿童会对食物有更积极的认知从而改善其饮食结构；在自然中劳作中青少年更容易达到其理想的体力活动水平，预防少儿肥胖，同时提供校外释放课业压力的机会；具有共同兴趣的社区成员之间会增加儿童的社会接触，发展良好的人际关系；通过环境教育、技能获取和共享资源，有助于提升儿童的生活技能，培养正确的价值观。

另外，在社区花园中进行自然游戏具有促进福祉和社会包容性的作用。自然游戏吸引了不同年龄、社会经济背景和性别的儿童，并鼓励他们的亲密社交。自然环境中的游戏可以提供感官刺激有助于儿童尤其是幼儿的感觉整合和大脑健康发展。科学研究表明，即使是短期暴露在自然环境中，也可以减少儿童注意力缺陷障碍（ADD）和注意力功能多动障碍（ADHD），还有助于提高认知功能[20]。事实上，对于儿童而言，积极地进行户外活动是整体幸福感的最佳指标之一。除了社区内部的研究，一项关于校园内花园如何改善学龄儿童的健康和福祉研究表明，在学校进行园艺活动可以有效促进儿童对水果和蔬菜的摄入量，提供体验式学习机会，增加家庭的参与度，通过综合机制有效促进健康和改善福祉[27]。

但需要注意的是，操作不当时社区园艺也可能会对儿童的健康和福祉产生负面影响。例如，社区园艺有可能加剧或增加当地的健康不平等。设计方案可能存在排他性，儿童群体往往无法参与社区花园的设计与决策，导致他们的需求被忽视。另外，过度的园艺活动存在身体风险，如受伤或过度劳累。儿童无意中接触地面中的金属和其他污染物也可能会造成严重的健康损害[28]。

3.4　儿童友好社区户外开放空间设计与营造

社区花园作为户外开放空间的一种类型，其规划和设计应遵循儿童友好的原则，在功能、景观、文化方面有更高的要求。过去的十年里，快节奏的城市生活使得人与自然的接触变少了，尤其缺少可以将儿童的日常生活与自然联系起来的自然户外环境。环境健康和公共健康是相互依存的，通过创造新的户外环境将这种认识转化为行动，重点是让儿童与自然接触。社区花园可以成为儿童友好空间的重要载体。

3.4.1　儿童生理和心理特征

婴幼儿期（0~3岁）、学龄前期儿童（3~6岁）和学龄期儿童（6~12岁）三个年龄段儿童最明显的生理特点是身体状况的巨大变化，主要表现在骨骼和肌肉的生长及各种身体系统的发育[29]。同时，0～12岁是儿童大脑结构和功能发育最迅速、最重要的时期，他们对外界的认知程度和接受能力也在飞速地提升和变化，这导致处于不同年龄段的儿童有其特殊的活动需求和独特的心理特征。他们对活动的选择和偏好也有很大差异，对外界环境的认知和接受程度也不同。

0～3岁心智尚未成熟，这个年龄段的孩子缺乏独立活动的能力，并且具有食量小、代谢快、体力差等特点，偏爱简单的重复性游戏。户外开放空间需要特别考虑他们的安全需求，活动需求和归属需求。婴幼儿期儿童的身体机能尚未完全成熟，他们在视、听、触、味、嗅等方面要弱于常人。因此他们更加需要有安全保障的活动空间，室外活动空间设计应更聚焦空间的交通便利性、无障碍设计、公共与私密场地的平衡、视线上的通畅等。

3～6岁的学龄前儿童往往是社区户外开放空间中的主要活动者，身心的快速发育使他们对游戏设施和内容的要求相较于婴幼儿期年龄段的儿童增加了许多，他们更喜欢一些群体活动和假装游戏。开放空间成为一个非正式的聚会场所，将孩子们带到大自然中去玩耍、探索、发现。这种主动游戏的本质就是非正式学习，帮助大脑成熟和身体变得更健康[30]。

6～12岁的儿童在游戏内容和难度上都有了更高的要求。儿童成长的各项能力需要不断提升。户外活动场地应有助于激发该年龄段孩子的创作能力、观察能力、动手能力、认知能力等多项能力。

因此，在设计儿童友好型社区开放空间时，必须了解不同年龄段儿童的偏好，根据他们的需求和活动能力来合理划分和设计儿童的活动空间，使户外活动空间能对儿童的身心健康产生积极的引导作用。通过对儿童心理学和行为学等文献的归纳总结得出下图（图3-2）。

另外，儿童自理能力尚未达标，依赖父母的照顾，对社区空间的归属需求也很强。可以提供一些老幼共享的空间，作为隔代沟通交流平台[39]。在空间设计层面，社区开放空间首先应提供舒适的环境。应充分保留、利用居住区内的高大乔木，满足夏季遮阴需求的同时，保证老幼群体的活动安全。休息区应分散布置，设置充足的休息座椅，满足儿童看护、老年人休憩的需求[40]。同时，儿童活动区也要考虑设置一些适合成人的休憩设施，为陪伴孩子的家长们提供休憩的场地，以及公共厕所、垃圾桶、路灯等服务设施。

3.4.2　儿童友好的社区开放空间设计导则建议

依据2023年的《城市儿童友好空间建设导则》，城市儿童友好空间建设的基本原则为：儿童优先、普惠公平；安全健康、自然趣味；因地制宜、探索创新。结合游园、口袋公园等增设儿童游乐场地，配置沙坑、浅水池、滑梯、微地形等游乐设施[10]。新建

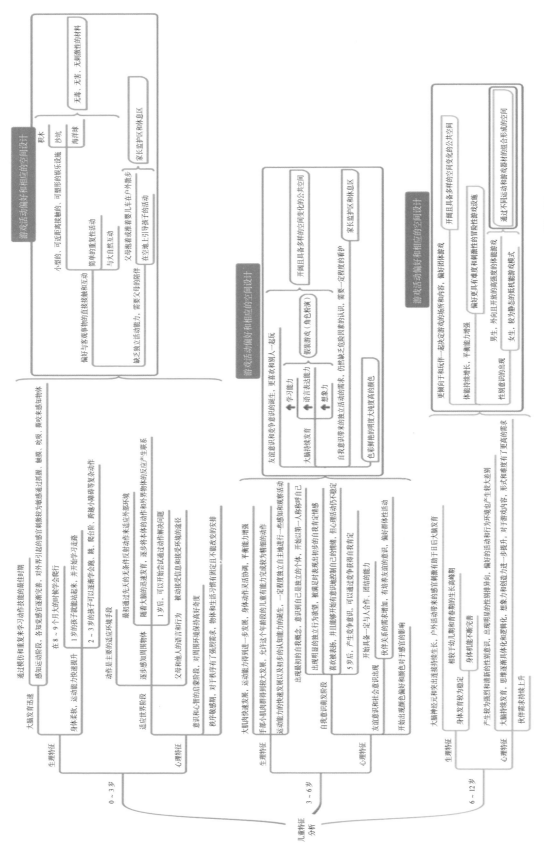

图3-2 儿童生理和心理特征，以及对应的活动偏好和开放空间设计要点（作者根据参考文献[31-38]自绘）

社区公园、游园和口袋公园适儿化改造导则

围绕提高儿童身体素质和社交能力、丰富课余生活等目标，推进社区公园、游园、口袋公园的适儿化改造，为儿童提供亲切便捷的游戏、交流、探索自然的空间及场所，方便儿童就近进行户外活动。

宜采用自然化设计，在社区公园、游园、口袋公园中增设游乐、运动、休憩等多类儿童活动场地，可考虑与自然、文化科普内容相结合。

根据儿童活动规律，结合各类公共服务设施的附属绿地改造、口袋公园建设，增设儿童活动场地。宜考虑残障等特殊儿童群体的需求，增加无障碍设计，可分龄设置游乐设施和体育运动设施。

利用社区闲置空间和既有绿地，建设"农事体验角""迷你菜园"，为儿童提供亲近自然和植物认知的体验场地；建设"花卉步道"等亲子空间；设置儿童友好的游憩设施，打造"游戏角"。在保障规范与安全的前提下，可利用街区墙面、闲置空间开展涂鸦美化等活动，建设童趣涂鸦墙、朗读亭、艺术小舞台等儿童美育"微空间"，激发儿童想象力、创造力。

——3.3 公园绿地适儿化改造《城市儿童友好空间建设导则》

居住区的儿童游乐场地面积不宜小于 100 平方米。宜配置适宜儿童参与的篮球、排球、足球、棒垒球场地等体育运动设施，对于现有的空间进行适儿化改造[10]。

《活动场地：城市——设计少年儿童友好型城市开放空间》中指出城市开放空间的评价基本标准包括可达性、安全性、娱乐质量（舒适性）和多功能性[37]。此外，建设儿童友好型开放空间，应重点考虑儿童的心理和生理特点，因此在设计过程中还应该考虑到趣味性、阶段性和文化性。通过对国内外儿童友好型公共空间的文献综述和案例研究，总结出如下图的设计框架（表 3-1）。

1. 可达性

社区开放空间作为儿童最重要的户外活动空间之一，良好的可达性是其在规划和建设过程中需重点考虑的因素。对于已建成的场地，可达性主要是指内部空间和活动设施的可达性。首先，根据《无障碍设计规范》（GB 50763—2012），要确保婴儿车、滑板车、轮椅等交通工具可以自由地在场地内部穿行[48]。此外，儿童的活动范围不

表 3-1　儿童友好型社区开放空间设计指导框架（作者根据参考文献[31, 34, 37, 41 ～ 47]自绘）

	相关文献	趣味性	多功能性	可达性	阶段性	文化性	安全性	舒适性
国外	交往与空间	√	√	√				
	儿童游戏环境设计	√						
	儿童易受伤害空间的分析和对策						√	
	人性场所：城市开放空间设计导则	√	√	√			√	
	活动场地：城市设计少年儿童友好型城市开放空间		√	√	√		√	√
	适合儿童的公园与花园（儿童友好型公园的设计与研究）	√	√	√			√	
国内	居住区儿童游戏场地规划与设计	√			√		√	
	居住区环境设计						√	√
	居住区规划设计资料集	√		√	√		√	
	居住区环境景观设计导则	√				√	√	

应该仅仅局限在一个特定的领域，儿童友好型开放空间的整个范围都应该允许儿童活动游玩[33]。这要求开放空间设计从满足儿童兴趣的角度出发，打破现有简单僵化的分区模式，并在高度落差较大的区域设置缓坡及一系列无障碍设施来保证具有良好的可达性。

2. 安全性

安全性不仅是创建儿童友好型环境的基石，也是建设儿童友好型城市的基本标准，更是儿童友好社区开放空间建设应遵守的首要原则[49]。其主要包含内部细节的安全性、空间环境的安全性和植物的安全性等。

首先，开放空间的内部细节包括配套设施如栅栏、座椅等，以及铺装材料和植物选种，这些元素应根据相关安全设计规范进行设计和选择，以确保用户的使用安全[50]。

其次，儿童身体特点也是需要重点考虑的因素，如围栏立柱间距应小于儿童的头围，防止安全隐患，或者是儿童身高以下的圆角和弧形设计，以避免儿童摔倒时可能造成的二次伤害[11]。

再次，设施的定期检查和维护也至关重要。在景观设计上，应避免生态不相容的植物组合，以确保植物的健康生长[51]。应该将安全性视为首要原则，避免有毒、多刺、易致过敏以及容易发生虫害的植物，如夹竹桃等有毒植物；玫瑰、仙人掌、枸杞等多刺植物；杨树、柳树等可能引起过敏的植物等。同时，考虑到幼儿在 1 岁左右出现口欲期，结果类植物也该被谨慎选择。

最后，空间环境设计要充分防止儿童遭受侵害或犯罪行为[33, 52]。临时的、废弃的和隐藏的空间对儿童的安全有潜在的危险[52]。因此，儿童友好的开放空间需要设计成视线无障碍的活动空间。

3. 舒适性

让人感觉舒适的地方具有更高的娱乐质量和游玩欲望[37]。儿童友好的开放空间的舒适度主要体现在地形、路面和配套服务设施上。路面铺装的选择可以参考《公园设计规范》（GB 51192—2016）[51]和城市居住区规划设计标准[53]中提到路面材料应根据不同功能需求而设计，如聚会、活动、表演和休息等。同时，为了创造舒适的体验，开放空间路径的等级分类和相应的宽度尺寸也应符合这些设计规范，满足人性化的要求。

配套服务设施的舒适性是衡量社区开放空间吸引力的决定性因素之一。因此，应根据开放空间的面积，合理规划洗手间、长椅、垃圾桶等相关设施的数量和位置。游戏设施应同时确保安全性和趣味性，根据不同年龄段儿童的特点进行调整，并结合自然元素，为儿童创造亲近自然的游戏环境，满足孩子在玩耍中与自然互动的需求。

4. 多功能性

儿童需要通过与周边环境（包括空间环境和人文环境）互动建立对于外界的认知，因此他们不仅需要场地来满足活动需求，还需要在这个空间中进行亲子交流、和他人互动等社交活动[54]。同时，社区开放空间内的设施应满足不同年龄段使用者的多样需求，如游憩、停留、休闲、娱乐和运动等。研究表明，一个具备多功能的社区开放空间将会拥有更持久的吸引力和更高的利用率[37]。除了塑造感官体验丰富的景观空间，还需增加儿童的五感与景观的接触。例如，可食性植物的小菜园、种植芳香植物和触感植物的温室棚、配备音效装置的观赏空间、娱乐探险空间，都可以激发儿童的学习兴趣，提升他们对大自然的探索欲望[12]。

5. 趣味性

作为主要服务群体是儿童的开放空间，趣味性可以说是其最基本也最重要的要求。这要求空间布局、活动氛围、配套设施等各方面都应对孩子有很高的吸引力。开放空间可以在原有地形基础上，通过适当增加地形变化来创造具有吸引力和趣味性的游戏空间。例如，利用地形的高低起伏变化设计一个允许隐藏躲避和探索冒险的区域，来适应儿童游戏的多种风格[38]。

其次，铺设材料和形式在营造活动氛围、打造场所趣味性方面发挥着至关重要的作用。因此，具体方案应该根据场地的功能而设计，比如道路使用沥青材料等硬质铺装材料，运动区使用橡胶等软质铺装材料。考虑到儿童对明亮且纯度高的颜色和独特形状的喜爱，开放空间应该根据场地的主要活动特点和周围环境选择合适的铺装材料，并在此基础上通过搭配丰富颜色和图案来营造不同的活动氛围[34]。

不同游戏设施之间的搭配组合可以提高空间的趣味性。沙坑对于儿童来说具有天然的吸引力，沙子在不同情况下的触感还能锻炼儿童的感知能力。因此，沙坑应该确保沙子的质地和材质，定期清洁保持卫生，并将沙坑设置在阳光充足的地方减少沙坑返潮现象出现的可能性。

此外，在保证安全的前提下，还可以通过建设多样化的亲水设施来吸引儿童的注意力，如浅水池、喷泉、池塘等。允许儿童进入的水体应根据相关要求进行设计，最深处不超过 0.35 米，并采用适宜的防水和装饰材料，同时定期对水体进行清理[51]。

自然景观要素的趣味性表达。通过融合自然元素和物理环境，有利于自然教育的开展。例如，游戏型微地形，趣味性的互动小品和具有生态功能的昆虫旅馆，堆肥箱或蚯蚓塔[12]。

6. 阶段性

由于不同年龄段的儿童对活动空间的游戏设施和内容存在着不同的需求，应根据不同年龄的儿童的生理和心理特点来进行环境设计[55]。在幼儿心理学研究中发现聚集和交流行为更容易发生在同龄儿童的活动中[36]。然而也有研究表明，年幼的孩子在玩耍时很容易受到年长孩子的干扰[35]。小于 3 岁的儿童，家长需要携带很多育儿用品，如奶瓶、纸尿裤等。并且他们的活动范围较小，主要集中在广场或儿童活动区等开阔平坦的区域，由家长抱着或被推在婴儿车内，或是在家长的引导下学习走路、和其他小朋友互动等。因此，活动区周边应布置婴儿车停放处、储物柜、母婴室等服务设施来满足家长的需求[33]。应给 3～6 岁的学龄前儿童提供更多种类的游戏设施和探索空间来满足他们的需求[31]。开放、连续且平坦的活动空间不仅可以满足儿童对观察和模仿的喜爱，还允许了儿童与伙伴之间进行如追逐打闹等互动性活动[55]。同时，保证视野开阔以便于家长监护，满足儿童活动空间的安全性要求。在 6～12 岁这个阶段的孩子身体变得更加强壮，因此，他们需要具有更大的开放空间，如可以提供球类运动、滑板和轮滑等运动空间或设置攀爬和探险设施，来增加活动空间的趣味性和吸引力[31]。

7. 文化性

儿童友好型社区开放空间的内部设计还应融入一些当地的文化和历史元素，通过植物、人行道、游告示牌等景观元素的设计，引导孩子们在游玩过程中学习和了解当地的文化特色和历史背景，提升开放空间的文化性和自然教育的特征，实现寓教于乐。

此外，通过颜色鲜艳的植物和花卉之间的搭配组合，可以在美化空间景观的基础上，一定程度上提高儿童对于植物的兴趣。辅助以告示牌，将自然教育潜移默化地传授给儿童。标识系统除了颜色和形式应根据儿童的喜好来设计，还可以用更多有趣易懂的图标来代替枯燥的文字，以激发孩子学习的动力和兴趣；它们的高度和大小还应考虑到成人和儿童的不同视线高度[32]。在开放空间建造过程引入自然教育理念，引导儿童在营建过程中关注生态环境，树立爱护地球与保护生态的意识[15]。

本章旨在研究如何设计儿童友好型社区花园，以满足儿童在生活环境中的需求和促进儿童友好型城市的发展。通过系统回顾国内外相关理论和文献，总结出了儿童友好型社区花园的设计框架。该设计框架包括7个设计原则：可达性、安全性、舒适性、多功能性、趣味性、阶段性和文化性。其中，可达性指儿童可以轻松到达社区花园，并且与周围环境相连；安全性指社区花园应该提供安全的游戏设施和环境，以及避免危险因素的存在；舒适性指社区花园的景观和设施应该考虑到儿童的感受，创造舒适的空间环境；多功能性指社区花园应该提供不同种类的活动场所和设施，以满足儿童多元化需求；趣味性指社区花园应该具有吸引力和趣味性，以激发儿童的兴趣和想象力；阶段性指社区花园应该考虑到儿童的年龄和发展阶段，提供适合他们的活动和设施；文化性指社区花园应该反映当地文化和历史，以增强儿童的归属感和认同感。以上7个设计原则为儿童友好型社区花园提供了一个全面的设计框架，可以帮助设计者更好地满足儿童需求和促进城市儿童友好型发展的目标。

参考文献

［1］ 世界银行. 0～14岁的人口(占总人口的百分比)［R/OL］.(2022)［2023-10-06］. https://data. worldbank.org.

［2］ 国家统计局. 人口年龄结构和抚养比—中国统计年鉴［R/OL］.(2021)［2023-10-06］. http:// www.stats.gov.cn/sj/ndsj/2021/indexch.htm.

［3］ 毛春红,周望."三孩"生育政策之后急需建儿童友好社区:怎么办与怎么建［EB/OL］.(2022) ［2023-10-06］. http://www.urbanchina.org/content/content_8185885.html.

［4］ 张弛,付晓渝. 儿童友好型城市公园景观建设研究［J］. 城市建筑,2021,18(19):5.

［5］ 刘春芳. 城市公园中的儿童公共活动空间设计研究［J/OL］. 工业设计,2021,(10):89-90［2023- 10-06］. https://xueshu.baidu.com/usercenter/paper/show?paperid=1v190eu0ca7r0a80wh420xv0cj15806 4&site=xueshu_se. DOI:10.3969/j.issn.1672-7053.2021.10.046.

［6］ UNICEF U H. 儿童友好城市倡议(Child-Friendly Cities Initiative)［EB/OL］.(1996)［2023-10-06］. https://www.childfriendlycities.org/.

［7］ 联合国. 儿童权利公约［EB/OL］//United Nations.(1989)［2023-10-06］. https://www.un.org/zh/ documents/treaty/A-RES-44-25.

［8］ 周惟彦,陈虹.《儿童友好社区建设规范》操作手册［M/OL］. 社会科学文献出版社,2022［2023- 12-12］. https://book.douban.com/subject/35954105/.

［9］ 单馨雨,赵杨. 儿童友好视角下社区花园景观自然教育功能及其实现途径——以北京、上海、深圳三个城市的社区花园为例［J］. 城市建筑,2023,20(13):211-215.

［10］ 中华人民共和国住房和城乡建设部.《城市儿童友好空间建设导则》印发［EB/OL］.(2022-12-06) ［2023-12-12］.https://www.mohurd.gov.cn/xinwen/gzdt/202212/20221206_769243.html.

［11］ 周丽芸. 儿童心理行为学与儿童户外活动空间营造设计［J］. 美与时代:城市,2017(3):47-48.

［12］ 王新颖,李晓颖. 基于儿童自然教育的社区花园景观设计——以南京市湖畔居社区花园为例［J］. 园林,2020(8):42-48.

［13］刘悦来,许俊丽,陈静.身边的自然都市的田园——基于自然教育的上海社区花园实践［J］.景观设计,2019(5): 6-11.

［14］周晨,黄逸涵,周湛曦.基于自然教育的社区花园营造——以湖南农业大学"娃娃农园"为例［J］.中国园林, 2019,35(12): 12-16.

［15］刘晓洁,王文文,邓诗曼.自然教育理念下的社区花园营造实践探索——以西安市天都佳苑社区为例［J］.现代园艺, 2023,46(4): 90-92.

［16］DATTA R, NORDH H, HARTIG T, et al. Community garden: A bridging program between formal and informal learning［J］. Cogent Education, 2016, 3(1): 1177154.

［17］蔡君.社区花园作为城市持续发展和环境教育的途径 以纽约市为例［J］.风景园林,2016(5): 114-120.

［18］TROTT C D. Reshaping our world: Collaborating with children for community-based climate change action［J］. Action Research, 2019, 17(1): 42-62.

［19］窦瑞,王崑,张献丰,等.基于儿童自然教育的寒地社区花园景观营造与设计［J］.北方园艺,2021(8): 79-84.

［20］GOLTSMAN S, KELLY L, MCKAY S, et al. Raising "Free Range Kids": Creating Neighborhood Parks that Promote Environmental Stewardship［J］. Journal of Green Building, 2009, 4(2): 90-106.

［21］KWON M H, SEO C, KIM J, et al. Current Status of Children's Gardens within Public Gardens in the United States［J］. HortTechnology, 2015, 25(5): 671-680.

［22］DAVIS J N, VENTURA E E, COOK L T, et al. LA Sprouts: A Gardening, Nutrition, and Cooking Intervention for Latino Youth Improves Diet and Reduces Obesity［J］. Journal of the American Dietetic Association, 2011, 111(8): 1224-1230.

［23］CASTRO D C, SAMUELS M, HARMAN A E. Growing Healthy Kids［J］. International Journal of Behavioral Nutrition and Physical Activity, 2013, 44(3): S193-S199.

［24］KNOFF K A G, KULIK N, MALLARE J, et al. The Association Between Home or Community Garden Access and Adolescent Health［J］. Family & Community Health, 2022, 45(4): 267-271.

［25］GRIER K, HILL J L, REESE F, et al. Feasibility of an experiential community garden and nutrition programme for youth living in public housing［J］. Public Health Nutrition, 2015, 18(15): 2759-2769.

［26］LOVELL R, HUSK K, BETHEL A, et al. What are the health and well-being impacts of community gardening for adults and children: a mixed method systematic review protocol［J］. Environmental Evidence, 2014, 3(1): 20.

［27］HOLLOWAY T P, DALTON L, HUGHES R, et al. School Gardening and Health and Well-Being of School-Aged Children: A Realist Synthesis［J］. Nutrients, 2023, 15(5): 1190.

［28］AL-DELAIMY W K, WEBB M. Community Gardens as Environmental Health Interventions: Benefits Versus Potential Risks［J］. Current Environmental Health Reports, 2017, 4(2): 252-265.

［29］INSTITUTE FOR TRANSPORTATION & DEVELOPMENT POLICY (ITDP). 中国儿童友好城市蓝皮书［R/OL］. (2020)［2023-10-06］. http://www.itdp-china.org/news/?newid=169&lang=0.

［30］陈冰,任昆仑,钞秋玲.融合与流变:我国高校学习空间演化模式探讨——以西交利物浦大学为例［J］.建筑学报,2023,651(2): 79-85.

［31］汪悦,孟祥庄.基于心理学的儿童活动空间景观设计研究［J］.绿色科技,2019,(21): 14-15.

［32］王晓俊.基于感官体验的儿童主题乐园视觉导视系统设计研究［J］.长沙大学学报,2018,32(5): 106-108.

［33］李爽.浅谈儿童友好型公园的规划设计［J/OL］.中国园林,2021,37(S01):80-84［2023-10-06］. https://xueshu.baidu.com/usercenter/paper/show?paperid=1p4002c0nd280cx0s94u02m018419324&site =xueshu_se&hitarticle=1. DOI:10.19775/j.cla.2021.S1.0080.

［34］李建伟.儿童游乐场所的设计目标与创意［J］.中国园林,2007,23(10):28-32.

［35］阿尔伯特J.拉特利奇.大众行为与公园设计［M］.北京:中国建筑工业出版社,1990:9.

［36］潘庆戎,白丽辉.幼儿心理学［M］.南京:河海大学出版社,2010:7.

［37］M.欧伯雷瑟—芬柯,吴玮琼.活动场地:城市——设计少年儿童友好型城市开放空间［J］.中国园林,2008,24(9):49-55.

［38］谭玛丽,周方诚.适合儿童的公园与花园——儿童友好型公园的设计与研究［J］.中国园林,2008,24(9):43-48.

［39］戴洪洲,林瑛.老幼共娱的综合型社区花园景观设计策略研究［J］.设计,2023,36(5):148-151.

［40］刘烨,刘艺璇.基于参与式种植的老幼友好型社区花园的关键要素识别与设计策略探索——以北京地区为例［J］.北京建筑大学学报,2023,39(2):47-57.

［41］建设部住宅产业化促进中心.居住区环境景观设计导则［S］.北京:中国建筑工业出版城市公园中的儿童公共活动空间设计研究,2006:5.

［42］黄晓鸢.居住区环境设计［M］.北京:中国建筑工业出版,1994:4.

［43］邓述平,王仲谷.居住区规划设计资料集［M］.北京:中国建筑工业出版社,1996:3.

［44］仙田满.儿童与游戏环境［M/OL］.刘佳,译.上海:同济大学出版社,2022:60［2023-10-08］. https://book.douban.com/subject/36100251/.

［45］中村攻.儿童易遭侵犯空间的分析及其对策［M］.北京:中国建筑工业出版社,2006:14.

［46］GEHL, JAHN. Life between buildings［M］. Copenhagen; Danish Architectural Press, 2003: 121.

［47］克莱尔·库珀·马库斯,卡罗琳·弗朗西斯.人性场所:城市开放空间设计导则［M/OL］.孙鹏,译.北京:中国建筑工业出版社,2001:2［2023-10-08］. https://book.douban.com/subject/1114884/.

［48］中华人民共和国住房和城乡建设部.无障碍设计规范(GB50763-2012)［S］.北京:中国建筑工业出版社,2012:12［2023-10-06］. https://xueshu.baidu.com/usercenter/paper/show?paperid=09dd99d14c71de561cedd119ef834668&site=xueshu_se&hitarticle=1.

［49］林瑛,周栋.儿童友好型城市开放空间规划与设计——国外儿童友好型城市开放空间的启示［J］.现代城市研究,2014,(11):36-41.

［50］胡丽红,王蕊,许增爵.儿童友好型城市户外公共空间研究［J］.城市住宅,2021,28(5):130-131.

［51］北京市园林局.公园设计规范:CJJ48-92［S］.北京:中国建筑工业出版社,1992:13［2023-10-06］. https://xueshu.baidu.com/usercenter/paper/show?paperid=6f1ce18c791f6417f2cdb27809251efc&site=xueshu_se.

［52］中华人民共和国住房和城乡建设部.城市居住区规划设计标准:GB 50180—2018［S］.北京:中国建筑工业出版,2008:6.

［53］欧婷婷.基于"儿童友好型城市"视角下的口袋公园设计［J］.现代园艺,2021,44(9):114-115,118.

［54］董娟.营造新住区环境中的儿童交往空间［J］.华中建筑,2008,26(7):103-105.

［55］刘黎明.基于认知心理学的儿童活动空间视觉导视系统设计研究［J］.艺术科技,2016,29(5):28,35.

在当今城市化进程快速发展的背景下，外来人口成了城市社区中一个重要的群体。作为新移民的一种形式，他们的到来给城市社区带来了新的文化、经济和社会动力，同时城市社区也因此面临着更多难题。社区花园作为社区公共空间的一种重要形式，既是居民休闲娱乐的场所，也是社区居民互动交流的平台。如何让社区花园更好地服务于新移民、促进社区融合，是当前城市社区治理和社会和谐发展的重要议题。本章将通过相关文献回顾，探讨社区花园与新移民之间的关系，分析社区花园在促进新移民融入方面的作用，探讨如何通过提升社区花园的包容性来促进社会融合。

第四章

在花园中融合
——社区花园与『新移民』包容性研究

Chapter
IV

4.1 社区中包容性问题

4.1.1 新移民与过渡性社区

随着我国城镇化进程的快速推进，高密度居住已成为城市居住的主要形式。这种居住环境容易增加居民的压力水平[1, 2]。与此同时，在大中型城市出现了越来越多的"过渡型社区"的居住区（如老旧小区、城中村和动迁小区），由于其便利的地理位置、充足的住房供应、低廉的租金和流动成本，吸引了大量外来人口。这些社区通常由原居民、安置农民和外来人口组成，形成了一种混合的"社会生活共同体"[3]。在过渡型社区中，大部分外来人口是城市务工人员，他们的到来极大地推动了城市社会经济的发展，为城市注入了活力。然而，混合社区普遍存在邻里关系冷漠，对公共事务关注和参与程度低的现象，社区共同体意识薄弱的问题。

McMillan 和 George 在 1986 年提出的社区意识理论对社区精神的研究产生了深远影响，他们将社区精神定义为"通过归属感、对彼此和群体的重要感情，以及对团结的承诺来满足成员需求的共同信念"[4]。但是外来人口在文化认同、生活习惯和心理等方面与本地居民存在差异，这种异质性对社区融合构成了重要挑战，也是过渡型社区建设和治理需要解决的核心问题[3]。

本地居民和外地居民之间缺乏社会沟通和相互信任，容易产生隔阂。外来人口的增加导致了人口结构的多样化和社会问题的复杂化，加上制度、社会和个人条件等多种障碍性因素，外来人口在这些过渡型社区的融入程度不高给社区治理带来了一定的挑战。混合社区不同社群之间的融合成为社会治理的重要目标和任务。

许多文献已证明，社区花园是改善社区生活、减轻压力、解决社区矛盾和增强社区意识的有效途径[5 ~ 9]。社区花园可以成为居民自由交流意见和信息的场所，为社会和文化共享提供了平台。在自然环境中，社区成员可以轻松地参与园艺活动，这有助于实现心理放松，通过非语言交流减压[10, 11]。此外，园艺能够激发积极的情感和动机，帮助参与者在种植植物时提升自信和责任心，从而获得成就感，同时在花园中进行园艺活动还可以帮助人们积极地应对压力带来的负面情感[12]。

4.1.2 社会花园与包容性研究现状

为了了解社区花园在社会包容性相关领域的研究现状，研究团队在 CNKI、Web of Science、Scopus 和 PubMed 四大电子数据库中进行文献检索，中文检索关键词从"社区花园"与"移民""包容"两方面进行组合检索，英文检索关键词为"community garden*"

本章作者为陈思宇（西交利物浦大学在读博士研究生，英国利物浦大学博士候选人）、常莹（西交利物浦大学设计学院城市规划与设计系副教授）。

AND"immigrant"OR"migrant"OR"inclusiveness"。检索类别为主题，包括标题，摘要和关键词。检索时间限定为 1990 年至 2023 年 9 月，语种限定为全英文或者中文文献。另外还通过参考文献追溯的方法以保证文献齐备。

文献检索遵循如下准入标准：（1）全英文或者中文撰写。（2）横向调查研究，干预研究，实证研究，质性研究或纵向追踪研究，探究社区花园对于新移民包容性之间的关系。文献剔除标准：（1）研究环境不是社区花园的文章。（2）低质量的灰色文献。（3）研究与移民问题不相关的文章等。

如图 4-1 所示，通过 4 个数据库共检索到 98 篇文献，通过去重后余下 76 篇文献，经过题目、摘要、全文的审阅过程，最后有 27 篇文章纳入综述报告中。在综述文献 27 篇中，其中英文文献为 24 篇，中文文献为 3 篇。经过归纳发现，在社区花园领域关于新移民的研究，主要包括三个主题："新移民的健康促进"，"跨文化融合"及"促进弱势群体的福祉"。下文将围绕这三个主题总结社区花园与新移民之间的关系，分析社区花园在促进新移民融入方面的作用。

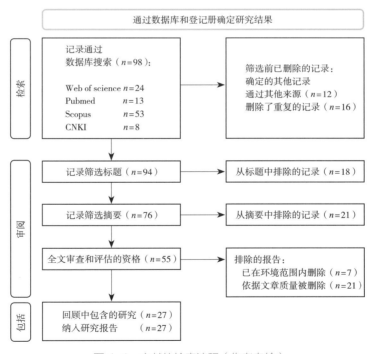

图 4-1　文献的检索流程（作者自绘）

4.2 新移民的健康促进

专栏 4-1

新移民的健康挑战

根据"个人—环境匹配"（P—E fit）理论，由于环境与个人之间的不匹配，尤其是在移居至文化和语言差异巨大的新环境时，新移民更容易面临心理健康问题[13, 14]。新移民在适应新文化时可能会面临巨大挑战，这可能导致情感上的负面反应，如不满、焦虑、愤怒、抑郁、悲伤或疏离。

新移民在寻找工作和住房时常常承受巨大压力，包括但不限于学习新语言、法律法规、文化准则、社会地位和制度等方面。同时，他们也常常面临与家人和朋友的分离，或者受到新社区的排外情感、种族主义以及健康状况等因素的困扰，这些都被认为是移民压力和情感痛苦的根源。他们适应新环境的过程往往伴随着创伤，并且在处理这些过去经历的挑战时，甚至可能引发创伤后应激障碍（PTSD）、抑郁症和其他心理疾病。有来自加拿大的研究表明，新移民在到达目的地后的六个月内，情感和精神健康问题的发生率增加了 5 倍[15]。移居后的情感和精神健康挑战急剧上升，常常导致移民对新社区的精神卫生服务需求得不到满足[16]。

4.2.1 心理和情感健康

研究表明，社区花园和园艺活动具有疗愈的特性，可作为一种有意义的干预措施，有助于减轻新移民在新地区定居时产生的心理和情感健康的负面影响。这些活动还有助于促进体力活动，社交行为和社区凝聚力[17]。

根据一项关于美国难民的定性研究，社区花园被认为是有助于难民缓解抑郁或焦虑的疗愈之地。难民园丁表示，通过园艺活动，他们获得了身体和情感上的益处，包括对自我认同的提升。通过相互协助、共享工具和蔬菜，他们建立了相互信任[16]。户外活动、参与植物的生长和与植物相关的视觉和触觉等要素，都被视为将个体与园艺项目联系起来的核心因素，提供了一种"复愈性环境"和从压力中"解脱"的情感[18]。

通过对位于美国—墨西哥边境的 3 个试点社区花园的研究，研究团队发现社区花园不仅促进了当地居民的饮食健康和营养摄取，还带来了一系列心理社会成果，包括个体层面的决策赋权、社区自豪感、所有权和社会支持[19]。对于移民人口来说，园艺既可以是一项有意义的职业，也可以是提高整体幸福感和生活质量的活动。特别是对于那些拥有农业背景的人来说，他们可以运用之前的知识和技能，这种过程可以增强他们的信心，并且他们会将这种信心渗透到生活的其他领域。一项关于美国难民的研究发现，许多难民园丁在之前的国家从事园艺多年，但是在新的居住地难以找到正式工作，社区花园可以成为他们有目标地从事有意义的工作的一个途径[16]。

4.2.2　身体健康与行为

社区花园对环境和健康行为的影响是显著的。在很多地方，社区花园会利用那些年久失修的社区空地。通过美化这些地方，社区花园为衰败的社区环境带来了绿意。花园也有助于重新联结人与自然，提高他们对周围环境的意识，并提供更多与自然环境互动的机会[20]。在健康相关研究中，自然环境为人类提供了许多基本的、维持生命的服务，简称生态系统服务[21]。社区花园是一种促进健康行为、场所依恋和归属感的社会生态系统，既可以提供宁静的空间、美化的景观或提高空气质量，又可以促进健康康复和食物生产[15]，还可以促进体力活动、休闲娱乐或社交互动。

体力活动在自然环境中的推动是促进移民健康的重要途径，研究结果通常表明，更多的自然环境暴露可以增加体力活动的机会[22, 23]。体力活动和自然环境的益处可以相互叠加或协同作用。户外活动时间的增加通常伴随着移民参与更多的体力活动[21]，这两者都有助于改善心理健康[24, 25]。

对于移民，园艺可以成为进行体力活动的一种方式，特别是对于老年移民。通过园艺，他们可以改变原本久坐的生活方式，成为他们锻炼的主要动力之一。公共卫生倡导者鼓励社区花园，因为它们通过提高体力活动水平和增加蔬菜摄入量来产生多种身体健康效益[16]。关于加拿大移民的健康促进研究基于社区参与性评估（community-based participatory evaluation）的经验，让社区利益相关者参与规划、实施和评估移民社区花园。研究结果表明，社区花园是一个促进学习和健康行为的地方，包括体育活动和社交互动。积极参与花园的园丁表现出蔬菜和水果摄入量的增加，以及更好地控制糖尿病的趋势[15]。

此外，由于许多城市居民难以获得新鲜水果、蔬菜和粮食安全，社区花园还可以帮助缓解这些营养差距[16]。Rodriguez 等学者在 2023 年对自然环境与移民福祉、社会融合和体力活动的关系进行了系统性文献综述，结果表明，纵向证据发现在社区花园和移民健康之间存在显著因果关系，尤其是在营养、糖尿病控制和社会支持等方面[21]。根据《渥太华宪章》创造支持性环境的原则，与自然接触已被作为促进健康战略的一部分进行推广[26]。从社区的角度来看，社区花园作为一个易达的自然空间具有显著的优势。

《渥太华宪章》提出的健康促进的 5 点策略[26]

（1）制定促进健康的公共政策：健康促进的含义已超出卫生保健的范畴，各个部门、各级政府和组织的决策者都要把健康问题提到议事日程上。明确要求非卫生部门建立和实行健康促进政策，其目的就是要使人们更容易做出更有利健康的抉择。

（2）创造支持性环境：健康促进必须为人们创造安全的、满意的、愉快的生活和工作环境。系统地评估快速变化的环境对健康的影响，以保证社会和自然环境有利于健康的发展。

（3）加强社区的行动：充分发动社区力量，积极有效地参与卫生保健计划的制定和执行，挖掘社区资源，帮助他们认识自己的健康问题，并提出解决问题的办法。

（4）发展个人技能：通过提供健康信息医学教育网整理、教育并帮助人们提高做出健康选择的技能，来支持个人和社会的发展。

（5）调整卫生服务方向：调整卫生服务类型与方向，将健康促进和预防作为提供卫生服务模式的组成部分，让最广大的人群受益。

4.2.3 社交与社区凝聚力

社交与社区凝聚力也被认为是和影响健康的主要路径之一，与体育运动和减压同等重要[27~29]。有关社区花园的研究指出，提供与他人见面、互动和建立关系的机会中的"社会性"及"社会凝聚力""支持"和"联结性"为社区花园体验的重要作用[18]。新移民往往存在缺乏社会化和社交动力缺失，对于这些移民而言，结识他人是他们选择参与社区花园的活动的动机之一[15]。研究发现，当园丁在园艺过程中相遇时，邻居之间的互动会增加，会促使他们交换农产品，比如说种子或蔬菜。这种交流可以打破种族和文化之间的壁垒[30]。

目前文献认为，新移民园丁应该向本地园丁学习。

然而，需要考虑到两个障碍，即语言障碍和与环境接触机会较少。这些障碍会影响跨文化之间的联系。在这两种情况下，外部的专业人员（如科研部门和社区志愿者）将园艺知识从一个园丁传授给另一个园丁方面可发挥重要作用[30]。

花园空间促进社区互动的功能使社区花园成为宝贵的社区资产。好的花园空间设计可以促进园丁之间的互动，形成非常重要的聚集效应。一个具有吸引力的共享空间，甚至是一个舒适的座位都可能成为交流空间和聚集热点，促进社区内的社交网络的构建，而这种社交网络是建立社区内社会凝聚力的重要组成[20]。

4.2.4　社会资本

社会资本一直是解释社区花园价值的主要理论之一。已经有不少研究表明社区花园可以充当"种族桥梁"[27, 31~33]。社会资本是一个多维的概念，涵盖了社会资本的发展过程和社会资本的产品。社会资本的发展过程包括人们之间的社交互动、信任建立，以及共同规范和价值观的尊重，形成强烈的情感纽带，即社区意识。

社会资本的产品包括社会关系，以及这些关系带来的资源，如社会支持、联系和信息，这些资源可以转化为其他形式的资本[27]。Robert D. Putnam 在 1995 年提出社会资本在社区中发挥"纽带"和"桥梁"的双重作用。所谓"纽带"是加强与已经认识的人，如邻居、家人和朋友之间的联系，这些群体通常有相似的社会经济背景和人口统计特征[34]。

另一方面，"桥梁"被认为是为那些关系较弱、人口结构不同的人群提供联系，这些人以前通常不会进行沟通和联系。对于新移民来说，社区花园的"桥梁"作用显得更为重要，因为它有助于防止因当地居民过于内向和排外，而增强跨阶级和跨地域联系的阻力[18]。

但这两种概念不一定是互斥的。特别是对于新移民群体来说，社区花园通过促进社交互动的过程中交织着"纽带"和"桥梁"概念，不能简单地将其划分为两种独立的类别。例如，社区花园提供了一个人们通过共同努力建立联系的场所，让新移民有机会与那些他们在日常生活中不太可能遇到的人互动。

此外，加入社区花园组织的新移民园丁可以通过这些关系获取资源，如社会支持和工具资源（例如，获得修理水龙头的帮助或租借工具）。他们还可以通过参与花园的建设和维护来赢得当地居民的认可，如志愿者奖励。此外，通过向当地园丁了解社区问题，他们还可以动员社交网络中的资源，以满足社区的需求，如组织具有当地特色的文艺活动和产品交换。

这些因素共同构成了社区花园如何促进社交互动、社区凝聚力和社会资本的复杂过程，对新移民的社区融入和心理健康具有重要影响[18]。有研究以位于美国东南部的社区花园为研究对象，探讨了种族多样性和社会资本上的关系。研究使用雪球取样方法，对代表 10 个社区花园的 52 名园丁进行了调查。结果表明，对不同种族或不同程度种族多样性的花园社群而言，社区花园都是促进社区意识的良好工具[27]。

从促进新移民健康和福祉的角度来看，社区花园在创造减少社会孤立和压力的绿色空间的同时，为新移民提供接触当地社会网络、增加社会资本的机会，对于提升他们的主观幸福感和生活质量至关重要。一些学者认为"社会资本"和"自然资本"之间存在紧密的联系。与社会资本一样，自然资本也不容易被定义，但它寻求承认自然资源的

"价值"及人类对其的影响。这与社区园艺密切相关，特别是对土地、生物多样性、野生动植物和风景的利用方面。

此外，一些研究也指出，如果参与者缺乏关于安全园艺实践的知识，可能会导致土壤污染等自然环境危害。例如，一项来自美国社区花园的研究发现，缺乏经验的园丁可能会不加区分地使用合成化肥和杀虫剂，反复使用这些化肥和堆肥可能会导致城市雨水排放中的养分超负荷，对当地生态和居民健康构成威胁[35]。尽管现有证据大多来自横断面研究，关于社会花园与移民福祉、社会融合和体力活动之间的关系存在一定的局限性。然而，根据目前的研究证据，从促进新移民健康角度而言，更多地接触社区花园是值得提倡的。

4.3　跨文化融合

4.3.1　文化差异

关系人口学相关理论认为，一个群体的种族多样性越强，其成员的社区意识就越低[27]。社区花园在多种族或地域多样化的社区环境中，在帮助居民理解彼此的文化差异上具有一定的"桥梁"作用。

有研究表明，社区花园可以促进跨种族的关系[36]。文化差异无法消除，但在不断互动中具有渗透性和变化性。当人们克服差异进行相互学习时，不是在填补一个文化群体与另一个文化群体之间的空白或缺陷。相反，这样的学习是一个融合的过程。在这个过程中，人们分享和运用他们过去的知识，感知到不同的知识，达到新的知识状态，实现多民族或多宗教的融合[6]。在城市中，常会因收入、文化、种族、年龄等差异，导致参与者进入绿地空间呈现差异性，但社区花园能给更多的城市居民提供更多互动和相互学习的机会。社区花园在融合居民文化差异中起到重要作用[37]。

4.3.2　跨文化活动

在强调社区融合的情境下，建立社区感是至关重要的。在社区花园中举办跨文化活动对于边缘化的城市人口，如移民、难民和少数群体，尤为重要。一项来自加拿大的研究表明，跨文化社区园艺可以帮助弥合不同社群之间的差距[38]。通过相互联系，特别是通过土著和非土著移民、难民和国际学生家庭之间的联系，有可能学习和产生新的想法。这种跨文化知识也可以应用到自己的园艺环境中，在朋友和家人之间建立一种跨文化的社区感[39]。一项关于以色列的社区花园的研究发现，当地的社区花园具有多样的功能，除了传统的生态功能和休闲功能，还强调社区融合和教育等功能。邻里通过在社区花园中劳作并举办各种活动增进了不同背景社区居民之间的融合[6]。

社区花园中的跨文化活动赋予园艺者共同身份，这一身份不仅使移民分享他们的知识和技能，还能向当地同龄人和邻居学习新的技艺，使园艺教育更加多样化和民主化。收获并分享农产品经常被认为是参与维护花园的主要目的[5]。通过收获的共享，个人行为可以转变为无私的集体意识。公共性不仅仅体现在食物上，还延伸到植物、种子和社区凝聚力的提升[37]。

4.3.3　新移民战略

移民和难民在融入社会方面面临文化和语言障碍，而长期居民可能会对新移民的文化习俗产生抵制。社区花园为新移民提供了一个安全的环境，让他们从事熟悉的种植和烹饪传统，这也有助于将他们与下一代和来自不同背景的园丁联系起来。

来自墨尔本的社区花园实证表明，花园为移民提供了与其他人见面的场所，促进了社会包容，并提供了保存他们文化身份的空间[30]。有大量研究发现，在一些多元文化的社区中，社区花园往往成为移民、难民和长期居民共同开发和维护的公共空间[5, 6, 16, 37, 40]。

然而，一些批判性研究认为社区花园在某种程度上被理想化了，忽略了某些特权可以通过种族和阶级筛选参与者。尽管"社区"这一概念本身是开放的，社区花园的参与者身份却是一个备受争议的领域，在有些地方，其成员资格取决于既定的地方规范和法规，这些规定有时会将个体和群体排斥在外，甚至引发社会矛盾[27, 32]。较理想的做法是将社区花园作为一种新的移民战略融入多元社会规划。这种战略弥补了传统城市公园在促进民族融合方面的局限性，创造了一种新型城市公共场所，促进了不同文化之间的互联互通[5]。

4.4　弱势群体的福祉

4.4.1　促进社会正义与包容

专栏 4-3

可持续发展目标中对社会正义和包容的要求

SDG11.3 加强包容性和可持续的城市化，以及参与性、综合性和可持续的人类住区规划和管理的能力。

SDG11.7 普及安全、包容和无障碍的绿色和公共空间，特别是妇女和儿童、老年人和残疾人。

平等发展和包容性是城市可持续发展的重要特征。城市里，更多的便利性和就业机会可能倾向于社会阶层较高的居民，而少数民族、低收入居民、新移民等社会弱势群体则会面临居住隔离，以及居住和就业的"空间不匹配"[41]。还有报告研究了社区饮食健康的不平等现象，一些弱势群体的饮食中缺乏新鲜水果和蔬菜[10]。食物消费的社会差异还会进一步导致健康方面的不平等。

随着全球城市中的各种社会和食物正义问题逐渐增多，许多学者开始重新审视列斐伏尔的社会生产理论和城市的集体权利对城市景观的影响。社区花园可以被视为城市景观中社会正义的物理体现[42]。社区花园的参与有助于提高弱势群体在个人层面（例如自尊、独立、主观能动性等）和社会层面（例如人际关系、社会联系、社区和邻里关系）的福祉[7]。一项关于墨尔本的民族志研究发现，社区花园可以创造一个社会包容的环境，使精神疾病患者能够参与职业活动。社区花园项目通过提供"美学空间"、促进社区内随意交往和交谈的机会，以及在"主流"和"边缘"群体之间建立联系的方式来促进社区归属感[31]。在我国，社区花园在社会空间生产中扮演着重要的调解角色，一方面满足政府部门对城市更新更精细、更可持续性的要求；另一方面又引导社区居民从私人占用公共绿地的方式向合作共享的转变，并协助其正当合法地成长和科学地发展[43]。

研究表明社区花园的空间特征对于包容患有老年痴呆症的居民具有重要作用。社区花园的空间特点有助于痴呆症患者进行探索，同时维护了他们的尊严和权利，促进了他们的公民身份。通过开放现有的社区花园空间，使参与者都能够利用自然和创新功能，有助于促进包容性[44]。园艺活动被普遍认为具有疗愈的性质，可提高个体的自尊心、成就感和社会联系。这些功能表现为感到被重视、担任有意义的角色、有归属感，并积极地与社区中其他人的互动。这个存在的意义是公民身份的核心，而对于受痴呆症影响的人来说，他们很容易感到这种存在感被剥夺。但是看似简单和低风险的日常活动，如浇花、倒杯茶或享用花园中的农产品，对于痴呆患者来说，也是对其人格的尊重。社区花园的空间特征被证明对于包容患有老年痴呆症的居民具有重要作用[44]。

4.4.2 培养社区和个体的主观能动性

社区花园和园艺本身一样，旨在培养社区和其中个体的能动性[10]。研究表明，许多参与社区花园园艺的人可以感受到他们在自然环境中行动的目的性和控制能力[45]。这里的能动性通常指的是个体主观地感知和体验到他们的行动具有目的性和能动性的能力，因此，能动性可以被理解为人的主观能动性。园艺参与者如果能够为花园的组织、美学和功能作出贡献，通常会感到极高的成就感。例如，一位参与者认为，在选择要种植的品种方面，他能够行使主观能动性的能力，这为他提供了一种被赋能感[37]。社区花园代表了与园丁身份相关联的"文化自由"空间。它允许园丁在他们周围的环境中留下文化烙印，是自尊心的重要表现。无论数量多少，花园产品都带给了这些园丁在这一活动中的骄傲[10]。

社区花园通常倾向于将被边缘化的人群纳入社会协同努力的团体中来，使他们能够获得技能和食物，享受耕种土地所带来的身体和心理社会效益[46]。通过对中国移民在加拿大一所大学校园社区花园中的学习经验进行定性研究发现，社区花园不仅是学习园艺和当地生态条件的场所，还是学习可持续性、环境意识、空间政治、集体组织、社会企业家、地方非殖民化和参与式民主的场所[38]。

然而，如果新移民的价值取向与花园环境的规范和目标不一致，他们可能会感到被排除在空间和体验之外，或者感到他们的贡献未能获得社区其他人的认可。社区花园的管理结构也会影响参与者的体验。通过加强社区花园内部伙伴关系，协调"治理"和社会"占有"是实现更可持续和社会公平社区花园的关键路径[42]。有研究发现，在园艺过程中，基层或社区主导的花园相对于自上而下管理的花园，具有更广泛的接受度。组织支持工作人员与难民和移民园丁直接接触，促进了少数群体参与者的发言权和领袖机会，同时也满足了他们积极参与社区的需求[37]。例如，在高密度城市环境下的新加坡，自 2005 年以来正式启动了锦簇社区（Community in Bloom，CIB）计划，鼓励居民参与社区花园的建设。与欧美国家不同，新加坡的 CIB 计划采用"政府—社区"协作模式来实施和管理社区花园，由居民委员会负责日常运作，维系上级政府机构和居民的联系，获得了当地居民的高度认可[47]。

4.4.3　营造地方感和归属感

社区花园最广为人知的好处是它们有助于创造一种地方感，同时在社区中培养社区自豪感[20]。地方感是人们对空间产生的情感互动和依恋行为，包括认同和归属感。地方营造是扎根于地方资源禀赋的在地性场所建设，注重人与社区空间情感联系，通过连接地方特色、文化脉络、历史记忆与地域风貌，来恢复居民的场所情感体验[48]。然而，目前的文献中尚不清楚这些园艺空间中的日常生活实践如何转化为实际的"地方感"过程。有证据表明，参与园艺活动是一种自然体验的具体体现，它连接了过去和现在，创造了新的记忆，有助于建立一种地方依恋的感觉[21]。此外，从饮食习惯的角度来理解园艺活动与文化认同之间的联系也是重要的，因为饮食习惯常常与文化习俗相关联，而园艺活动也被认为是保护文化认同的因素之一。移民通常倾向于种植与自己文化相关的作物，这通常是在当地商店难以购买到的，这表明他们在适应文化条件下培养粮食安全方面的能力有所增强[15]。

了解移民的种植习惯和适应过程涉及了解他们在特定多元文化环境中的位置和依恋。研究发现，一些经验丰富的园丁在选择植物类型、使用种植技巧或在花园中种植与他们原籍地相同的物品时，会更加依恋他们的家园[30]。社区花园还有助于改善家庭食品预算和社区食品系统，重塑文化特征和城市生态多样性。对于国际移民来说，园艺、特定文化食品植物组合及相关的食品方式代表了他们原籍地的文化传统和农业生态知识的延续[35]。而对于那些没有园艺背景的移民园丁，保留原本的园艺做法对于他们的个人认同和适应新环境之间的关系至关重要，这是通过创造地方感来体现的。社区花园是日常生活的场所，是通过公共意识和共同价值的建立形成地方感的过程，促使有相同兴趣爱好的人群通过这个过程形成地方感[30]。

环境可以促进或妨碍文化特征和习俗的维护。已有研究表明，社区花园在维护和重建少数群体的文化和身份认同方面发挥作用[21]。文化认同涉及对特定生活方式，包括语言、宗教、艺术、食品、价值观、传统等的归属感和依恋，这是与特定群体的历史经历有关的[30]。在新环境中，亲身体验有助于培养新的记忆，促进移民群体对新自然环境的适应和依恋。社区花园可以成为一个表达和重建文化空间的地方。最近的研究表明，参与自然基础的园艺项目可以为移民提供改变在新社交网络中的角色的机会，从"接受者"变为更积极和更具领导力的角色。此外，这种融入环境的过程是双向的，花园环境可以帮助移民适应，同时移民的使用和设计也可以塑造花园环境[21]。

社区花园实质上提供了在新环境中建立归属感的不同途径[30]。本章前面部分已经提到，社区花园可以促进社区归属感和社会融合，尤其对于那些具有农业背景的移民，他们可以重新建立与传统习俗的联系。同时，花园为移民提供了进一步了解新地区的机会[15]。有研究发现，来自不同国家的人可以在花园中相互交流，分享他们的园艺经验，从而进一步丰富他们的园艺知识。这对于移民来说不仅提供了适应新环境（尤其是多元文化环境）的机会，而且对新自然条件产生认识。不同的土壤和气候条件需要他们采用新的技术来获得成果[46]。然而，一些研究也发现，移民社区在创建社区花园时可能会面临各种挑战，包括获取资源、土地，以及了解当地规定和法规所需的知识或联系[15]。因此，针对移民的园艺环境的供给需要深入了解他们的文化环境和价值观，以及相关文化习俗。

4.4.4　多元化的社会工具

社区花园在历史上一直以其多样的功能发挥着重要作用：它们既在战争时期提供食物，也为环保主义提供改造城市环境的机会，同时还在当代的可持续生活和社会融合中发挥着关键作用。这种多功能性已经让社区花园成为适应社会和环境发展需求的全球行动。社区花园的历史跨越了几个世纪，它们的作用从最早期的食品供应延伸至如今的社区发展和多元文化融合的重要途径。在世界大战期间，社区花园为社区提供了紧急的食物来源，填补了粮食短缺的空白[30]。而在 20 世纪 70 年代，它们成了草根激进主义运动的象征，为社会变革提供了非常规途径[15]。如今，社区花园以其可持续性和环保特征，成为现代社会的新的趋势，它们不仅可以提供新鲜的有机蔬菜，还促进了社区的互动和文化交流，为社会融合创造了机会。社区花园吸引不同文化背景的人们聚集在一起，分享种植技巧、烹饪美食和文化传统。这种互动有助于打破文化壁垒，促进社会多样性的尊重和理解。

同时，社区花园也促使人们与大自然建立更亲密的联系，强调可持续生活和环保的价值观。这些价值观在现代社会中变得越来越重要，社区花园作为共同行动的可持续实践，为人们提供了实践这些价值观的平台。

总体而言，社区花园已经演化为一个多元化的社会工具，可以满足多样的社会需求，包括食品安全、社会融合、文化交流和可持续生活。它们不仅在土地上培育植物，还在社会中培育着社会包容与和谐共存的理念。社区花园的力量在于其多样性和灵活性，它们适应着不断变化的社会需求。近年来，许多组织都积极寻求社区花园的运用，最大限度地提高和谐社区建设的效益。社区花园的成功在很大程度上被归因于其促进社会包容的能力。社区花园不仅在土地上播下了各种植物，更重要的是在社会领域播下了社会融合的种子，这些种子终将开花结果，结出社区和谐之花。

参考文献

［1］ 杜宏武.当代高密度社区休憩空间适居性研究的进展［J］.山东建筑大学学报，2012，27（5）：513-518.

［2］ 刘尔明，黎宁.高密度小型城市住区空间的"内"与"外"［J］.建筑学报，2010，（3）：20-23.

［3］ 何华玲，巢飞.当代外来"新移民"的社区融合：困境与消解——基于苏州S区若干过渡型社区的调查［J］.2018，（4）：45-50.

［4］ MCMILLAN D W, CHAVIS D M. Sense of community: A definition and theory［J］. Journal of Community Psychology, 1986, 14（1）: 6-23.

［5］ STRUNK C, RICHARDSON M. Cultivating belonging: refugees, urban gardens, and placemaking in the Midwest, U.S.A.［J］. Social and Cultural Geography, 2019, 20（6）: 826-848.

［6］ 方田红，李培，杨嘉妍，等.以色列社区花园发展及其对中国的启示［J］.北方园艺，2019，（1）：190-194.

［7］ DYG P, CHRISTENSEN S, PETERSON C. Community gardens and wellbeing amongst vulnerable populations: a thematic review［J］. Health promotion international, 2020, 35（4）: 790-803.

［8］ RAMBURN T T, WU Y M, KRONICK R. Community gardens as psychosocial interventions for refugees and migrants: a narrative review［J］. International Journal of Migration, Health and Social Care, 2023, 19（2）: 122-141. DOI:10.1108/IJMHSC-09-2022-0095.

［9］ TURNER B, ABRAMOVIC J, HOPE C. More-than-human contributions to place-based social inclusion in community gardens［G］//Handbook of Social Inclusion: Research and Practices in Health and Social Science Springer International Publishing, 2022: 1681-1698.

［10］ MARTIN P, CONSALES J N, SCHEROMM P, et al. Community gardening in poor neighborhoods in France: A way to rethink food practices?［J］. Appetite, 2017, 116: 589-598.

［11］ CERVINKA R, SCHWAB M, SCHOENBAUER R, et al. My garden-my mate? Perceived restorativeness of private gardens and its predictors[J]. Urban Forestry & Urban Greening, 2016, 16: 182-187.

[12] LEE S M, JANG H J, YUN H K, et al. Effect of Apartment Community Garden Program on Sense of Community and Stress[J]. International Journal of Environmental Research and Public Health, 2022, 19 (2): 708.

[13] VAN VIANEN A E M. Person-Environment Fit: A Review of Its Basic Tenets[C]//Annual Review of Organizational Psychology and Organizational Behavior. 2018, 5(1): 75-101. DOI: 10.1146/annurev-orgpsych-032117-104702.

[14] HESKETH B, GRIFFIN B. Person - Environment Fit[C]// 1st ed. The Encyclopedia of Adulthood and Aging. Wiley, 2015: 1 - 5. DOI:10.1002/9781118521373.wbeaa049.

[15] CHARLES-RODRIGUEZ U, ABORAWI A, KHATIWADA K, et al. Hands-on-ground in a new country: a community-based participatory evaluation with immigrant communities in Southern Alberta[J]. GLOBAL HEALTH PROMOTION, 2023: 17579759231176293.

[16] HARTWIG K, MASON M. Community Gardens for Refugee and Immigrant Communities as a Means of Health Promotion[J]. Journal of Community Health, 2016, 41(6): 1153-1159.

[17] ABRAMOVIC J, TURNER B, HOPE C. Entangled recovery: refugee encounters in community gardens[J]. Local Environment, 2019, 24(8): 696-711.

[18] JACKSON J. Growing the community—a case study of community gardens in Lincoln's Abbey Ward[J]. Renewable Agriculture and Food Systems, 2018, 33(6): 530-541.

[19] MANGADU T, KELLY M, OREZZOLI M, et al. Best practices for community gardening in a US-Mexico border community[J]. HEALTH PROMOTION INTERNATIONAL, Oxford University Press, 2017, 32(6): 1001-1014.

[20] MILBURN L-A S, VAIL B A. Sowing the seeds of success: Cultivating a future for community gardens[J]. Landscape Journal, 2010, 29(1): 71-89.

[21] RODRIGUEZ U, DE LA TORRE M, HECKER V, et al. The Relationship Between Nature and Immigrants' Integration, Wellbeing and Physical Activity: A Scoping Review[J]. Journal of Immigrant and Minority Health, 2023, 25(1): 190-218.

[22] 于一凡, 胡玉婷. 社区建成环境健康影响的国际研究进展——基于体力活动研究视角的文献综述和思考[J]. 建筑学报, 2017(2): 33-38.

[23] 余洋, 王馨笛, 陆诗亮. 促进健康的城市景观: 绿色空间对体力活动的影响[J]. 中国园林, 2019, 35(10): 67-71.

[24] AKPINAR A. assessing the associations between types of green space, physical activity, and health indicators using gis and participatory survey[G]//KARAS I R, ISIKDAG U, RAHMAN A A.4th International Geoadvances Workshop-Geoadvances 2017: Isprs Workshop on Multi-Dimensional & Multi-Scale Spatial Data Modeling. Gottingen: Copernicus Gesellschaft Mbh, 2017, 4-4(W4): 47-54.

[25] AKPINAR A. How is quality of urban green spaces associated with physical activity and health[J]. Urban forestry & urban greening, 2016, 16: 76-83.

[26] World Health Organization. Ottawa Charter for Health Promotion, 1986(R)World Health Organization, Regional Office for Europe, 1986.

[27] JETTNER J F, SECRET M C. Building racial bridges? Social capital among community gardeners in US food deserts[J]. International Journal of Social Welfare, 2020, 29(4): 367-377.

［28］ AARNIO M, WINTER T, KUJALA U, et al. Associations of health related behaviour, social relationships, and health status with persistent physical activity and inactivity: a study of Finnish adolescent twins［J］. British Journal of Sports Medicine, 2002, 36（5）: 360−364. DOI:10.1136/bjsm.36.5.360.

［29］ 'YOTTI' KINGSLEY J, TOWNSEND M. 'Dig In' to Social Capital: Community Gardens as Mechanisms for Growing Urban Social Connectedness［J］. Urban Policy and Research, 2006, 24（4）: 525−537. DOI:10.1080/08111140601035200.

［30］ AGUSTINA I, BEILIN R. Community Gardens: Space for Interactions and Adaptations［J］. ABBAS M, BAJUNID A, AZHARI N.Procedia −Social and Behavioral Sciences, 2012, 36: 439−448.

［31］ WHATLEY E, FORTUNE T, WILLIAMS A E. Enabling occupational participation and social inclusion for people recovering from mental ill−health through community gardening［J］. Australian Occupational Therapy Journal, 2015, 62（6）: 428 – 437. DOI:10.1111/1440−1630.12240.

［32］ GLOVER T D, PARRY D C, SHINEW K J. Building Relationships, Accessing Resources: Mobilizing Social Capital in Community Garden Contexts［J］. Journal of Leisure Research, 2005, 37（4）: 450−474. DOI:10.1080/00222216.2005.11950062.

［33］ EGERER M, FAIRBAIRN M. Gated gardens: Effects of urbanization on community formation and commons management in community gardens［J］. Geoforum, 2018, 96: 61−69.

［34］ PUTNAM R D. Bowling alone［C］//Proceedings of the 2000 ACM conference on computer supported cooperative work. Philadelphia Pennsylvania USA: ACM, 2000: 357. DOI:10.1145/358916.361990.

［35］ TAYLOR J R, LOVELL S T. Urban home gardens in the Global North: A mixed methods study of ethnic and migrant home gardens in Chicago, IL［J］. Renewable agriculture and food systems, 2015, 30（1）: 22−32.

［36］ SALDIVAR−TANAKA L, KRASNY M E. Culturing community development, neighborhood open space, and civic agriculture: The case of Latino community gardens in New York City［J］. Agriculture and Human Values, Springer Netherlands, 2004, 21（4）: 399−412.

［37］ GORALNIK L, RADONIC L, GARCIA POLANCO V, et al. Growing Community: Factors of Inclusion for Refugee and Immigrant Urban Gardeners［J］. Land, MDPI, 2023, 12（1）: 68.

［38］ SHAN H, WALTER P. Growing Everyday Multiculturalism: Practice−Based Learning of Chinese Immigrants Through Community Gardens in Canada［J］. Adult Education Quarterly, SAGE Publications Ltd, 2015, 65（1）: 19−34. DOI:10.1177/0741713614549231.

［39］ DATTA R. Sustainability: through cross−cultural community garden activities［J］. Local Environment, 2019, 24（8）: 762−776.

［40］ PEDRO A A, GÖRNER A, LINDNER A, et al. "More Than Fruits and Vegetables" Community garden experiences from the Global North to foster green development of informal areas in Sao Paulo, Brazil［M］. 2021, 6.

［41］ 刘望保, 翁计传. 西方"空间不匹配"假说研究进展及其对中国城市的启示［J］. 规划师, 2008, 24（1）: 91−94.

［42］ THORNTON A.《The Lucky country》? A critical exploration of community gardens and city−community relations in Australian cities［J］. Local Environment, 2017, 22（8）: 969−985.

［43］ 刘悦来, 尹科娈, 孙哲, 等. 共治的景观——上海社区花园公共空间更新与社会治理融合实验［J］. 建筑学报, 2022（3）: 12−19.

［44］ MARSH P, COURTNEY−PRATT H, CAMPBELL M. The landscape of dementia inclusivity［J］.

Health and Place, Elsevier Ltd, 2018, 52: 174-179.

[45] GINN F, ASCENSAO E. Autonomy, Erasure, and Persistence in the Urban Gardening Commons[J]. ANTIPODE, 2018, 50(4): 929-952.

[46] HARRIS N, MINNISS F R, SOMERSET S. Refugees Connecting with a New Country through Community Food Gardening[J]. International Journal of Environmental Research and Public Health, Switzerland: 2014, 11(9): 9202-9216.

[47] 张天洁,岳阳. 协作与包容——新加坡锦簇社区计划解析[J]. 风景园林,2019,26(6): 29-34.

[48] 周艳,金云峰,吴钰宾. 地方营造——重塑人地关系的上海存量老旧社区公共空间微更新[C]//中国风景园林学会2018年会论文集. 北京: 中国建筑工业出版社,2018: 55-59.

第二篇　实践篇

Part 2
Practical section

社区花园规划设计是一个综合性的过程，需要综合考虑场地条件、功能需求、植物配置、设施标识、生态环保、文化特色及管理与维护等方面。社区花园规划和设计的内涵远远超出空间、景观、生态和活动策划。社区花园规划应置于社区规划的长远考量中。而社区规划应该将社会规划和社群规划前置。

　　传统的规划从人、文、地、产、景五个方面社区调研着手，绘制社区资源地图，挖掘潜在的共建单位。在了解现状之后，设计方需要和多方沟通交流，根据现有的资源和优势，明确项目定位和目标。花园应满足不同年龄段和兴趣爱好的居民需求。

　　在生态方面，选择适应当地气候和土壤条件的植物，注重生物多样性，构建稳定的生态系统。采用生态友好的材料和技术，如雨水收集、废物利用等，促进资源的循环利用。

　　苏州市吴江区鲈乡二村于 2020 年被列为苏州市老旧小区改造试点小区。西交利物浦大学和同济大学合作，于此引入上海社区花园经验，打造社区花园试点。项目以培养居民公共精神和社区意识，实现可持续的居民自治为目标，展示"共建共治共享"的社区建设新模式。

　　本章详细介绍了鲈乡二村社区花园的规划设计理念、实施过程，以及在落地过程中遇到的挑战和发现的问题，供同类型的社区花园营建参考。

Chapter
V

5.1 认识鲈乡，认识二村

5.1.1 松陵文化

吴江源自五代后梁开平三年（公元 909 年）割吴县南地，于嘉兴北境，置吴江县，隶属于苏州管辖范围内。1992 年 2 月 17 日，民政部批复撤销吴江县设立吴江市（县级市），由苏州代管。2012 年 10 月 29 日，吴江撤市设区，成为苏州市吴江区。松陵镇自吴江建县以来，一直是县治（元代为州治）所在地，已有一千一百多年的历史，是吴江区历史政治、文化与经济中心。历史上曾因盛产鲈鱼而闻名于世，所以鲈乡是吴江的别称。

吴江的文化历史悠久深厚。著名的成语"莼鲈之思"就出自这里。吴江人才辈出，其中最有名之一为西晋著名的文学家张翰，以及他作的《思吴江歌》。

思吴江歌

［西晋］　张　翰

秋风起兮木叶飞，

吴江水兮鲈正肥。

三千里兮家未归，

恨难禁兮仰天悲。

张翰有多受人尊敬？唐代诗人李白、杜甫、白居易都有诗词称赞他[1]。

鲈乡二村坐落于吴江区油车路，在仲英大道和鲈乡南路之间，是原松陵镇的核心区。松陵镇老城区原有老城墙，由城墙界定的核心城区只有 2.2 平方公里。在吴江区"南拓西进"的发展策略下，从 2002 年开始，由镇中心开始征用农业用地作为城市开发用地，由北往南由东往西依次开发。鲈乡二村现用地原属于石里村，是最靠近松陵老城区的城郊村之一，也是最早经历城镇化、村改居（社区）的行政村之一。鲈乡二村地理位置靠近原来的松陵镇中心。小区门口的油车路，是松陵有名的美食街，市井气息非常浓厚。

附近的流虹路、垂虹路、县府路在地名志中有着悠久的历史。再往东过几个路口，就是费孝通先生的出生地。费孝通（1910—2005），江苏吴江人，出生于松陵镇，是著名社会学家、人类学家、民族学家、社会活动家，中国社会学和人类学的奠基人之一。费孝通的老家位于原松陵镇富家桥弄。如今在离富家桥弄不远处的松陵公园内，建有费孝通先生纪念碑（图 5-1）。松陵公园附近是历史悠久、风景绝美的垂虹桥遗址、

本章作者为常莹（西交利物浦大学设计学院城市规划与设计系副教授）、尹科变（同济大学社区花园与社区营造实验室副主任）。

风景区。

垂虹桥始建于北宋庆历八年（公元1048年），是宋代造桥技术巅峰时期的代表，以"江南第一桥"闻名遐迩，曾是吴江的地标性建筑。"垂虹秋色"也被列为吴江运河八景之一。历史上，到访过垂虹桥的诗人墨客数不胜数，包括苏东坡、姜夔、辛弃疾、米芾等。据说《千里江山图》里的桥也是以它为原型的。2019年"垂虹桥"入选第八批全国文物保护单位（图5-2）。

垂虹文化、大运河文化及名人费孝通是本地人引以为豪的珍贵文化财富。他们一起组成了松陵文化的主要部分。

图 5-1 位于松陵公园内的费孝通先生纪念碑

图 5-2 垂虹桥景区的华严塔

5.1.2 鲈乡二村的居民

吴江区的人口发展有两个特点：本地人口老龄化、外来人口多。松陵街道是典型的老龄化社区。根据街道提供的数据，2016年，松陵街道老龄人口（60周岁以上）比重超过总户籍人口数的1/4。其中，80周岁以上的老人数量接近人口总数的4%。2016年公安部门的统计数据表明，松陵街道常住人口中近40%为外来人口。

吴江区的政府工作也一直把老年人服务、终身学习以及外地人融入当作重点工作在抓。2013年松陵街道居家养老服务中心落成。该中心占地面积3 352平方米，总投资24 000 000元，主要服务松陵镇60岁以上的老年居民。"乐居吴江"也一直是吴江区的对外名片，在新市民的融入上也做了不少创新工作：区政府于2014年公布吴江区新市民积分管理办法，2015年全面实施新市民积分管理，并在2016年对积分管理办法进行了进一步的修订，积极引导农业转移人口在城镇落户的预期和选择。吴江新市民事务中心为希望入学、入医和入户的外来人员提供一站式的服务。

根据社区提供的数据，至2020年，鲈乡二村小区内，共有住户约1 340户，其中外地户籍住户占比60%。较高的外来人口家庭比重和二村优越的地理位置和学区有关。二村2020年之前对口的鲈乡实验小学仲英校区，有着悠久的办学历史和良好的口碑。二村的现居民包括退休机关干部、普通职工、自建房居民、新吴江人等。居民混合性程度高，居民构成复杂。是一个从住房类型、住房形式到居民组成都高度混合的比较独特的小区。

随着项目的深入，作者团队对社区的了解也越来越深，发现了鲈乡二村居民组成的诸多二元性：既有城乡二元，又有阶层二元，还有产权二元。小区既有很多老年人，又有很多年轻家庭；既有很多老干部、老领导，又有很多从事服务业的新吴江人；既有住了几十年的老居民，也有新业主。有些新吴江人来吴江已经十多年了，他们在这里打工、结婚、生子，然后买房定居，但户籍还在乡村。

不仅新老吴江人之间有隔阂、缺乏信任，本地人之间社会关系复杂，历史矛盾甚至积怨都有。在项目初期，居民对我们是不熟悉、不信任，甚至反对的。居民对于邻里关系也是不信任、猜疑甚至不抱任何希望的。

5.1.3 鲈乡二村的基层治理和服务

鲈乡二村小区属于松陵街道二村（石里）社区居民委员会管辖。二村社区成立于1998年左右，原为石里和梅石两村。2002年，社区经历了完全"村改居"的行政变化，所有原村人口转为城镇人口。如今二村（石里）社区是松陵街道最大的社区之一，下辖14个小区，大部分为原机关单位宿舍。基层社区治理也具有二元性：既在城镇管治的条线下，又有原村委会的历史特点。领导班子以原石里村村委会为主，增加了城镇基层管理行政人员编制，原村集体经济体系仍保留，属于城镇和乡村联合办公，上级主管部门为松陵街道。居委会办公室位于原石里村。

二村社区党支部于2002年9月建立，2005年8月升格为党总支，2011年7月升格为党委，下设4个支部。2017年9月二村社区与石里社区集中办公，下设党政、团委、民政、卫计、社保、人武、司法、物管、文化教育、志愿者服务、关工委等。2018年12月社区开设"石里花开"党建阵地。在网格化管理方面，截至2020年7月，鲈乡二村小区有4个网格，人数近4000人。其中1个低保户，1个低保边缘户和3个重残人员。需要扶助的对象不多。

从建造时间来看，鲈乡二村属于典型老旧小区（图5-3）。与其他普通老旧小区不同的是，鲈乡二村是松陵街道最早的商品房小区之一，同时又兼顾了福利房、安置房的供给作用。鲈乡二村小区包括了20世纪80年代初的职工宿舍，20世纪90年代的低层还建房、福利房，以及新建的多层商品房。虽然有商品房，但是属于是最早的一批商品房，再加上很大部分属于房改房、安置房，所以小区没有公共维修基金。

和其他老旧小区一样，鲈乡二村本来是属于无物业小区。在提升城市管理水平的过程、推行全物业化管理的过程中，物业费其实一直由政府托底和补贴。物业管理费4毛每平方，远远低于普通商品房，而且还经常收不上来。鲈乡二村小区有成立业委会及业委会党支部，属于居民自治组织。我们在项目期间间接了解到二村经历过两届业委会的选举，业委会主任和业委代表都非常有责任心，但是由于历史原因和复杂的居住情况，提高物业费、更换物业公司的提议一直没有得到大多数业主的支持。业委会和物业之间还有一些历史遗留问题尚在解决中。

图 5-3 鲈乡二村改造过程中（2020 年 8 月）

鲈乡二村有一个社区服务的亮点就是（老年）日间照料中心。2018 年 4 月，社区将原二村办公室（原鲈乡二村 47 幢）改造成日间照料中心，服务人群为鲈乡二村小区及周边 60 周岁以上老年人。日间照料中心招标给第三方进行服务。在项目期间的前两年，一直是由苏州久久春晖养老服务有限公司提供服务。他们根据老年人的需求安排活动，以文娱为主，偶尔也有手机使用、英语等技能培训，同时也承担反诈骗宣传、健康监测等基层服务。日间照料中心已经有太极、唱歌、舞蹈、书法、乐器等兴趣小组，也是社区五老等各类志愿者的日常活动基地（图 5-4）。

图 5-4 鲈乡二村日间照料中心老年人活动课程安排

5.1.4 鲈乡二村的资源地图

从 2020 年 6 月开始，项目组开展了扎实的实地调研，走访社区领导，和居民一起座谈，对社区资源进行了挖掘和梳理，绘制了社区资源地图（图 5-5、表 5-1～表 5-2）。

2020 年 6 月，组织吴江区住建局、东太湖度假区、松陵街道，以及社区负责人到上海进行参观学习交流（图 5-6）。

图 5-5 西交利物浦大学和同济大学一起进行前期社区调研

表 5-1 鲈乡二村社区资源清单（赵易秋绘制）

资源种类	文化资源	地方产业	主要特色商户	社区组织或单位资源	自组织社区社会组织
资源列表	文艺作品 手工艺品／活动 建筑风格、特色地标建筑、有历史的老建筑等 重大历史事件 重要节庆日（春节、端午节） 社区特色习俗 社区 logo、旗帜等符号式代表物 特色党建品牌（石里花开） 其他	餐馆（吴江宾馆） 企业 旅游服务业（吴江公园）	商业（农商银行、花店、房产公司、社区超市） 施工企业 开发商 其他	幼儿园（包括民办）（鲈乡幼儿园、英仑伟才、阳光看护点） 小学（鲈乡小学） 中学（松陵一中） 大学或职业教育学校 医院（松陵卫生院） 企事业单位（松陵派出所） 培训机构（阳光教育、石油公司、瑞思英语）	退休老干部支部 鲈乡二村业委会

表 5-2　鲈乡二村社区资源分类（赵易秋绘制）

资源类型	人力资源	教育资源	捐赠资源	文化资源	服务资源	商业资源	其他资源
项目	志愿者团队 楼道长 党员 居民 鲈乡二村业委会 退休老干部 党支部	鲈乡幼儿园 鲈乡小学 松陵一中 瑞思英语 英仑伟才幼儿园 阳光学前儿童看护点 阳光教育文化培训中心 石油公司（青少年幼儿培训） 区委党校	工商银行 建设银行 中信银行	石里花开	区委办 九九春晖 吴江公园 松陵街道 松陵卫生院 松陵派出所	花店 社区超市 菜鸟驿站 房产公司 吴江宾馆	国家电力

图 5-6　上海参观学习

社区花园营造前期需要组织有效的参观学习

调研参观是提升和统一认知的有效方法。如果说社区花园是一场集体行动，在学习中行动，在行动中学习，现场参与和体验是最快速、最有效的学习方法。直接的感官体验可以加深学习效果。比如说上海四叶草堂经常组织的"花园串门"活动就是方便低成本的行动学习。如果能够安排核心志愿者现场分享和介绍效果将会更好。有效的学习的重要方法之一就是向好的例子学习，而志愿者的亲身经历很容易引起大家的认同。调研参观最好和团队建设活动组织在一起。如果能找到合适的场地，最理想的做法是参观完之后马上组织参观者分享刚刚的体验和感受。

尽可能事先准备好工具进行民主会议。会议的主题可以是头脑风暴，愿望清单，任务清单和任务认领，最后一定要落实到负责的个人。这样就会是一次非常有效的行动学习。如果将参观和团队建设或者共商共议分开组织，下一次参加会议的成员可能是未参与过的人，很难统一认知。而且即使是参观过的居民，当时强烈的感观带来的学习效果已经衰减很多，很难再次唤醒公共意识、志愿精神，以及共同行动的"冲动"。调研参观和分享就像是点燃一个志愿精神的火苗，需要趁机吹一些风、加一些柴，这样火势才会越来越旺，否则这个火苗很快就会灭了。组织参观学习通常需要较大的精力、财力和时间的投入，如何利用好这次机会是项目负责人需要提前认真和全局策划的。

因为在苏州本市当时还没有成熟成形的社区花园项目，我们在项目初期只组织了相关领导到上海参观学习，而无法跨市组织居民去上海参观学习。当时主要考虑的是老年人跨市参观出行上存在风险，而且也还没有和亲子家庭形成联系。后来我们为核心志愿者和合作组织购买了上海四叶草堂组织的社区花园培训课程。现在看来，对于普通志愿者，即使是当地没有现成的社区花园项目可以参观学习，也可以联系当地的园林、园艺类高校资源进行参观学习，从培养对植物的共同兴趣开始，在参观的时候播放社区花园案例的媒体视频作为学习的资源，最根本、重要的目的其实是通过集体参观进行共同的行动学习、讨论和团队建设。总之，要先共同学习再开始行动。有深度的共同学习对于促发行动的效果会更好。这确实是需要组织者有组织"教学"的技巧。关于组织会议的技巧我们会在最后一章详细介绍。

2020 年 7 月，西交利物浦大学的教师组织本地居民一起对社区内植物多样性进行了调研（图 5-7 ～图 5-8）。

图 5-7　社区植物调研

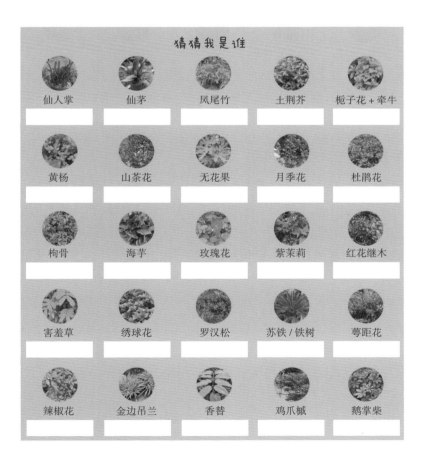

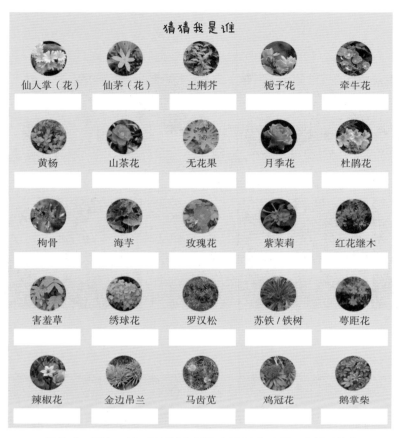

图 5-8　鲈乡二村、三村植物图鉴（2020 年 6 月，张钟琰绘）

5.1.5　鲈乡二村的优势和机遇

由于是最早的商品房，又是很多退休老领导、老干部居住比较集中的小区，鲈乡二村一直在老旧小区改造中起了先行示范的作用。从雨污分流到新一轮老旧小区改造，鲈乡二村都一直是最先启动的项目之一，是松陵街道甚至是吴江区的老旧小区的标杆。在硬件设施方面鲈乡二村在吴江的老旧小区中是数一数二的。

2020 年 6 月，鲈乡二村被列为苏州市首批老旧小区改造的住建部国家级试点之一。为了贯彻住建部在老旧小区改造中"共同缔造"的主导思想，西交利物浦大学团队与同济大学、上海四叶草堂青少年自然体验服务中心合作，引入上海社区花园的经验和技术，在鲈乡二村打造社区花园试点。当地政府寄望通过社区花园的建设，挖掘本社区的志愿者资源，鼓励居民作为社区主体参与到小区环境提升改造的计划，从而共同构建一个"共建共治共享"的样板。

鲈乡二村社区花园的营造前前后后花了三年多的时间，从一开始，我们就下定决心深耕。我们深知社区意识的形成、公共精神的培育、社会发育需要时间。这也是我们对

"在地""驻地"社区规划师的理解和信念,就是一定要牢牢地在社区扎下根。这样的节奏和王本壮教授在台湾地区桃园市的社区农园项目[2]有些类似:第一年教挑花盆、植物;第二年是教如何浇水;第三年是教如何施肥、生态堆肥。原因就是居民生活行为的改变是需要时间的。一开始管辖行政单位听完也是猛摇头,后来还是同意了。但是这样扎实的基础带来的成果就是,可持续的居民自治。桃园项目在团队2010年撤出,到2019年居民仍然在自主持续动作维护。

在耐心这一点上,二村社区花园项目的主管单位松陵街道的相关领导也非常开明:"社区花园是一个新事物,人们接受新事物需要时间,要有个两三年才有可能稳定下来,你们就慢慢弄吧。"

社区花园项目既要培育花卉植物,还要培育人的技能,还需要培育公共精神。我们建议社区花园项目以三年规划比较合理。社区花园三年持续的投入是需要多方支持的。与现实的矛盾之处在于,许多党为民服务项目都是以一年为期考核,而且第二年希望能有更创新的项目进来。一般对创新项目的支持很难超过一年。社区花园项目理想的平台可以借鉴上海的东明路街道,作为街道层面的专项来规划和执行,并与其他的条线工作或者重大项目结合,比如说文明城市创建,这样才能有稳定的保障和持续的支持。

5.2 鲈乡二村社区花园规划与设计

鲈乡社区花园以文化复兴与传承为脉络,以居民福祉、生态友好为目标,进行了一系列规划(图5-9～图5-10),包括一米菜园、厚土栽培、昆虫箱、生态堆肥、蚯蚓塔、螺旋花园、锁孔花园、雨水收集等(图5-11)。

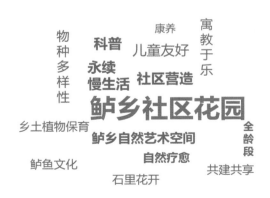

以**社区花园空间**为载体,以**鲈乡文化的复兴与传承**为核心,以为周边居民建立福祉为目标,结合生态与公益,鼓励公众通过参与社区共建来重拾对**鲈乡文化的认同和记忆**

图5-9 鲈乡社区花园规划理念(作者自绘)

图 5-10　参与式规划

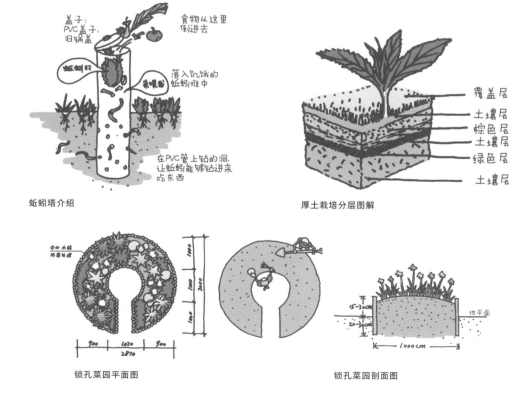

蚯蚓塔介绍

厚土栽培分层图解

锁孔菜园平面图

锁孔菜园剖面图

圆形堆肥箱制作

高为1m 的铁丝网　　围成合适 大小的圆　　内外各一根木条固 定，用麻绳绑在一起

圆形堆肥箱

图 5-11　生态规划（原图来自刘悦来、魏闽《共建美丽家园——社区花园实践手册》，已获授权）

　　鲈乡二村社区花园充分尊重本地文化，设计有"石里花开"、鲈鱼洄游等本地党建和本土文化，在菜鸟驿站的设计融入了苏式园林的元素，创造了步移景移的空间感受（图 5-12）。

图 5-12　文化规划

吴淞江以四腮鲈鱼闻名。

宋朝，范成大在《吴郡志》里说："江鲈四腮，湖鲈三腮。四腮鲈鱼尤宜鲙。洁白松软，又不腥，在诸鱼之上。"明朝正德年间，方志上有关吴淞江里的四鳃鲈鱼的记载又有了变化，"出吴江长桥者味美，肉紧，缕而为鲙，经日不便。吴江长桥为垂虹桥"。

清朝《同治苏州府志》中关于四鳃鲈鱼有这样的记载："鲈鱼之名出吴江者最著，元郭邸诗所谓：'劝君听说吴江鲈，除却吴江天下无'是也。"

古时吴淞江江面开阔，水量充沛，因为四腮鲈鱼对水域条件十分敏感，因此非吴淞江水域没有这种鱼。后来因水利建设导致吴淞江改道，江河段虽然保存，但是水流细微，导致鲈鱼无法洄游，同时它们赖以生存的饵料也减少，四腮鲈鱼的生存面临困难，曾一度濒临灭绝，而后通过科研人员的努力，四腮鲈鱼人工繁殖成功，又重新看到它们的身影。

在社区花园规划中，我们置入了鲈鱼科普模块，致力于推广吴江特色科普文化（图 5-13）。社区花园的标识都来自居民小朋友原创的绘画（图 5-14）。

为了方便轮椅使用者和老年人，专门设置了一处高台、一处低台共两处疗愈花园，让轮椅使用者可以近距离观察和接触植物，让老年人不用弯腰便可进行浇水、剪枝等日常维护（图 5-15）。

社区花园也进行了细节上的儿童友好设计，如专为儿童作用设计的低台花池、公益窗口以及互动宣传装置（图 5-16）。

鲈鱼科普路径

鲈鱼是一个海淡水洄游的物种，生活于吴江、松江一带。成鱼到海洋中产卵，然后小苗会在春季从海洋中经过河口到淡水中去生长发育。它的一生在淡水中长成之后，每年 11 月从四面八方到大海生儿育女

在南方地区，6～8月是雨量充沛的季节，气温偏高，此时各种浮游生物大量繁殖，这些丰盛的天然饵料让远道而来的鲈鱼大饱口福。它们一边游，一边吃，一边慢慢地长大。幼鱼多以枝角类为食饵，成鱼捕食虾类和小鱼

雌鱼产卵期一般在二月中旬至三月中旬，卵的数量在 5 000～12 000 千粒，雌鱼产卵后自行离开，雄鱼赶来洞口守护卵块，鱼卵经过 26 天的发育，幼鱼必须费很大的劲才能从卵膜里挣脱出来，开始浮游生活

春夏交际，是一年中的洪汛季节，江河上游带来的大量淡水，使得河口的盐度明显下降。
这一外界环境的变化，驱使小鲈鱼离开产卵场，向内河洄游

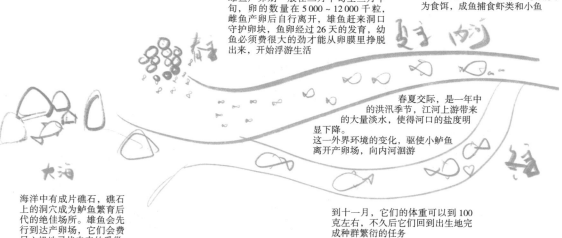

海洋中有成片礁石，礁石上的洞穴成为鲈鱼繁育后代的绝佳场所。雄鱼会先行到达产卵场，它们会费尽心机地寻找未来的爱巢

到十一月，它们的体重可以到 100 克左右，不久后它们回到出生地完成种群繁衍的任务

图 5-13　鲈鱼的科普教育（作者自绘）

图 5-14　标识设计（包括居民参与的手绘图案）

图 5-15　老年友好设计

图 5-16　儿童友好设计

社区花园营建实践过程中的认知矛盾
——"一波三折"的锁孔花园

　　在社区花园的营建过程中,我们发现了一些认知矛盾,尤其是在锁孔花园的建造过程中。

第一折——改变施工方案

　　锁孔花园的施工是和原设计方案设想修改最大的。原设计方案是直径 1.2 米的花坛,街道领导觉得太小了,种不了很多花。于是我们将直径扩大到 1.5 米。原设计方案用的是松木桩,地面上最高 60 厘米,地下直接打桩 60 厘米深固定(图 5-17)。施工方认为这样施工会带来如下几个问题:

（1）锁孔花园的直径 1.5 米，装上土之后自重比较重，时间久了会把木桩压垮。

（2）木桩材料经过风吹日晒，很快就会需要维护，但是维护成本较高。

（3）如果地面上有 60 厘米高，地下至少要打 1 米多才能固定得住。但是苏州地下水位较高，如果往下打 1 米多，可能就已经打到地下水了。木桩根本就稳定不住。

具体设计——乡土归根区

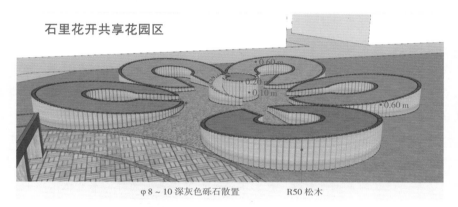

图 5-17　石里花开锁孔花园设计施工

施工单位坚持要用砖砌加水泥砂浆这样比较牢固。我们也请教了四叶草堂的经验，确实如果用松木桩的话，五年之后肯定是要更换的。于是我们同意了施工队的方案。改用混凝土筑底防沉降，砖砌基础结构之后水泥砂浆找平，在结构外面用松木实木板包了一层顶面和外立面，然后刷上了清漆保护（图 5-18）。

图 5-18　锁孔花园建造前后对比

第二折——施工受阻

没有想到刚开始施工了没有多久，老年居民改变了看法："原来在平面上看得蛮好看的，结果高度起来了以后就看起来不一样了。"加上锁孔花园的建设材料由松木改成了砖砌加水泥砂浆，花园外形确实让人容易联想到其他类型的建筑物。老年人的感知就更强烈了。

砖砌的高度起来了之后，项目部接待了几位老年人的来访，强烈要求停止施工或者修改方案。锁孔花园并不是唯一原始设计和居民观念发生强烈碰撞的设计。在老旧小区改造的过程中，我们还间接了解到其他文化、认知和环境感知上的差异，可能成为项目推进的阻碍。

鲈乡二村、三村是住建部老旧小区改造在苏州市的试点项目之一。改造内容主要包括立面改造、增装电梯、屋顶防水，以及道路、绿化升级。

在项目初期，因为防盗窗的拆除开始受到了一些居民的不理解和阻力。项目部全体人员集中精力，冲刺完成了第一个"样板楼"的外立面改造，希望能够以此得到居民的认可和支持。可是没有料到的是，居民对设计师精心设计的外观有非常不一样的感受。比如说西方现代建筑常用的米黄色加上浅灰色的撞色，专业视角看觉得高级又现代，居民却觉得不够亮丽；专业设计的苏式园林建筑元素中的祥云图案，却被居民，特别是老年居民认为是像棺材纹。色彩不够亮丽可能是因为样板房靠近道路的主立面是朝北的面，所以看起来比较暗一些。祥云图案的不同联想是设计师没有料的。最终尊重了居民的意见，墙面灰色变得更浅了，祥云图案全部去掉了。

相比较于外立面的设计，老年居民对锁孔花园的反对更强烈一些。几位鲈乡二村的老年居民前往位于鲈乡三村的项目指挥部反复反映情况。其中最核心的是住在离锁孔花园最近的、受影响最大的几位老人。

老年居民对锁孔花园的不同感知和不接受是我们始料未及的。我们没有处理不同意见的经验，一时间觉得进退两难，心理压力特别大。一方面，项目施工到一半全部拆掉不太可能，另一方面我们也确实担心如果老年居民始终无法接受这样的形式，长期对老年人身心健康的影响。我们非常感谢施工队和项目组老娘舅这时给我们及时的支持。一边由老娘舅做居民的思想工作，一边施工队给我们吃定心丸，和居民保证如果建成之后还不满意，他们就拆掉。这其实也是施工队在老旧小区工作中摸索出来的工作方法，用承诺稳定居民的情绪，保证项目的顺利进行。

第三折——使用不当

所有人没有料到的是这个施工方法的改变会给后期使用和维护带来非常大的不同。首先，顺滑的平面形成了一个很适合行走的小坡，非常儿童友好，在儿童和青少年眼中成了很有玩耍乐趣的踏板。在锁孔花园营建过程中，因为我们一直以亲子活动为主，如期培养出了青少年对场所的主人感，但是我们没有在营建的同时进行文明行为教育，以至于青少年认为锁孔花园是一个"玩"的地方。再加上花园天然的吸引力，锁孔花园在建成后，很快成为青少年玩耍的地方。

孩子们在锁孔花园上行走、跑跳，从一个锁孔花园跳到另一个锁孔花园，造成的结果就是无意间会把植物踩伤，把土壤踩实，不利于植物根系生长。还有年龄更小的儿童在花丛里捉蝴蝶。我们本来放在花坛表面的用来保护土壤的火山石，被踩到土壤里后，很难再取出来，更加影响了根系生长。

我们在社区花园的营建过程中发现了几处需要提前考虑和心理准备的认知差异。首先是工程思维和永续思维的矛盾。工程思维会优先考虑材料耐耗、长期维护成本低的施工方法，朴门永续思维是就地取材，自然材料，最后回归自然。朴门永续的方法启动快，简单易操作。工程施工往往费时、周期较长。如果能够把控好社区花园的施工主体，尽快启动是更为合适的。

其次，我们通过锁孔花园的施工过程发现了设计思维和使用者思维的不同、工程思维和社区花园营造思维的不同。在锁孔花园的使用过程中我们发现了老年人和儿童喜好差异：老年人喜欢安静，小孩子喜欢嬉闹；小朋友喜欢多姿多彩，老年人喜欢统一、不要太乱、太花；小孩子天性喜欢玩，喜欢沙坑，老年人喜欢整洁、清爽；老年人喜欢安静的小池塘，小孩子喜欢在池塘里抓鱼；老年人喜欢苏式的白墙黛瓦，小朋友喜欢在白墙上涂鸦；老年人喜欢坐着聊天，小朋友喜欢跳来跳去；青少年喜欢生物多样，老年人讨厌蚊虫。

锁孔花园因为施工方案的修改而造成功能上的变化，导致青少年成了这个空间的主要使用者。因为对环境喜好的不同，青少年对空间的过度使用挤压了老年人活动的机会，也影响了老年人对空间的感知，间接影响了老年居民的参与。有些老人因为觉得花园里小孩子太多，太吵，因而不怎么到花园来。

但是锁孔花园的新设计也带来了一些意想不到的巨大好处，比如说平滑的表面、适合的高度为老年人提供了可以坐下休息的地方，为老年人长时间停留在花园，晒太阳聊天创造了机会。有关老年人对环境的感知以及老年人健康相关行为，我们将在检验篇中详细介绍。

参考文献

［1］ 俞前.鲈乡深处是吾家——吴江特色文化巡礼［M］.上海：上海文艺出版社，2020.

［2］ 王本壮.都市农园的民众参与途径［M］//刘悦来，魏闽，范浩阳.社区花园理论与实践.上海：上海科学技术出版社，2021：37-45.

从参与式规划的角度，社区花园营建应该尽最大可能地自下而上，以居民为主体，调动和发挥居民的主观能动性，在共同行动和互动中形成共同体。在这个过程中需要很多的社会技巧，否则很容易陷入一味地追求参与者的数量，而忽视了真正的目的，即公共精神和共同体塑造。如果目标过于单一，那么结果很难实现社区花园的多元价值。如果居民之间缺乏互动和合作，那么难以形成有效的社区共同体。社区花园营建行动的目标不仅包括创建和维护一个花园，更应该关注如何吸引更多的居民参与，以及如何促进社区的凝聚力和可持续发展。有效的社区花园行动注重培养居民之间的合作关系和共同责任感，增强居民的归属感和成就感。

　　在营建过程中，有效的社区花园行动应该围绕核心目标制订详细的计划，并需要尽可能多地积极与相关机构和其他利益相关者进行沟通，获得他们的支持，通过合作方的自媒体进行宣传，否则容易陷入"独角戏"、无人喝彩的状况。这些联结和沟通的成本是需要在前期规划时一起考虑的。整合和组织社区资源是社区花园营造中的重点和难点。

　　本章回顾了鲈乡二村社区花园的营建过程。从前期规划开始，营造行动的主要目标包括新居民融入、本土文化教育，以及生态教育。在这个过程中总结的经验教训希望能对读者有帮助。

Chapter
VI

专栏 6-1

行动研究的十个特点[1]

（1）行动研究者需要采取行动。

（2）行动研究的两个目标：解决问题和科学贡献。

（3）行动研究是互动的。

（4）行动研究旨在项目期间更全面地理解并意识到复杂性。

（5）行动研究是关于变革的。

（6）行动研究需要了解项目特有的伦理、价值观和社会准则。

（7）行动研究可以包括所有类型的数据收集方法。

（8）行动研究需要对被研究对象的组织存在的环境、结构和动态以及此类系统的理论基础有广泛的预先了解。

（9）行动研究应该是一手的、即时的信息。

（10）行动研究有自己的质量评判标准。不应该用实证主义科学的标准来评判。

——Gummesson

6.1 参与式营造行动

6.1.1 参与式规划

2020 年 9 月 10 日，在鲈乡二村日间照料中心举办了第一次居民见面会及方案介绍会（图 6-1）。到场的成员组成了策划组、联络组、植物组、墙绘组，每组都由居民和学生组成。同时居民听取了二村社区花园示范点的初步方案的介绍，参与的居民提出了多增设儿童游憩设施、多加入本地元素等宝贵建议。

2020 年 10 月 2 日，松陵街道二村社区举办"鲈乡片区首届花园节"，通过"一桶公益"浇水、捡石子活动，"植物"地图寻宝，花好月圆墙绘，爱心植物认领，园艺课堂，花园影院等丰富多彩的活动。鲈乡实验小学学生在快乐的劳动体验中，掌握小小社区花园志愿者的必备技能，促进亲子之间交流互动，营造社区花园的美好氛围，孕育"共建共治共享"的社区文化（图 6-2）。

本章作者为常莹（西交利物浦大学设计学院城市规划与设计系副教授）。

图 6-1　第一次居民见面会

图 6-2　鲈乡社区花园节（2020 年 10 月）

2020年10月17日，鲈乡二村举办第二次大型社区花园活动，每位小朋友认领了公益小桶和自己喜欢的任务，如：捡花园散落的小石子、包种子、准备园艺工具等。家长们共同合作完成了锁孔花园的放线工作。夜幕降临之后，双鱼广场变身社区花园小剧场，老中青朋友们一起观看了有关社区花园的视频短片（图6-3）。

图6-3　居民清理场地、放线

2022年10月24日，场地举办了识昆虫——小小科学家体验活动（图6-4）。西交利物浦大学健康与环境科学的邹怡老师，带领大家学习在小区里观察生物多样性和认识土壤。邹老师一边科普昆虫知识，一边讲解捕捉昆虫的技巧。小朋友们在增加了对昆虫的了解之后，纷纷表示要做小小园丁，更好地维护花园。

2020年10月31日，锁孔花园的标志设计环节。小朋友负责画，大朋友负责写，一起描绘出了他们心目中社区花园。家长们则结合他们对于社区花园的憧憬，在纸张上写下了他们为社区花园拟定的标识语。从"石里花开，社区飘香"到"同住新吴江，共建新鲈乡"到"幸福阶梯"，无不透露着大家对于家园、社区的热爱（图6-5）。

图 6-4　生态教育活动

图 6-5　居民参与标识与标语设计

2020 年 11 月 14 日，小小规划师实践——"We are a community"社区花园学习的主题是理解社区是大家社会生活的共同体。很多小居民们早早地来到花园场地，为社区花园绘画今天的活动主题"We are a community"。

首先由指导老师给居民家长和小朋友们讲解地图的绘画要素和方法，然后居民们分成了两个小组分别出发前往鲈乡二村的南门和北门街道，考察附近的店铺名称并将其记录在手里的小地图上。等居民们回来之后，小朋友们被邀请为社区周围的花店和店铺设计标识，他们每个人选择了一个花店或迷你花园的名字进行绘画设计创作，大朋友们也在一旁帮忙出主意。小朋友还体验了做一名小小社区规划师，使用乐高玩具搭建心目中社区的样子（图 6-6）。

每一位居民都为社区建设的进展作出了一点贡献，也越来越喜欢参与集体活动。郭卓凝小朋友的妈妈也在小小签到中留言道："We are a community，我们是一个社区。"

图 6-6　参与式规划与标识设计

社造活动的"度"——规模和频率

　　鲈乡二村社区花园在营建阶段最初的两次活动的参与人数超过 50 人，后面几次的活动也在 30～50 人左右。总体来说，这几次大规模的活动是成功的，甚至是有些轰轰烈烈的，宣传效果非常好。我们运用了很多参与式规划的方法。但是每周一次的活动也让先锋队的同学感觉非常疲惫，从策划、准备、通知、现场组织到收尾，加上来回奔波，大家都是靠着信念坚持了下来。实际上我们是有些"被动"地去组织这么频繁的活动的，甚至是有点故意"填满"每一周的感觉。一是因为锁孔花园改为混凝土施工之后工期变得比较长，离真正开始种植还需要时间等待。二是我们有一种担心，担心如果没有持续的活动保持热度，居民参与的热情就会马上降下去。三是根据我们过去的经验和哈贝马斯的理性沟通理论，必须通过频繁互动，参与者才有可能把公共利益放在个人利益之前。现在回头看看，当时的担心其实没有必要。

　　事实上，居民对于频繁的大活动，也会感觉精力和时间上顾不过来。如果可能，尽早地开始种植，建立人地关系，在种植后再举办人地互动的活动，效率会高很多。但是频繁的大型活动确实也带来了不少好处，包括让居民快速地产生了社区感。在热情高涨的众多居民中，已经开始有居民开始捐花、捐款。锁孔花园的 5 个花坛里面的花卉都是由居民集资捐赠 5 000 元采购的。其中沈志云奶奶带头捐赠了 2 000 元的花卉。这些是仅仅靠两三次活动、小众活动难以达到的。但是如果我们能有选择，我们会选择活动次数不那么频繁，把更多的精力放在微信公众号运营和自媒体短视频创作上。

6.1.2　本土文化

　　2020 年 11 月 21 日，吴江区开放大学副校长、吴江区社区培训学院社区教育处主任方拥军老师作为这次《费孝通的乡土情结》读书会的主讲人。在读书会上，方老师为热情的社区居民赠送了费老的《乡土中国》，从本地人的视角为大家介绍和分享费孝通先生的一生经历（图 6-7）。

　　"因为只有直接依赖于泥土的生活，才会像植物一般地（的）在一个地方生下根。这些生了根在一个小地方的人，才能在悠长的时间中，从容地去摸熟每一个人的生活，像母亲对于她的儿女一般。"

——费孝通《乡土中国》

李艺淼(优优)
2020-11-21 17:01:00

自己的家园，自己建设。
今天的活动让小朋友了解了设计师与工程师的
工作交接流程。
费孝通《乡土中国》分享会，让我们新吴江人
更深刻地了解了我们的新家园！

郭卓凝
2020-11-21 17:30:53

今天听了方校长讲了费孝通老先生传奇的一生，
学习了费老的乡土情节，感受颇深；让我们共同
见证锁孔花园的建造，相信在大家的共同努力
下，社区花园会变得越来越好！

图6-7　读书会

2020年11月28日，吴江南社研究会会长、吴江区前文联主席、鲈乡书院院长及创办人俞前老师为社区居民讲述吴江文化中的莼鲈之思、乐之鲈之乡。从"莼鲈之思"到"电子之城"到"乐居之城"，大家了解到鲈鱼、鲈乡和吴江的独特文化，同时也激发出对家乡更深的眷恋之情（图6-8）。

吴　　江

［宋］　陈尧佐

平波渺渺烟苍苍，
菰蒲才熟杨柳黄。
扁舟系岸不忍去，
秋风斜日鲈鱼乡。

6.1.3　厚土栽培及锁孔花园种植

2020年12月4日晚，吴江中专的志愿者先锋队成员和居民小朋友事先完成了第一个锁孔花园的厚土栽培（图6-9）。从八坼水果批发市场运来的甘蔗皮成为土壤肥料，松陵街道帮助运来附近的落叶，一层绿一层棕，同学们为锁孔花园堆了10层厚厚的养料。在盛开妈妈的带领下，大家把一盆盆花埋到土里，开始了第一个锁孔花园的种植。更多

图 6-8　乐居吴江文化讲座

图 6-9　第一次厚土栽培及标识牌制作

居民们就陆陆续续带着自家的厨余赶来参加活动了，沿着长廊的照片墙，大家感受到了在这短短几个月里社区花园的变化，也体会到了邻里之间变得愈加浓厚的情感。参加活动的还有吴江中专团委、一心志愿者负责老师蒋佩莹老师，鲈乡实验小学仲英校区的陶非男老师，还有西交利物浦大学的 Kal 老师。

不简单的厚土栽培

　　厚土栽培是四叶草堂输出的主要生态治理技术之一。对二村社区花园进行土壤方面专业技术指导的是袁帅老师。袁帅老师专门就健康的土壤上过一堂课，可以在四叶草堂的公众号上搜索到。袁老师讲道，不是所有的土都是土壤。土壤是健康的、有生命力的。健康的土壤里面有各种各样的微生物、菌类、昆虫、软体动物、植物等，也包括各种各样的矿物质。好的土壤是透气的，既可以吸收水，又不会积水。我们对土壤的深刻理解也来自吴江区新营村的东之田木农业生态园负责人任柏民。东之田木是有机循环农业的示范点。任柏民深情地和学生们分享了好的土壤对农业发展、强国和国防的重要性。长期使用化肥农药的土地容易板结，产量低，质量差，会严重影响我国的基础农业生产，更会影响生态环境。

　　俗话说，土生土长，土是我们生命的根本。只有土壤健康了，生态链才能从底层恢复健康。所以我们坚持在鲈乡二村的社区花园里要实践厚土栽培的方法改善土壤和生态。也相信是本项目的特色之一。

　　但是厚土栽培的操作远远没有我们想象得那么简单。是绝对需要提前早早规划的，也需要比较多的联系和沟通时间。首先做厚土栽培需要大量的厨余。像 1.5 米直径的锁孔花园，最深处 60 厘米，需要 7 桶大体积垃圾桶那么多的厨余打底。厨余获得的渠道主要是 3 种：居民家庭、水果店、水果批发市场。这么大体量的厨余靠居民收集是不太可能的。我们也拜访了小区周边的水果店，结果发现因为垃圾分类和文明城市创建相对应的对市容市貌的要求，水果店的厨余也很难积累下来。早上去得太早，还没有多少人买水果，所以没有什么厨余可以收集。晚上店里的厨余不能过夜。即使是我们从水果店晚上收集来，也不可能晚上组织大家进行厚土栽培，但是也无处可以存放。不能放在露天公共的地方，因为会因为吸引蚊虫而马上被环卫清洁收走。放在居民家里也不合适，厨余一晚上就会发酵产生味道，也会有更多液体渗出来，影响家里的环境。更何况水果店里收来的厨余从量上也不能满足需求，而且运输还特别不方便。最后我们只能去水果批发市场收集。在项目部的建议下我们去了八坼街道的水果批发市场。水果批发市场的垃圾桶确实是很快就满了，但是也会被保洁第一时间清走。最后我们联系好水果批发市场的保安部门，碰巧有一位业余是做货拉拉的，在活动的当天上午，用货车给我们运来了几大垃圾桶的厨余。我们一边翻土，一边卸厨余垃圾桶，还要把垃圾桶里面的塑料等垃圾摘出来，把厨余堆在底层的土上。整个过程非常不容易。货拉拉司机还需要尽快把垃圾桶还回水果批发市场，否则那边就不够用了。他也不能离开工作地方太久。所以时间非常紧张。厨余虽然免费，但也花费了不少的运输费用。最终我们只给两个锁孔花园下面放置了厨余。其他的种植床我们只是放一层土、一层落叶，也是属于厚土栽培的方法，只是微生物和养分方面要差很多（图6-10）。

图6-10 土壤的材料和人力准备是需要前期规划的

说到落叶的收集，也并没有想象中那么容易。落叶的来源可以是小区内绿化收集的落叶。但落叶也不是天天都可以收集的，也是阶段性的。马路边的落叶里往往垃圾太多，量也不够大。绿化集中收集的落叶垃圾相对较少，量也比较大。收集来的落叶有可能会在小区内堆放几天，也可能会马上就被运输走。这要看本次绿化服务的安排。绿化服务外包给第三方，不可能天天来。所以需要事先通过物业沟通好，做到活动整体规划里。如果天气比较炎热，集中收集的落叶也只能在小区里多放置几天，时间久了就会招小虫子。如果提前沟通好可以请绿化将花园附近收集的落叶都暂时放到花园里，并且需要事先和物业、社区打好招呼，暂时放具体几天、哪一天做活动，以免有居民投诉或者是文明城市检查扣分。因为苏州过去几年在文明城市创建方面的工作做得非常不错，对公共空间的管理相对比较严格，所以落叶存放的时间不能太长，要尽快组织活动用掉。

比起小区内部的落叶收集，如果能和附近的公园建立合作，会相对轻松很多。特别是当小区的落叶量还不足够时。因为5个锁孔花园需要的落叶比较多，需要最大的黑垃圾袋几十袋。松陵街道建管办帮助我们联系了绿化部门，请吴江公园的环卫工人帮我们收集了很多落叶。因为公园里的树多，收集起来相对容易。鲈乡二村锁孔花园分3次种植。第一次和厨余堆肥一起进行的时候，是吴江公园给我们送来了一卡车的落叶。场面非常壮观。几乎所有的居民都知道社区花园用了落叶堆肥。因为距离第二次锁孔花园种植间隔时间比较长，所以没有用完的落叶一直堆在广场的角落里，时间久了居民有意见。后来两年补种的时候我们再需要补充落叶的时候，不好意思再麻烦吴江公园，然后就组织吴江中专的志愿者自己去吴江公园收集了落叶。然后自己用车运了几趟回来。在自己动手收集落叶这件事情上，不得不说如果有工具，效率会高很多。后来我们专门买了一个收集落叶的钢叉，用于收集社区花园落叶。这个工具还是非常有必要的。但是平时需要锁起来保管，以免儿童当玩具不当使用而受伤。

听起来好像厚土栽培很麻烦，其实对于几平方米的小规模的示范地方，如果是事先规划和沟通好利用小区内绿化落叶还是比较好实践的。社区花园的建设离不开物业和绿化公司的参与和支持。最好有计划地提前和他们沟通。厚土栽培是改善土壤最有效、成本最少、效果最永续的方法。老年居民非常认可我们在花园下面放了甘蔗皮等厨余，说这样下面的土既透气又有营养，花肯定长得好。大部分居民对于花园的最基本的期待是植物看起来很茂盛、健康。

6.1.4　鲈鱼宝宝和岩石花园

2020 年 12 月 12 日，第二、第三个锁孔花园开始种植。这两个锁孔花园还收到十几株来自二三村居民捐赠的爱心花。指导老师耐心地与小朋友一起分享社区花园新知识及未来规划，包括"一米菜园""生态堆肥""雨水收集"等。与此同时，社区小朋友们为自己心目中的鲈鱼宝宝绘制形象。在绘画的过程中，小伙伴们更加深刻地理解鲈乡文化。鲈鱼为鲈乡的特征，本地鲈鱼有四鳃图案、鱼鳍肥大的特点。鲈鱼会到入海口产卵，小鲈鱼会逆流而上，回溯到故乡。鲈鱼洄游象征着思恋故乡，逆流而上的积极精神（图 6-11）。

图 6-11　锁孔花园种植及鲈鱼宝宝形象设计

2020 年 12 月 16 日，老少居民志愿者们一起装扮了花园并对花园进行了修剪，最后一起完成了岩石花园的打造。同学们在花园中实践了动手能力，一起组装了工具小屋，并实践了春播。

12 月 19 日，为了迎接即将到来的圣诞节和新年，组织了小小景观师岩石花园第二次活动。志愿者们戴上圣诞帽，对最后的两个锁孔花园进行了种植。另外将太湖石周围的闲置空间用竹筒堆满并盖上瓦片，一层一层为昆虫们搭建旅馆。同时居民们展开自己的创造力，用买来的菖蒲、金叶苔草、石竹等适合岩石生长的植物，开始岩石花园的造景创作。在活动的最后还一起在花园安置了蚯蚓塔（图 6-12）。

2020 年 12 月 26 日，为了迎接即将到来的新年，志愿者一起装扮花园迎接新年。至此，鲈乡二村社区花园初期营建工作基本结束（图 6-13）。

图 6-12　岩石花园打造

图 6-13　居民一起装扮花园迎接节日

6.2　万景园

　　鲈乡二村社区花园的另外一个示范点驿站花园二楼的万景园（图 6-14）。苏州虎丘半山腰有一个万景山庄盆景园，那里集中展示了四百多盆苏式盆景，是苏州精致的人文生活和精神追求的体现。鲈乡社区花园也给大家创造了一个"步移景移"、拾级而上欣赏盆景的苏式园林体验。这里有十多盆居民捐赠的盆景，都是精心养护了十多年的。有些是二村树枝修剪后留下来的残枝。经过 W 爷爷的细心呵护，一点点被养护成了观赏性极高的盆景。现在 W 爷爷将这些盆景宝贝全部无偿捐献出来并每天维护。鲈乡二村是我们目前知道的唯一一个有共享盆景景观的小区。在自己住的小区里就能欣赏到盆景极大地丰富了人民的美好生活的质量和内涵。万景园的美每天都吸引了很多居民登高欣赏。每天有居民在菜鸟驿站拿了包裹后特意绕道登上平台欣赏盆景。在一个夏天的上午，社区花园的热心志愿者周海生在万景园的遮阳伞下面刷了一个多小时的手机。"外面艳阳高照，伞下凉风习习，周围盆景环绕，我已经享受过（人生）了。"他说。

图 6-14　鲈乡二村菜鸟驿站屋顶盆景园

　　W 爷爷是一位盆景爱好者。最初他是将盆景连盆一起埋在楼道前面的公共绿地里面的。但是经常会遭到破坏甚至丢失的情况。我们最初设计的想法是因为听到 W 爷爷说盆景最佳的观赏高度是在胸口左右，而且盆应该露出来。于是我们在菜鸟驿站的二楼设计了盆景园，可以更好地呈现盆景的美。也可以安装监控，起到防盗的作用。起初 W 爷爷是不同意将盆景搬到二楼去的。他担心盆景夏天会受不了屋顶的炎热。老旧小区开始改造之后，盆景也有着被楼上施工拆脚手架过程损坏的可能。先锋队的同学有一次见到 W 爷爷一个人在搬盆景到一楼车库内，于是两个瘦弱的女生借来推车，帮助爷爷搬盆景。有的盆景连盆带土有十几公斤重。是这份诚意感动了爷爷。最终同意请盆景上楼。我们也为了方便他浇水将水管也接到二楼。后来爷爷提出夏天需要遮阳，我们也定做和安装了遮阳网。安装遮阳网还需要定做和安装铝合金支架。其实也是一项专项设计。包括安装都需要在现场监督。细小的位置差别都有可能影响使用的方便和安全。在夏天台风来临之前，还需要把遮阳网暂时收起来。挂网和收网都需要至少两个人一起合作（图 6-15）。

图 6-15 盆景园前后对比

万景园开放了两年，特别受大家的喜欢，到访者比较多。但是一些不文明的行为极大地影响了爷爷维护的热情。比如青少年攀爬踩踏，高空抛物，也有成年人醉酒后吐在盆景里。最终我们给盆景园装上了矮门和密码锁，仅对志愿者和外部参观者开放，同时不影响居民从外围参观和欣赏盆景的美。我们特别小心地购买了密码锁，以免钥匙只落在少数个人手上。在使用过程中，我们还发现了有其他居民滥用水源的情况，比如用来清洗生活拖把、孩子放水玩。于是，我们又将水龙头换成了带钥匙的。这个钥匙只有浇水的志愿者才有。遮阳网最初为了好看和防晒效果好用的是加厚的米色。结果 W 爷爷觉得阳光太少了，也影响盆景生长。最终换成了普通的黑色。

社区花园的每一个亮点设计的背后往往嵌套着好几个小设计和小装置，而且是需要大量时间维护的。这些需要在规划时间的时候一起考虑进去。在使用过程中也是一个动态的管理过程，需要不断调整。如果有居民志愿者愿意付出，我们一定要重点维护好居民志愿者的热情，这些精力和时间的付出是值得的。有些需要管理的资源，比如水龙头，一开始就应该设计和购买带锁的，在可能的情况下密码锁最方便管理。这些做法可以避免一些问题和反复无用功。虽然我们希望社区花园是完全开放的，大家都可以从中获益，但是当社会文明程度还没有达到特别高的状态下，为了防止被破坏，适当的封闭管理是有必要的。我们参观的新加坡的社区花园既有零散种在开放空间的可食性植物，也有集中上锁的、受保护的种植空间。门上有标识牌注明固定的开放时间。社区花园的开放程度还是应该有区别的。必要的管理也是合情合理的。定时开放有时会是节省维护成本和共享之间比较好的折中方法。但是一定要注意保持信息的公开，以及钥匙的保管不能只限于个人，应该是开放给有着明确维护职责的核心志愿者们。也可以定期组织完全开放给所有居民的活动，比如导赏和分享知识。

6.3　关于种花

花卉绿植是社区花园的重要部分和吸引点。我们也反反复复走了很多弯路。社区花园设计单位给出的第一版植物配置是以可食性景观和生境效益为主要目的，甲方和居民都认为不可行。第二版植物配置本来是为了满足甲方要尽快看到效果的要求，结果过于昂贵，甲方又否定了。最后甲方经过商量决定，为了达到社区花园完全自治的目的，施工单位不提供任何绿植花卉。全部由居民自己决定、自筹。于是我们在参加过活动的居民中发起了共筹。其中沈奶奶捐赠了两个锁孔花园的花。东篱花田的万老师捐了一个花坛的花。其他的居民共同捐赠了另外两个花园。

有了购买花卉的经费之后，我们发现设计方开出的清单里面很多当前市场上买不到。后来我们才知道，每个地方的本地花卉市场和苗圃市场的主打品种是不一样的。供应也是季节性很强的。如果拿着单子到市场上寻花，很可能寻不到，或者时间成本太高。如果是网上购买，需要承担大小、质量、运输中损坏等风险。花卉的购买比较受市场品种的限制。在经过两年的维护和不断摸索后，我们整理出了常见的市场上可以购买得到的适合社区花园的品种。另外球根类的花卉观赏价值高，但是花期较短，需要晚秋初冬的时候提前规划和种植。

专栏 6-4

社区花园播种需要注意的问题

我们听从园艺老师和居民们的建议，在菜鸟驿站花园的空地上撒了很多格桑花的种子。在疗愈花园的空地上撒了二月兰的种子。都是赶在下雨之前撒下的。结果格桑花的种子撒得太密了，长高了之后缺乏光照，出现扶倒。最后格桑花和二月兰都被小区绿化公司拔掉了（图6-16）。

图6-16　播种太密后倒伏的格桑花

社区花园所在小区的物业绿化是很重要的合作伙伴。因为通常小区绿化都是外包给专业服务公司，他们对自己负责的区域非常地明晰。包括社区花园区域不能打杀虫剂这些条件，都需要尽早在项目营建时期就和绿化沟通好。如果是在社区花园里面播种，需要提前和小区物业绿化商量好，也需要专业的指导。直接撒播花种如果没有专业的播种工具，很容易出现间距不均匀的问题。这一件小事，反映出的主要问题是和物业聘请的绿化之间需要更有效的沟通和合作。而且沟通需要保持常态化和主动。因为绿化公司可能会更换。有些注意事项需要反复交底，现场执行的工作才不会弄错。

6.4　社区花园营建项目管理

作为第一次执行和管理社区花园项目的初学者，在推进过程中首先需要掌握的是项目管理的思维和经验技巧。我们发现社区花园项目需要管理的第一是信息，第二是物，第三是人。

在哪里发布信息？

在哪里存贮物料？

参与者的信息如何登记和保存做好痕迹管理？

在先锋队成立之初，便有西浦的同学建议："老师，我们做一个自己的公众号吧。可以先自己做，然后由四叶草堂转发。"

"如果虎头蛇尾怎么办？最后没有人维护怎么办？"我们问自己。

当时确实没有想到社区花园需要分享和宣传的内容那么多。担心如果只是发布活动，公众号的内容会太单调了。

另外，在那个时候社区花园还只是图纸上的黑白线条，大家都不知道未来会是什么样子。心里没有底。

当时也没有预料到会出现这么多需要治理、需要大家都来关注和参与的问题。比如偷花，比如小朋友无心破坏，都需要树立"公"的概念。

大概是在营建半年之后，我们发现积累下来的内容已经具备了公共传播的价值，于是开始系统地整理历史活动并注册了"花开鲈乡"微信公众号。

我们发现运营公众号可以起到规划、带动和自我激励的作用，可以通过公众号的运营，带动一个策划、拍摄、制作、回顾、编辑的团队。

对于行动研究而言，自媒体可以是一份非常好的行动档案记录。微信公众号和短视频的传播有可能打动官媒，延伸出更多的官媒报道。鲈乡二村社区花园在营建过程中得到了松陵街道、吴江融媒体、《吴江日报》、吴江新闻的多次报道和拍摄。从我们的访谈中得知，官媒的报道特别能给居民参与者带来荣誉感和自豪感，可以带来较持续的参与热情（图6-17）。

图6-17　鲈乡二村社区花园媒体报道

在物料管理方面，社区花园需要使用到的物料和消耗品可能是超出想象的，有些可能还涉及运输的环节。用于贮存物料的空间和运输方法是需要提前规划和安排的（图6-18）。

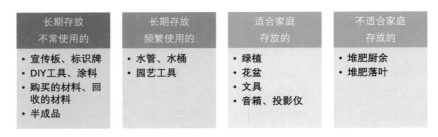

长期存放 不常使用的	长期存放 频繁使用的	适合家庭 存放的	不适合家庭 存放的
• 宣传板、标识牌 • DIY工具、涂料 • 购买的材料、回收的材料 • 半成品	• 水管、水桶 • 园艺工具	• 绿植 • 花盆 • 文具 • 音箱、投影仪	• 堆肥厨余 • 堆肥落叶

图6-18　社区花园常用物料分类（作者自绘）

社区花园常用物料大致分为三类：

（1）当天活动消耗的。包括当天需要种植的植物、土、送给居民的礼品等，主要考虑的是运输和人力问题。需要在现场交接和临时照看的志愿者。

（2）短期存放的。包括需要准备的餐前厨余、落叶等。因为会产生味道和引来飞虫，最适合存放的地方是物业临时堆放垃圾或者杂物的地方。

（3）需要长期存放、使用频率不太高的。这一类是最占用空间的。用于DIY制作的材料，涂料，收集的旧物、旧盆等其他材料，半成品，文具，宣传海报，需要归档的资料。

（4）需要长期存放、使用频繁的。主要是花园日常维护需要用到的工具。其中水管是使用最频繁的。有的地方可能还需要水桶。需要提前规划水源和水管的收纳空间。如果能和设计结合在一起就最为理想了。

有些物料是可以短期寄放在居民家中的。在现场最好能找到支持的社区、机构和居民，帮助贮存一些物料和宣传资料，这样可以节省很多精力和不必要的花销。初期实在是找不到理想的场所，可以通过投其所好、赠送花卉、小工具的方式交换需要的空间。老旧小区一般都有一楼的车库或者顶楼的露台，通常这些居民都是爱花之人，更容易获得他们的支持。附近的修车行或者加工店也是可能提供帮助的。

6.5　互动和联结

举办活动除了吸引和组织居民参与场所营建之外，其实更主要的，也是容易被忽视的一个场所营造的重要因素，就是创造居民和居民之间互动的机会，形成共同体。哈巴马斯的交流理性理论认为只有通过频繁的互动，有结构的交流，人才有可能逐步发展公共意识，为公共利益放弃个人利益。我们将参与者互动和合作类型进行了对比。图6-19

左侧展示了研究者在活动中观察到的参与者之间的互动关系，若两位参与者在活动中有互动，则用线连接。参与者之间互动越多，则对应的名字显示的颜色则越深。图 6-19 右侧为根据调查时间轴整理出的十周社区花园活动中的各种活动。这些活动中，"探索吴江文化"与"了解吴江社会学家费孝通"等活动有助于传播当地文化；"绘制社区标识""绘画我理想的花园"等建立社区意识；"捡石头、捡树枝""厚土堆肥"等活动有助于培养志愿精神和参与公共空间生产。若将活动分为合作活动和独立活动，结合参与者互相关系图可以发现，参与者在需要实践的合作活动中互动较多。

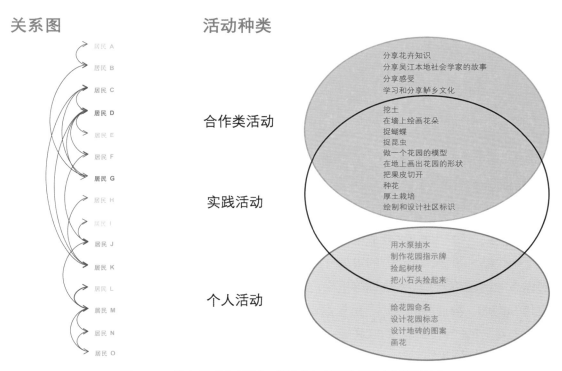

图 6-19 社区花园活动类型，以及参与者互动关系（赵易秋绘）

　　社区花园的建设过程涉及很多利益相关者，包括政府部门、学校、私人培训机构、社区周边的花店和水果店等（图 6-20）。松陵街道是鲈乡二村社区花园项目的甲方。上海市城市更新及其空间技术优化重点实验室社区花园与社区营造实验中心、上海四叶草堂青少年自然体验服务中心负责社区花园规划、设计，以及生态治理技术的输出。西交利物浦大学参与了社区花园的设计并提供了在地服务。吴江中专的志愿者提供了志愿服务。花店经营者教授社区居民如何种植、浇水和管理花园。社区附近的水果店提供果皮等厨余垃圾用于花园的厚土栽培。艺术教育机构的老师教授居民绘画花园标志。此外，吴江开放学校的吴江南社研究会还与当地居民分享了吴江本地的文化知识。

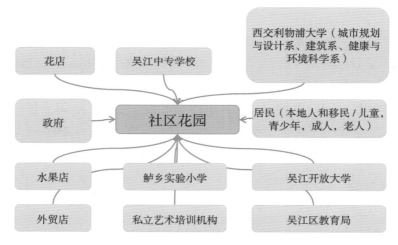

图 6-20　社区花园利益相关者分析（赵易秋绘）

　　社区资源联结是社区花园项目重要技术节点。在项目初期，我们梳理出来的社区资源地图不知道如何利用，周边的潜在单位不知如何可以参与进来，结果很快就流失了。好像往湖里丢了一块石头，泛起了涟漪，马上又恢复了原样。如果一个一个去找这些共建单位谈共创共建合作，需要巨大的时间成本。更何况社区花园在吴江区是第一次尝试，很多人都没有听说过什么是社区花园。在营建初期，大家还没有看到花园的样子，不知道自己能贡献什么。大部分的情况是我们花了很多时间介绍了社区花园概念和价值之后，只换来一句："你需要我们做什么？"大家并没有兴趣参与一起规划或者长期的合作。对于一个新兴事物，共建方的参与"风险"也比较大。我们在营建前期花大量时间联系过做专业活动策划、美术培训等机构，每一家都需要花很多时间约时间拜访，进行概念宣传和沟通。沟通时间太短了信息量不够，不足以形成信任和合作。但如果时间长了，会挤占对方的经营时间。所以联结社区资源效果不理想。最终只有一家社区介绍的培训机构真正支持到我们活动。

　　把这些商业资源整合并组织到社区花园营建活动中来，是一项专项策划和任务，需要提前计划大量沟通、磨合和组织时间。由于通过短期的介绍和接触难以对社区花园内涵缺乏深刻的理解，认知差异导致很难在短时间内建立深度的合作，很容易只借其"形"，却无法做到社区花园的"神"。先锋队成员通过自己上门拜访，确实找到了两家花店愿意参与的。其中就有后来一直支持我们的东篱花田的万老师。在三年的时间中，对我们最支持、陪伴最久的还是吴江中专和鲈乡实验小学。寻找和建立共建合作是社区花园营建中最费精力、高时间成本，成效最慢，最需要培育，也最容易失败的。

　　在找人做和自己做之间，我们还是选择了大部分营建活动先自己策划和组织落地。感觉是比较孤单的，付出是很多的。真正的和组织之间的合作是从第三年才开始的。当其他组织看到了真正做出来的成果之后，对他们参与的风险小了，可能的合作形式也更明确了，参与的意愿也高了。

　　组织内的合作最好还是应该由政府出面搭建平台会更加高效，但是也不太可能高效太多，对于新资源的拓展仍然需要自己行动，也需要经历时间的考验。因为社区花园是个新事物，人们接受新事物是需要时间的。在这里分享一下刘悦来老师鼓励作者的话："把支持我们的牢牢团结在我们周围。"和大家共勉。

参考文献

[1] GUMMESSON E. Qualitative Methods in Management Research (Second Edition)[M]. Second. Thousand Oaks, CA: Sage. 2000,16.

俗话说"三分种，七分养"。社区花园的营造活动只是搭建了场所的基础，提供了"熟人社会"的机会，社区花园的参与更多体现在常态化的养护和维护上。真正成功的社区花园营造不仅需要关注花园的短期效益，还注重花园的长期发展和维护。有效的社区花园行动以可持续性和长期维护为目标。而无效的社区花园行动则往往忽视可持续性和长期维护的重要性，无法吸引足够的参与者，或者参与者缺乏积极性和持久性，导致花园在项目结束后迅速衰败，甚至成为社区的负担。

从参与者的角度来看，好的社区花园行动能够吸引并留住大量的志愿者和居民参与，并形成稳定、有生命力的社群。这些行动注重激发参与者的兴趣和热情，提供必要的培训和支持，使参与者感受到自己的价值和归属感。

在维护阶段，也是进一步联结多方资源，实现"共建共治共享"的核心阶段。理想的情况下，以社区花园为平台，能够与社区内外的组织、企业和个人建立合作关系，充分利用社区内外的各种资源，包括人力、物力、财力等，共同推动花园的建设和发展。

社区花园的维护成本极大程度上是由前期规划和设计决定的，涉及土壤、植物、物料、设施、标识等各方面的内容，还有社群的维系，是一项非常复杂的项目，甚至可以说是一个新项目或者专项。本章详细回顾了鲈乡二村运营维护的过程，以及收获的经验和教训。

蚯蚓塔

7.1 家长课堂

2021 年，为了建立常态化维护的志愿者团队，我们组织举办了一系列以亲子家庭为主要对象的活动。参加的居民主要是鲈乡实验小学的青少年家庭，活动主线是"一桶公益"进行维护活动。因为担心单纯的公益活动缺乏对家长的吸引力，我们开发了社区花园英语课堂，将二十四节气和日常用语融入花园活动中（图7-1）。同时我们结合"世界地球日"和邻里规划课程教学，为社区花园制作了一批生态装置，包括昆虫屋和雨水收集。

图 7-1　社区花园英语课堂

2021 年 3 月 13 日，同学们来到花园进行了为花园除草的"一桶公益"活动。同学们拿着自己的公益小桶，学习了如何识别并且正确铲除花园中的杂草。在动手的过程当中，同学们又学习了拔草相关的英文。在轻松愉悦的学习氛围中提升了他们的英文口语及实际应用能力。

本章作者为常莹（西交利物浦大学设计学院城市规划与设计系副教授）。

2021 年 3 月 27 日，本地居民家庭和吴江中专的志愿者一起装扮了公益服务窗口，然后一起学习了播种及土壤覆盖的英语。当天的英语课堂也吸引来了松陵一中退休英语老师张老师，并加入了志愿者队伍义务教同学们英语（图 7-2）。

图 7-2　社区花园英语课堂结合维护活动

2021 年 4 月 18 日，为了庆祝世界地球日，作为鲈乡实验小学仲英校区"社区花园家长课堂"的一部分，由家长志愿者担任公益园主，由国际志愿者分享环保理念，在家门口用"一桶公益"实际行动为"世界地球日"2021 年的主题"恢复我们的地球"做贡献。大家一起为锁孔花园加上了火山石覆盖（图 7-3）。

世界地球日特别活动的第二部分为联动西浦。2021 年 4 月 22 日，在西交利物浦大学同学们进行了生态装置的展览（图 7-4）。

世界地球日特别活动的第三部分为花园课堂。2021 年 5 月 22 日，西交利物浦大学同学们将其中的昆虫屋、雨水再利用装置带到了社区，分享给居民志愿者。

图 7-3　世界地球日为花园添加覆盖物

图 7-4　世界地球日生态装置校园展览

7.2 社区花园的第一个暑假

2021 年的暑假是社区花园建成后的第一个暑假。在暑假到来之前，为了引导暑期社区花园文明行为，我们组织了社区花园宣传进校园。在鲈乡实验小学仲英校区、流虹校区、流虹幼儿园举办了生态装置展及优秀参与同学的宣传，在课间播放了社区花园宣传视频，并在仲英校区、流虹校区发放了社区花园文明暑假的倡议书。

"游戏和好玩作为人的本性可以成为社区花园激励路径之一。"

——复旦大学于海教授

为了增加社区花园的互动性和高校学生的参与兴趣，7 月，我们举办了鲈乡社区花园国际工作坊，并在交付当天举办了首次志愿者表彰活动。同济大学刘悦来老师、松陵街道钮国民书记，以及二村（石里）社区的张玉明书记出席了活动。为了更好地向国际老师介绍鲈乡二村社区花园，我们还邀请核心志愿者拍摄了社区花园英文宣传片。中外老师一起组织西交利物浦大学设计学院的同学们为社区花园设计了创新互动装置，包括从三轮车改造而来的漂流花园。其他的互动装置包括儿童和空间互动的小构件，多功能的移动工具箱等（图 7-5）。

图 7-5　鲈乡二村社区花园国际工作坊

社区花园营造需要大量的物料需要现场存贮。我们发现在很多社区花园的活动中特别需要可以移动的、立体的展示工具。而且浇水的水管、园艺文具、文具和宣传板特别需要地方贮藏。

另外，因为我们有时会需要到鲈乡三村做活动，我们发现三轮车是最方便的工具。受到上海四叶草堂种子驿站的启发，我们也发明和制作了多功能的漂流花园三轮车。这个三轮车有两层折叠的面板，立起来之后可以用作悬挂宣传标识，放下来之后加上锁可以成为育苗的小花圃。车下面的抽屉可以存放园艺工具。旁边的收纳可以存放文具和投影仪。在天黑以后，这个三轮车还可以成为移动的宣传影剧院用于播放视频和原创皮影戏表演（图7-6）。漂流花园在我们的实践中证明还是比较有用的，平时常态化的宣传和重点活动都需要使用漂流花园三轮车。

图 7-6　漂流花园三轮车

7.3 老年人的疗愈花园

在鲈乡二村社区花园里有我们专门为老年人打造的疗愈花园，也有方便老年人、轮椅使用者设计的高台种植床。高台种植床是为了避免老年人弯腰，低种植床是为了方便轮椅使用者观赏。2021 年 5 月，团队和苏州久久春晖养老服务有限公司合作，在母亲节到来之际，为鲈乡二村日间照料中心的阿姨们介绍了疗愈花园、芳香疗法，以及螺旋花园的理念。西交利物浦大学城市规划与设计系的学生们分享了美国、日本、广州等不同地方花园疗法的案例，帮助阿姨们用育苗块播种育苗，并请阿姨们在社区花园的疗愈花园区域种下香草类的植物。

2021 年 5 月 17 日，在母亲节特别活动之后，鲈乡社区花园收到了居民捐赠的爱心花卉，苏州久久春晖养老服务有限公司鲈乡二村日间照料中心服务点招募了志愿者，参与了疗愈花园共建，以及锁孔花园的补种工作。志愿者沈奶奶在高台种植床前拔草，不用弯腰也能享受园艺的乐趣。社区花园、疗愈花园从各个方面体现了老年友好社区的价值：共建共治共享，还要快乐健康（图 7-7）。

图 7-7　母亲节老年人疗愈花园种植

专栏 7-1

昙花一现的螺旋香草花园

在花园硬件方面，2021 年时我们结合邻里规划课程，为二村做了两个螺旋花园。一个是围绕在疗愈花园的中心的大树底下，一个是在疗愈花园的空地里。

为了将螺旋花园和昆虫屋的功能结合，我们制作了几个壁龛一样的小空间，放置上了不同的适合昆虫居住的材料。

建成后，我们最初种上了迷迭香、百里香等芳香植物，也用厚土栽培的方法将土壤改良。起初植物生长得很好，后来为了打造中草药园，我们改种垂蓬草。结果还没有等垂蓬草长大就被踩踏殆尽了，最终螺旋花园完全光秃，完全成了儿童游乐、跳高的地方。在家长反映存在安全隐患之后，螺旋花园被拆除。螺旋花园的建造应该尽量避免提供小朋友攀爬的机会。种植的植物也可以是有些高度的，株型大一些的，可以在一定程度上避免踩踏。

7.4　社区花园的水

2021 年 6 月 14 日，由家长为主要成员的萤火虫志愿者护绿队正式开始轮流浇水（图 7-8）。

图 7-8　萤火虫志愿者轮流给花园浇水

几个锁孔花园的花坛需要浇多少水？绝对比你想象得要多。如果场地日照条件好，夏天的时候几乎需要天天浇水。但也不是那么难，只需要能招募到 5～7 位居民志愿者，轮流浇水，每个人一周才一次还是可以接受的。给花花浇水是件很有乐趣很疗愈的事情，很多人会爱上听花花"咕咚咕咚"喝水的声音，看到被太阳晒了一天的花儿喝饱水之后又重新打起精神，会觉得很幸福。小朋友天性喜欢玩水，一般都会主动过来帮忙。需要注意的是，小朋友浇水可能因为主要是玩耍目的而没有浇透，还是需要志愿者检查和收尾的。

这样说来，浇水似乎不是一件很难的事情，难的事情在于水源。

拿二村的社区花园来说，最近的公共建筑的自来水水源有几十米远。花园南北纵向东西纵向至少各十几米长。

我们首先想到的是从附近的居民家里接。可是一楼水压太小，水龙头也支撑不起大水流，一拧大就由于水管自重会从水龙头上脱落。而且最大的水流经过长距离的运输后依然很小（图 7-9）。

既然家里无法接，那就买水管从公共水龙头接。可是几十米的水管即使没有装水之前也有几公斤重。装水之后收纳时更重。一般力气小的女生吃不消。

图 7-9　长距离水管收纳需要空间和体力

如果是两根 25 米的管子接起来，从水龙头到两个管子接缝处，需要专业的五金接头才能不漏水。首先五金要买特别好的，一旦任何一个地方漏水，浇水都需要至少三个人合作，用手握住接头处才能避免漏太多。但是再好的五金如果频繁地收纳也会坏得很快。

我们也买过专门卷管子的收纳装置，结果发现在收纳的过程中无法避免打结。还没有靠手动拉管子、收管子方便。

这么长的距离专业上需要地下埋管，可是问题又来了：最近的地下水管需要从地下穿过小区主要车行道路。目前还没有这样的技术，除非把道路挖开，埋管之后再修复。但是为了一个小花园，恐怕不值得。更重要的是，为了保护水资源，苏州不允许用自来水管的水浇灌绿化。

终于，在主管部门的努力下，我们有了一个永续的社区花园灌水系统（sustainable drainage），就是用海绵城市雨水收集在地下雨水坑里的水来浇花。

难以永续的社区花园地下雨水浇灌系统

给大家普及一个小常识：在大多数小区里，公共绿化部分是没有预埋用电接入口的。唯一一定能在路边容易接上的，就是路灯电源。因为路灯的规划一定会均匀分布在整个小区。所以社区花园浇水的水泵用的是路灯照明电源，也就是说，只有路灯供电的时候才能抽水浇花。这样就造成了一个问题：白天有时间的志愿者不能用电泵给社区花园浇水。我们的补种活动都是等到晚上路灯亮了之后才能浇水。在炎热的夏天，出现过水泵抽不上来水的情况，当时大家都很着急。因为在高温天气下，一天不浇水，植物就有可能会干死。可能的原因包括：市政工程河道排淤把地下水都排空了，没有水浇花；久不下雨，雨水坑里没有水；还有绿化白天浇花把地下水用得差不多了，等到晚上的时候已经抽不上来水了。

另外，因为很多家庭将洗衣机、洗衣盆等放在阳台上，于是洗衣机的废水和雨水一起进入了地下雨水蓄水池，水中就有了不利于根茎生长的化学物质。在经过了三年的实践后，居民志愿者放弃了用地下雨水浇社区花园，而是从垃圾房人工接水。住在附近的志愿者也开始用自己家里的水浇社区花园的花。地下雨水浇灌系统彻底被闲置了，除非我们可以把地下雨水成分进行改良。

7.5　社区花园的花

鲈乡二村的社区花园经过了冬天的志愿者的集体呵护，迎来了春天美丽绽放，蜂蝶争香。夏天因为厚土栽培的底子好，居民志愿者的每天轮流浇水又浇得很勤，花卉植物长得都非常茂盛。结果新的问题又出现了。

在营建的阶段我们接受了居民捐赠的一些花卉，包括菊花。菊花长势非常好，但还没有到花季，又因为是居民捐赠的，大家舍不得剪，想等它开花了再剪，结果就由着它疯长，甚至侵略到其他植物的生长空间，影响了花园的整体景观。最后经过漫长的黄梅天，又遇上晚秋，到了十月底，菊花终于开了，但是整个花园看起来"乱了"。居民觉得没有以前好看了。特别是老年人，希望花园整体能够"整齐"一些。甚至有建议说每个花坛只种一种花，五个锁孔花园正好是"五色花园"，那样看过去一片是一种颜色，比较有效果。于是在秋季补种的时候，我们减少了花的品种，种上了大面积可以过冬的石竹、角堇。补种后整齐是整齐了，却更方便小朋友踩踏，于是又更乱了（图7-10）。

图 7-10　锁孔花园居民捐赠花卉景观变化
（上：2021 年 6 月 14 日；中：2021 年 10 月 24 日；下：2021 年 11 月 28 日）

到底应该种什么花

社区花园究竟应该种什么花？该不该听居民的？居民捐赠的花应该如何处置？这些听起来有些微不足道的小问题实际是社区花园的大问题。

首先居民捐赠的花往往是单独的花苗，难以成规模，也很难和花园的整体配置结合在一起，却带有很高的情感价值。居民捐赠的花大多品相不是最理想的，这样零散的花卉更适合装在容器里，再通过统一容器来统一外观。需要特别注意，菊花在花箱里栽种会略有侵略性，可以通过种在容器里来控制，或者是种在可以控制边界的种植区域。同样有侵略性的还有薄荷，薄荷的根会很快把整个花坛长满，所以薄荷一定要种在可以控制的边界里，或者是容器里。

专业的植物配置可以带来更大的生态效益，但是不一定就是满足居民喜好的。在植物配置方面，我们同样发现老年人的感知与喜好和我们不一样。老年人喜欢"整齐""清爽""有规模"。在鲈乡二村社区花园，我们选择了尊重居民，特别是老年人喜好。但是结果就是需要牺牲部分生态多样性（图 7-11 ~ 图 7-12）。

图 7-11　锁孔花园植物配置前后对比
（上：为 2020 年多样化配置；下：为 2021 年老年人喜好的单一配置）

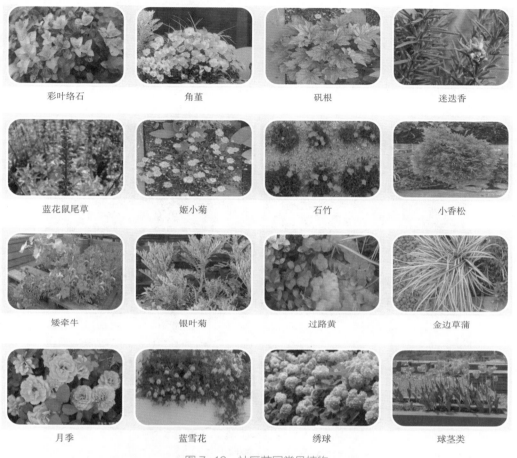

<table>
<tr><td>彩叶络石</td><td>角堇</td><td>矾根</td><td>迷迭香</td></tr>
<tr><td>蓝花鼠尾草</td><td>姬小菊</td><td>石竹</td><td>小香松</td></tr>
<tr><td>矮牵牛</td><td>银叶菊</td><td>过路黄</td><td>金边草蒲</td></tr>
<tr><td>月季</td><td>蓝雪花</td><td>绣球</td><td>球茎类</td></tr>
</table>

图 7-12　社区花园常见植物

7.6　其他常态化维护

7.6.1　池塘

　　具备条件的场所，如果能够建造一个生态池塘，对可持续的生态发展是非常重要的。一个小小的水坑，就可以成为动物的栖息和繁殖的踏脚石。曾经有一个非常火爆的视频，是一位居民在南京的一个小区内的小水坑边放置了红外摄像机，观察到了很多不同种类的动物来水边活动。理想的生态池塘周边有缓坡，其实是一级台阶，然后可以放上水生植物的盆或者直接栽种，浅台阶或者缓坡也可以为小鱼和其他生物提供栖息地。鲈乡二村的社区花园施工的时候施工单位担心太浅水会很容易干，所以就将水塘做得比较深了一些。造成的结果就是很难用石头堆成缓坡，植物也比较难固定。更难以形成小的生境。

缺乏健康的生态环境，池塘的水就难以形成自清洁的循环，就需要更频繁地人工清理青苔，以及换水（图 7-13）。

在日常的使用中，居民出于好心，在池塘里面放入过小鱼、水藻等，结果不小心引入了福寿螺。小朋友喜欢在池塘里捞鱼和玩水，也发生过一些丢石头等破坏行为。希望未来的生态池塘的设计和施工能够避免这些隐患。

图 7-13　池塘需要平台阶放置景观石和植物

7.6.2　昆虫屋

从 2020 年至 2021 年，我们为鲈乡社区花园增添了好几处昆虫屋、昆虫旅馆等生态装置。但是这些装置很容易被人为破坏或者自然消耗。昆虫屋是社区花园需要常态化更新的设施。每年可能需要更新 1～2 次。其中的难点是昆虫屋的制作过程中往往是由青少年创作和动手的。当看到昆虫屋被破坏或者损耗后，会给参与者带来一定的负面情绪，可能会影响长期参与的积极性。未来昆虫屋的建设工作需要事先给青少年参与者做好心理建设，或者定期组织活动主动用新的替换旧的，将正确处理和回收材料融入环保和可持续教育中，将负面的情绪转化为积极的认知（图 7-14）。

图 7-14　昆虫屋需要定期主动维护和翻新

7.6.3　蚯蚓塔

厚土栽培的养分经过时间慢慢会被植物和其他的生物消耗掉，需要不断补已。但是如果每次翻土补给，人力和体力成本都是很难承受的。蚯蚓塔可以常态化地给土壤补给养分。通过蚯蚓将厨余转化为有营养的蚯蚓粪和蚯蚓尿。同时蚯蚓的蠕动还可以帮助疏松土壤。一个直径 1.5 米的锁孔花园需要在两个角分别放置一个蚯蚓塔才能满足这个区域对肥力的需求。鲈乡二村的社区花园我们在营建的进修就放置了蚯蚓塔。

蚯蚓塔是上海四叶草堂赠送的。外面有非常详细的卡通介绍和说明蚯蚓塔的作用，以及蚯蚓不能吃油盐，和柑橘类的果皮等注意事项。不久之后，蚯蚓塔里面出现了一些垃圾。我们意识到需要对青少年进行培训，居民才有可能正确地使用蚯蚓塔。我们将蚯蚓塔放到小学里展出，但是学习效果并不显著。最后我们在 2022 年的暑期组织了社区五好小公民项目，每天培训 5 名同学，每天买蚯蚓，请家长和同学带菜叶子来投喂。通过一对一辅导，同学们真正了解了蚯蚓和掌握了蚯蚓塔的作用。听说后来有同学还会自发地带菜叶子去社区花园投喂蚯蚓。但是我们一直没有组织打卡、汇报之类的活动。武汉市江汉区花仙子社区公益服务中心的鼓励居民厨余堆肥的方法值得大家学习。志愿者可以将厨余放到堆肥箱外面，然后拍张照片分享在志愿者社群里。群管理员会定期统计并兑换成积分奖励（图 7-15）。

图 7-15　蚯蚓塔正确使用需要进行社区教育

7.6.4 雨水收集

我们在社区花园的盆景苑也制作了一个雨水收集装置。为了方便观察过滤管内淤泥的堆积情况，我们用了一截透明的 PVC 管，过滤管内的脏物是需要安排专人定时清理的。这项工作很容易被忽视掉。外立面上我们也是模仿上海四叶草堂，是用细木条围了一圈作为装饰，然后用铁丝固定起来。因为木头会因为天气的温度热胀冷缩，时间久了外装饰木条之间有了一些缝隙，有些松动。结果小朋友发现后把木条抽出来玩耍。雨水收集装置的收集桶需要买直径稍大一些的，因为需要在底部装水龙头，需要上半身钻到桶里面去，太小钻不进去。而且雨水收集桶需要买深色或者涂上深色，否则水里面受到阳光照射会长绿藻。另外在使用中的志愿者的反馈是如果现场接雨水收集桶里面的水浇花，速度有些慢，等待时间会比较长。根据我们的经验，雨水收集桶最好是放置在志愿者家附近，方便维护和取水的地方（图 7-16 ）。

图 7-16　雨水收集桶需要定期清理和维护

7.6.5 落叶堆肥

图 7-17　围栏落叶堆肥易受力变形

落叶堆肥是低成本、容易操作的。去建材市场买一小块围挡圈一个圈，用扎带把接口处固定就可以了，也可以在中间围一个小圈，用于收集狗粪便。我们组织居民把落叶收集放进圈里。小朋友们热情很高。但是参与的更多原因是觉得这是一个体力活动小游戏。仅仅靠青少年来收集落叶是远远不够的，还可以收集一些绿化上的落叶。落叶堆肥圈的弊端就是材料比较软，比较容易变形。落叶如果没有收集满，变形的空圈放在花园比较影响外观，还有可能成为文明城市创建的扣分项，最终被物业当作垃圾收走。如果将落叶堆肥圈放置在不太容易被破坏的地方，比如有固定开放时间的社区居委会屋顶花园，会更容易保持原形状。如果再加上更多的标识修饰，打造成一个亮点是更为合适的（图 7-17 ）。

7.6.6　沙坑

前文已有文献指出沙坑是适合低龄儿童活动的场所，可以刺激他们的感官。但是沙坑的设计和维护还是需要特别考虑的。首先，沙坑应该设置在阳光充足的地方减少沙坑返潮现象；其次，沙坑还需要做好排水的设计，应该用细一些的沙砾。除了人为的垃圾，还可能会有猫狗的粪便，沙坑的定期清理也是常态化的工作之一。沙坑的使用人群比较固定，多为低龄亲子家庭（图7-18）。不需要带小孩的老年人觉得沙坑的利用率不高、维护工作繁琐，他们认为把沙坑改为中草药种植或者是可以聊天的桌椅更为理想。以我们的经验判断，社区花园的沙坑区域不一定需要很大。比如上海大鱼营造发起的一平方米行动，沙坑加上了顶盖，装上了滑轮，成为一辆移动的挖沙小车，同样可以起到相同的效果。不仅大大降低了维护成本，而且增加了移动性和便捷性。

图 7-18　沙坑维护成本较高

7.7　社区花园的文明标识

社区花园里的标识有3种：一种是名称类的，第二种是自然教育类的，第三种是我们一开始完全没有想到过的，文明行为宣传类的（图7-19）。

社区花园里的植物花卉被盗的问题，是一个普遍问题。在很多发达国家也时有发生，也被认为是阻碍社区花园长期发展的因素之一。在上海，有的社区花园就因为频繁地被偷，志愿者失去维护的信心和热情，出现慢慢退出的情况。这也是我们一直担心会在鲈乡二村社区花园会发生的事情。

图 7-19 社区花园各类标识

从社区花园第一次种植开始，偷花的现象就一直有发生。一次偷花会引发出很多问题：

- 监控由谁去看？
- 看到了发现了又该如何办？
- 需不需要报警？
- 该谁去报警？
- 花究竟应不应该追回？
- 需不需要惩罚？
- 又应该由谁来行动？
- 偷花之不正之风如何能止住？

关于偷花现象四叶草堂的经验：

- 偷花之人也是爱花之人。
- 转换观念，从担心到愿意分享。
- 转暗偷为明拿，登记作为漂流。
- 要是还有人偷，就要一直补。
- 选择更大众的植物品种进行栽种。
- 减少使用名贵植物。
- 引导指示很重要。

专栏 7-4

从社区花园到社会发育

"我们看看这个人性能不能改？如果改不了，人性中不同的激情不让它发展成为破坏性的，而是发展为建设性的、善意的，我们看看有没有可能？也就是说，社区花园对于人性的向善有没有帮助？

社会发育里面核心的是什么？是人的公德心的发育和人性全面人格的成长。如果社区花园对它有帮助，它就具有重大的道德建设的价值和价值重塑的意义。

社会发育要比空间发育难，而更难的是人的发育，是人的成长。

我们来讲讲中国社会学的真正大师，费孝通先生对人性的洞见，费孝通上面这段话我做学生时就看，今天体会更深。这是从他的著名的《乡土中国》的一篇文章而来，这篇文章不过一两千字，绝对是经典，他对中国社会的看法，对儒家的批评，可以说入木三分。他第一句话就说'中国人最大的毛病是私'。

我们现在讲社区参与，实际上就是要走出家门，投入公益，这是最难的事。费孝通把它说成自我主义。"

——著名社会学家复旦大学于海教授在第二届上海社区花园和社区规划研讨会《社区花园行动：美化环境、营造社区、建构公德心培育和人性成长的社会场》的主题报告[4]

社区花园建成后出现的各种不同年龄的不文明行为是我们没有料到的。也是从这个时候开始，我们开始更加深入地思考社区花园的意义，也开始进入社区花园建设的新阶段，以公德心的培养为主要目标。工作重心从花园建设转向了文明宣传和文明建设。第一个需要创新的部分就是标识牌设计。这次设计标识牌从咨询居民建议开始到细节设计差不多两个月的时间。

在偷花事件发生后，我们听到最多的声音就是"我们要竖一个牌子，写着有监控。"于是我们在志愿者微信群里面和大家一起讨论了各种宣传语：

- 文明社区文明行为。您已进入监控范围。
  鲈乡二村社区宣。
  举报电话：松陵派出所×××××。
  社区民警：×××。
- 社区花园。
  严禁私拿。
  您已进入。
  监管范围。
- 共享花园。
  严禁私拿。
  共同监督。
  违者必究。

可是想了又想，只竖几块牌子真的能起到作用吗？各种各样宣传文明行为的牌子已经够多了。什么样的标识牌才能真正深入人心，起到感化和改变行为的作用？

我们发现过去的做法成效并不好。

- 如果人们不懂花，如何会有爱花之心？
- 如果大家不知道志愿者是谁，感受不到他们的存在，如何相信并改变自己的行动？
- 和学习任何新知识一样，仅仅看到文字和真正理解到采取行动之间有巨大的认知差距。

所以我们改为漂流花园的形式，先培训志愿者，再由志愿者用行动去教育、宣传和带头行动。标识牌在安装之前，也需要面对面地解释、让大家了解标识牌的目的和相关负责人。在这些准备工作做好了之后我们才安装了标识牌，标识牌上的文字也以感化和动员为主。

这一次的标识牌与之前的不同，是和监督机制一起发挥作用的，同时配有花的数量的地图，将信息透明公开，真正让人人参与监督成为可能。

我们制订了新的行动计划，每个月通过：

- 学习 + 奖励。
- 漂流宣传。
- 种植技巧。
- 维护 + 治理。

完成为志愿者知识赋能、认知宣传、种植技巧提升、维护治理的闭环。通过核心志愿者口头宣传和行动示范，唤醒和聚集公益正能量。

在新设计的标识牌上添加了花朵标识和数量，用公开透明的方式让所有人参与监督成为可能。为了防止无意的破坏，文明宣传标识牌底座部用混凝土加做了基础，防止被小朋友玩弄拔起（图 7-20）。

图 7-20　标识清楚的带混凝土基座的标识牌

2022年1月，在标识牌安装之后，我们组织日间照料中心的志愿者们报名参加社区花园观察监督员，通过轮流打卡的方式守护花园。作为对于参加社区花园治理的回馈，志愿者们领到了长寿花、郁金香种球作为奖励。

可是新的标识牌和值班机制刚刚到位，我们就遇到2022年的上海疫情。

7.8　居民自治的花园

在整个2022年的春季，因为受疫情的影响，我们团队在窗口期去到过现场进行了一次局部补种。其他的时间都主要靠居民自己治理。

在窗口期里，志愿者对花园进行了打扫和资产清点。让人感到欣慰的是，新安装的文明提示标识牌似乎起到了作用，花卉一棵都没有少。其他的时间，我们都是通过微信群观察和参与社区花园的活动。排班制度开始发挥作用。美美爱心园丁的志愿者们对花园资产进行日常观察和常态化监督，通过轮流打卡的方式，定期检查花园有无被破坏和被偷窃现象、清点花卉数量、拍照记录花园情况，及时将信息在微信群里分享。居民志愿者主动完成了浇水、清理池塘等维护工作。居民自治意识和能力在疫情期间得到了提升（图7-21）。

2022年的春天，因为无法去到现场进行在地服务，我们就思考换一种方式继续为社区赋能。我们和苏州工业园区赤道社区服务中心一起响应上海发起的

图7-21　疫情期间志愿者主动维护花园

SEEDING 行动 2.0 版本，给居民、老师发种子、菜苗，和大家分享育苗的技巧。作者开始在家里大量地培育旱金莲小苗，将鸡蛋托改造成育苗盘（图 7-22）。

图 7-22　疫情期间的 SEEDING 行动

社区花园育苗首选旱金莲

　　这里分享一个旱金莲播种的小技巧。旱金莲个头大、皮实、容易养活，建议可以作为社区花园种子接力的首选。旱金莲播种时需要先提前在水里浸泡大概几个小时，等外皮泡软了，将外皮剥掉，然后再通过催芽，将已经发芽的种子种到育苗块里。旱金莲冒出小芽之后需要进行摘芯，可以长出更多新叶（图7-23）。旱金莲是我们从第一年就开始发给居民的种子。三年时间过去了，有的居民告诉我们，当年的旱金莲已经在家里开了一大片。而且年年开花。

图 7-23　旱金莲育苗全过程

　　随后，我们将已经发芽的旱金莲，带给爱心园丁志愿者们，教他们如何放到育苗块里，再将育苗块定植到育苗块里面带回家。同时也通过志愿者在菜鸟驿站分发并招募新的志愿者。鲈乡二村社区花园爱心园丁群在疫情初期的 7 名成员扩大到三十多名（图7-24）。

　　在疫情期间，老年日间照料中心暂时停止开放，中小学全部采取线下教学。居民在社区花园的活动明显增多。老年乐器班在疗愈花园里排练。同学们课间在花园里玩耍放松。虽然偷花的行为暂时没有再出现，但青少年成了社区花园空间的主要消费者，而且

图 7-24　旱金莲育苗用于志愿者招募

消费时间增长，不文明行为也比较多，甚至发展到了损坏公物、违反治安管理条例的程度。亟待正确引导青少年在社区花园的文明行为。

7.9　公民性培养

从 2022 年暑假开始，我们有计划地和鲈乡实验小学开展互动和合作，希望能够引导青少年的文明行为，并加入社区花园的治理中来。2022 年暑假，西交利物浦大学联合吴江区蓝天环保志愿者协会，通过吴江区松陵街道"社区五好小公民""喜迎二十大、文明你我他"能力建设项目，为鲈乡实验小学仲英校区、流虹校区三百多名学生和家长提供了生态文明教育和培训。培训内容包括可持续性生活方式、蚯蚓塔生态装置、一米菜园及文明城市标语。服务地点在鲈乡二村、鲈乡三村小区。

在 35 天的酷暑里，每天有 10 名左右同学将劳动投入社区生态文明、"微基建"建设，一起为社区提供公益服务，亲手写下履行生态文明的承诺，用实际行动助力创建文明典范城市（图 7-25）。

每周一到周四傍晚，在鲈乡二村和三村，都能看到鲈乡实验小学的同学忙碌的身影。他们佩戴"社区五好小公民"的小标兵袖章，和小伙伴一起宣传文明行为、学习蚯蚓对生态的益处、用一桶公益给蚯蚓塔浇水、投喂蚯蚓、维护蚯蚓塔、给一米菜园浇水、除杂草、捡垃圾、学习联合国学校的可持续生活行为、制订自己的环保计划、为美好家园出主意、做遵纪守法的社区小公民和文明好少年。同时他们还和伙伴们分享如何在家里做孝顺父母、分担家务的小帮手。2022 年 9 月，"社区五好小公民"活动成果视频参加了"腾讯公益爱心小报、99 公益日一块做好事"视频号活动，获得了二千五百余次浏览和关注。鲈乡二村社区花园在 99 公益上获得了三千多元的众筹（图 7-26）。

图 7-25　暑期社区五好小公民能力建设项目

图 7-26　社区五好小公民项目参与腾讯 99 公益视频

2022 年 11 月，西交利物浦大学的师生在鲈乡实验小学仲英校区分享了联合国学校发起的可持续生活方式，指导同学们用闲置的卫生纸筒制作喂鸟器，为维持冬天的生物多样性作出贡献。随后，居民志愿者将喂鸟器安装到了鲈乡二村社区花园（图7-27）。

图 7-27　鲈乡实验小学喂鸟生态装置制作

至此，鲈乡二村社区花园志愿者社群建立完成。

7.10　志愿者社群建设

松陵街道新时代文明实践志愿者文化：
"我是一只小小小小的萤火虫，
只会默默默默散发着光亮。"
"聚成一团火，散作满天星，
'精善乐美'是我们共同的追求。"

——松陵街道新时代文明实践志愿者之歌《萤火虫》

《共建美丽家园》中总结了志愿者分为普通、核心和专业志愿者。鲈乡二村社区花园在志愿者队伍的建立时也是按照这个工作方法进行的。普通志愿者以参加活动为主，核心志愿者参与更多的组织、管理和治理工作，专业志愿者主要是在技术方面给予支持。书里建议过的方法我们都尝试过。

对于已经有志愿者社群基础的社区，有两种共同兴趣可以作为社区花园志愿者团队的基础：一种是以对园艺感兴趣的个人组成的花友会进一步发展；二是将已有的志愿者引导到社区花园工作中来。前者的难点是赋权以及从个人兴趣到公共志愿服务，从"私"到"公"的转变，也就是于海教授提出的公德心发育；后者的难点是赋能给缺乏园艺技能的志愿者。以花友会为抓手的成功案例有武汉花仙子社区公益服务中心，是以已有的花友会社群为基础的。但是鲈乡二村的情况不太一样：首先虽然有很多爱花人士，却没有类似花友会的组织。

其次，在鲈乡二村项目开始之初，主管领导就提出一定要挖掘和培养新的志愿者，特别是青年志愿者。所以鲈乡二村社区花园从一开始就只能走第三条路：从零开始，从陌生人开始，认识居民，发现潜在的志愿者。

鲈乡二村社区花园在三年时间里，共有近 300 个家庭参与过营建过程，二百多人参与小小签到打卡留言。在新时代文明实践平台上注册志愿者五十余人。鲈乡二村社区花园志愿者参与一共有 4 个社群，从建立时间排序分别为：鲈乡二、三村参与式绿色先锋队、花园萤火虫志愿者浇水组、鲈乡二村社区花园爱心园丁，以及社区五好小公民社群（图 7-28）。

图 7-28　鲈乡二村社区花园多样的志愿者社群

这些志愿者主要是通过 5 种方法招募来的：公开报名、跑楼、营造活动、靠组织、拉熟人。

截至 2023 年 11 月，这几个社群的微信群总体情况如下（表 7-1）。

表 7-1　鲈乡二村社区花园社群总览（作者自绘）

社群名称	成立时间	微信成员数	人员组成	功能	活跃情况	招募方式
鲈乡二、三村参与式绿色先锋队	2020.09	204（峰值=248）	大中专院校、居民、社会、外部	信息单向分享	低	公开报名、营造活动、跑楼、路演
花园萤火虫志愿者浇水组	2021.06	18	新吴江人	日常维护	中	营造活动、路演
鲈乡二村社区花园爱心园丁	2022.01	54	本地老年人为主	日常监督、维护、自媒体	高	路演、通过机构、拉熟人
社区五好小公民社群	2022.07	二村（$n=106$）三村（$n=94$）	鲈乡实验小学家长	信息单向分享	低	通过机构

　　这四个社群的建立是循序渐进、根据不同的目的和需求建立的。也可以间接地反映社区花园志愿者发展的过程。这四个社群中，先锋队和社区五好小公民主要是信息群，互动比较少。萤火虫志愿者浇水组和爱心园丁组是以维护、监督为主的功能群。社群起名字就是一件非常技术、专业的工作。既需要考虑群名带给大家的身份认同和责任，又要考虑不能太让参与者感觉有太大压力，还要考虑不同群之间的差异性，特别是有治理功能的社群，有时还需要考虑到个人之间的矛盾；也有可能一名志愿者在多个群里，可能会重复接收到普通信息而退一些群。

7.10.1　鲈乡二、三村参与式绿色先锋队

　　这支先锋队队伍初期的主要成员是西交利物浦大学对社区花园项目感兴趣的同学，及通过公开招募微信公众号推文自报名的成员。刘悦来老师书里介绍通过观察门前、阳台上有花花草草的方法来发现志愿者。在项目初期，五十几位先锋队同学也通过扫楼的方式把二村、三村所有的单元楼道都跑了个遍。而且在做社区资源地图调研的时候把周边的花店也跑了个遍。找到了有兴趣参与的爱心花店。招募推文也通过社区领导在鲈乡二村、三村社群里转发了。首次社区花园节我们也向鲈乡实验小学发送了书面邀请信。通过参加第一次花园节，还有后面几次的公开招募的营建活动，我们的第一个社区花园微信群迅速增长到近250人。在这个过程中我们还联结到了吴江中专"一心志愿者"的同学。这些同学大部分是新吴江人的第二代，都住在吴江，课余时间也比较多，而且这些同学个性纯朴、热情向上、愿意接受新事物，他们渐渐成为先锋队的主力军（图7-29）。

图 7-29 先锋队前期调研（2020 年 7 月）

代表人物：

周杰目前是苏州信息工程学院的在读生。周杰从 2020 年 10 月开始，作为吴江中专"一心志愿者"的同学参与到社区花园项目，逐步发展成为鲈乡二村社区花园先锋队的核心成员。他几乎参加了社区花园的每一次活动，并组织更多同学为社区花园提供志愿服务。在参加社区花园的过程中，周杰感受到作为一个新吴江人在本地的融入，和社区花园建立了深厚的感情，主动到现场检查现状和维护。周杰通过社区花园等各项志愿活动，感受到志愿服务的社会价值。周杰多次获得优秀志愿者等光荣称号，并表示不论未来走到哪里，都要继续将志愿精神继续下去。

朱凯文也是 2020 年通过吴江中专"一心志愿者"参与到社区花园项目中来的。目前他已经是常州机电职业技术学院的学生，并加入了中国共产党。2022 年，他作为入党积极分子，组织常州机电青年团员利用暑期社会实践活动参与到社区花园建设中来，为社区五好小公民项目提供了志愿服务。

7.10.2 "萤火虫志愿者"

鲈乡二村有一支社区花园浇水护绿队，是由十几名居民自发组织起来的，轮流为花园浇水、维护。他们中大多数是已经在吴江扎根的新吴江人、新松陵人。他们中有参加社区花园活动沉淀下来的家庭，有通过鲈乡实验小学仲英校区家长课堂报名的热心家长，还有经常来花园散步的热心居民。

代表人物：

卓凝妈妈颜金玉参加了社区花园的每一次活动。累计打卡六十多次。她不仅带着自己的孩子参加活动和花园维护，还组织其他的小朋友参与公益活动。她关心社区花园像关心自己家一样，主动发现和汇报情况，包括花被盗、标识被破坏等。

陈海军是新时代文明实践的长期志愿者。在参加社区花园志愿者团队之前，他就已经是吴江微马队的核心成员。经常组织居民参加阳光长跑、垃圾清理等公益活动。他发挥自己的特长，义务给花园安装标识、维修设施。平时他也为社区里的孤寡老人提供免费的上门维修服务。

铭皓妈妈是路过菜鸟驿站时，目睹种子接力的活动，被社区花园大家庭的氛围深深感染，正式参与到社区花园中。他们全家都参与过社区花园的维护活动。铭皓妈妈现在也是浇水队的固定成员之一。她经常为社区花园献计献策，并温暖地鼓励其他成员（图 7-30）。

图 7-30　鲈乡二村社区花园志愿者维护活动

7.10.3 美美花园爱心园丁

社区花园观察通讯员主要由鲈乡二村日间照料中心的爱心志愿者以及浇水组的核心志愿者组成。他们中既有退休的本地居民，也有新吴江人。通讯员们轮流查看花园里的花的情况，并互相汇报信息。他们发挥着监督和主动预防的治理作用。

2022年1月，为了让志愿者们的付出得到官方性的认可，团队正式申报成为"吴江新时代文明实践平台"的志愿者服务团队，并取名"鲈乡美美花园爱心园丁服务团队"。借用费孝通先生言道："各美其美，美人之美，美美与共，天下大同。"希望新老居民们从欣赏自己创造出来的美，到包容他人创造的美，再到相互欣赏、赞美，不断融合。同时，在成为官方认可的志愿者团队后，志愿者参与社区花园的时间可以在平台得到累积，从而有机会可以参与街道或者市级的优秀表彰，也有可能有奖金为社区花园的维护提供支持。

代表人物：

沈志云奶奶是退休教师。她经常参与社区花园的活动，每次都自备给小朋友的奖品。她不顾高龄，主动参与社区花园种植和维护活动。也经常为社区花园献策献计。她慷慨捐赠了2 000元用于花园建设与奖励参加公益的小朋友。

周海生爷爷受过工程师高等教育，同时是日间照料中心书法社的负责人。周爷爷从社区花园建设初期就坚持主动给花园规划、设计、维护提建议，也经常帮忙给花园浇水。周爷爷为驿站花园的题字成为花园中一道清新飘逸的独特风景（图7-31）。

叶小妹是二村的爱心园丁，业委会委员、业委会党支部书记，是二村志愿者负责人。最近几年自费近3 000元为二村增添了月季等不少花卉，美化居住环境。她为日间照料中心、社区花园捐赠了睡莲、荷花等各种植物。她主动加入爱心园丁志愿者浇水组，并代表志愿者成为与社区之间沟通的桥梁。

7.10.4 社区五好小公民社群

社区五好小公民社群的成员都是参加过2022年"社区五好小公民"培训的家长。这个社群中有部分是通过家长课堂参加过前期营建活动的核心志愿者，也有新招募来的家长，核心志愿者家庭基本都加入了浇水组。普通志愿者家长们对高校牵头举办的活动的普遍认可度很高，参加活动也非常积极，微信群人数一直比较稳定。但是微信社群的交流内容平时基本以和社区五好小公民活动为主，没有太多的互动和活跃度。对于线下的活动，大多数家长只有周末有时间能参加活动，这也是我们一直观察到的现象。社区

图 7-31　核心居民志愿者领袖发挥的多重作用

希望社区花园的活动能够安排在周一至周五工作时间内，和亲子家庭的空闲时间是有冲突的。所以有家长的活动一般都安排在周末，但是社区很难有时间参加。这样造成的结果就是社区和亲子家庭之间的熟悉度不够，社区觉得没有抓手（图 7-32）。

图 7-32　社区五好小公民社群活动

7.11　社区花园社群规划的反思

俗话说"三分种，七分养"。回顾鲈乡二村社区花园两年的维护，需要付出的时间和精力一点也不比营建的时间少，遇到的问题甚至更复杂，遇到和人相关的问题更多，更难预料和解决。人地互动是复杂的、动态的。如果说前期规划和营建需要好的规划和执行，比较有预见性，那么在维护阶段所遇到的问题往往是不可预见、不可控的。需要付出的时间也是不可控的。这是社区花园工作量和价值容易被忽略的方面。社区花园几乎每个方面都需要维护。其工作量比营建时期少不了太多，需要的技术和经验反而更多。

社区花园作为一个承载体和社会系统，不仅需要承载生态、环境、教育方面的需求，更多的是承载不同社群的社会需求。从鲈乡二村的经验中，我们发现志愿者团队的建设和管理是常态工作中的重点。就像于海教授提出来的问题：我们现在要解决的问题，是居民的这种参与的激励怎么做？谁来帮助他们？他们怎么出来？谁来组织他们？社区行动就是要解决这个问题。

值得肯定的是，我们基本搭建起了专业志愿者、核心志愿者和普通志愿者的架构，志愿者社群的功能也在慢慢完善，他们能发挥的作用也越来越大。专业志愿者包括园艺指导、设施维护，以及普通志愿者团队管理。核心志愿者为浇水群和监督观察员。和花园建设一样，"三分"在团队建立，"七分"在团队管理。一开始是担心没有人会参与，参与的人多了之后发现社群内部和社群之间会有不同和矛盾。参与的空间是有限的，不同人群的需求和想法也是不一样的。我们采取的是不同的社群分开管理的方法，但是维系多个社群需要很多的时间和精力。所有的几个社群中，最终只有爱心园丁群是一直有比较活跃的互动的。单向的信息发布我们主要通过微信公众号来分享。我们也无法对其他的社区花园建议是否需要这么多的微信社群。微信群的管理确实是需要另外单独规划的一个专项，也需要安排专人负责。

在我们的实践中，我们发现社区花园的物理空间和社会空间的承载能力也是有限的。直到2021年底，志愿者社群的主要成员为新吴江人，老年人、本地人还没有真正参与进来。第一阶段以新吴江人为主是我们社会规划的结果。为什么要这样做呢？

- 因为领导的要求，要挖掘新志愿者、年轻志愿者，扩大现有的志愿者队伍。
- 因为老年志愿者已经有组织，已经有日间照料中心这块阵地。我们需要做的只是联结。
- 因为参与的空间有限，我们先挖掘治理中较沉默和隐形的新吴江人群体，保证他们有一定的空间和责任感，希望能最终形成参与主体多元化。让社区花园真正成为社会融合的黏合剂。

所以我们在项目初期一直通过亲子活动、自然教育，希望能吸引到更多的年轻家庭参与进来。但是做到一半的时候问题出现了：

- 老年人觉得空间已经贴上了小孩子为主的标签，有了太多小朋友的符号，觉得空间已经有"主人"了。
- 其次是前面提到的老年人和中青年人对环境的感知有所不同。如前面提到的老年友好空间和儿童友好空间之间的矛盾。
- 这样的结果就是老年人觉得不是为老年人设计的空间，而且已经没有他们参与的空间了（没有他们什么事了）。

在二村社区花园最开始规划、组织第一次和居民的会议时，老年人的参与热情是非常高的，也提出了很多他们的想法和建议，也对先锋队成员非常友好热情。但是营建过程中的重要环节，比如清整场地、放线、厚土栽培等，考虑到对体力要求比较高，我们没有邀请老年人参与。于是造成了老年人在第一年的营建过程中是属于缺席状态的，和中青年志愿者无交集，对花园也缺乏感情。除了非常喜欢小朋友的退休教师沈志云。

从 2021 年 5 月开始，我们有针对、定向地设计和组织老年人参加社区花园的活动，包括母亲节疗愈花园课程与种植。但是我们发现效果并不理想。似乎跟老年人讲花园的疗愈作用，对他们的作用并不大。一次种植也很难对场所产生所有感和责任感。2022 年开始我们组织老年人志愿者作为观察员监督不文明行为。但是参与治理的程度仍然不高。

社区花园社群发展和维系过程中可能遇到的阻碍及有效的解决方法将在第十一、十二章中分享。

第三篇　检验篇

Part 3
Evaluation section

随着人口老龄化的不断加剧，促进老年人的健康成为社会的重要焦点。然而，小型社区公共空间对于老年人健康的潜在的促进作用经常被忽视，尤其是缺乏来自发展中国家封闭式小区内部的公共空间改造对于健康相关行为影响的证据。本研究旨在通过自然实验的方法，探讨封闭式小区内部的公共空间微更新对老年人健康相关行为的影响。这些改造包括增设社区花园、铺设树下小径、增加环形座椅和其他设施（蚯蚓塔、鸟屋、入口花架，以及标语宣传牌等）。

本研究采用基于自然实验的定量研究设计，通过比较干预后三年时间的情况，考察社区内部公共空间改造前后老年人健康相关行为的变化。我们在基线后三年时间对两个点位进行系统性观察。研究样本由居住在苏州市吴江区松陵街道鲈乡二村小区内的居民组成。主要的结果分析包括社区小型公共空间的使用人数均值在三年的变化情况，以及室外健康相关行为，如体力活动、社交活动和静态休闲活动的变化。自然实验考虑了天气和季节因素的影响，验证了社区内部小型公共空间改造对老年人的健康相关行为的促进效应。

结果发现在基线后的三年，微更新过的花园空间内的老年群体的使用逐年增加，中等体力活动和静态休闲活动增加明显，关注周围环境和与人互动也呈现波动上升。本研究采用自然实验方法为我国封闭小区内部小型公共空间的干预对老年人健康相关行为的提升提供了新的证据。结果表明，小型社区公共空间的改造，特别是增设园艺型的社区花园，能更好地鼓励老年人参与室外体力活动、社交娱乐和静态休闲活动。本研究的结果有望为理解小区环境，尤其是小型绿色公共空间与老年人健康相关行为之间的关系提供新的见解。

第八章

社区公共空间微更新
对老年人健康相关行为影响
——一项自然实验研究

Chapter
VIII

8.1　老龄化与健康相关行为

8.1.1　健康原居安老

近年来，全球老龄化的趋势正在迅速加剧。根据数据显示，截至 2020 年，全球 60 岁及以上的人口已超过 10 亿人，占全球总人口的 13.5%，预计到 2050 年将达到近 21 亿人。值得注意的是，有 2/3 的老年人居住在中等收入国家[1]。根据《中国人口形势报告 2023》，中国的老龄化速度和规模前所未有，预计到 2050 年，中国的老年人口规模和比重、老年抚养比和社会抚养比将相继达到顶峰。老年人口的逐渐增多带来了一系列健康问题，对医疗、养老、公共服务供给，以及社会保障制度的可持续发展提出了挑战。因此，越来越多的学者和政府部门开始关注老年人的健康老龄化，以实现长寿红利[1]。

在我国养老机构严重不足的背景下，中国当前主要采用家庭养老模式，大多数老年人希望能够在家中安享晚年。社区内部的小型公共空间提供的活动场所和设施是否能够吸引老年人更多地参与健康相关行为，这对于促进"健康原居安老"（healthy ageing in place）至关重要。由于老年人的活动范围较为有限，小区内部的小型公共空间成为老年人健康行为的重要场所。因此，获得关于封闭小区内部小型公共开放空间环境干预对老年人健康行为的促进效果的证据，将对未来中国或类似高密度封闭社区中基于健康促进的社区空间设计具有重要意义[2]。

本研究的目的是通过综合国内外关于社区环境干预对老年人健康相关行为影响的文献，识别影响老年人健康相关行为的环境干预因素和研究方法，总结封闭小区内小规模公共空间环境干预、健康相关行为和健康结果之间的理论框架，以及评估健康行为的测量方法。此外，本研究将通过在苏州鲈乡二村社区花园进行的自然实验，进一步验证小区内小型公共开放空间环境干预对老年人健康相关行为的影响。

8.1.2　健康相关行为的定义

早在 20 世纪 80 年代，Lemon 等人在其"行为理论"中对行为进行了定义，将其描述为"任何规律化或模式化的行动或追求，超出了常规身体或个人维持的范畴"[3]。Folkman 等人则在《爱好（*Hobbies*）》杂志中首次提出了"健康相关行为"的概念，并将其定义为与个体的身体活动有关的一系列行为，其中包括了对个人生活方式和态度的改变，这些行为与个体健康密切相关[4]。而 Parkerson 等人则将健康行为定义为旨在提高生活质量、培养应对技能的个体或团体行为[3]。另一方面，Gochman 将健康行为定义

本章作者为陈思宇（西交利物浦大学在读博士研究生，英国利物浦大学博士候选人）、常莹（西交利物浦大学设计学院城市规划与设计系副教授）、陈冰（西交利物浦大学设计学院城市规划与设计系高级副教授）。本章受国家自然科学基金委青年项目（NSFC 51808451）《快速城镇化中的老年宜居环境建设——建成环境对健康影响的纵向实证》资助。

为包括可见的显性行为以及隐性的主观感受和心理活动，如信念、期望、预测、主观感受、思维和人格特征等，旨在维护、改善和提升健康水平的行为模式和习惯[3]。目前，人们对于健康相关行为的概念界定仍在随着时代的发展而动态变化。

但无论如何，健康行为领域的研究结果一致指向了"行为决定健康"的重要观点，即健康相关行为在个体身心健康的维护、疾病的筛查、预防和治疗等方面起着不可忽视的作用。因此，本章对健康相关行为的定义为社区公共空间中的日常或定期进行的，以达到预防疾病、改善健康状况和提升生活质量的目标的促进健康和福祉的行为。该定义不仅包括体力活动，还包括其他有益于晚年生活质量的潜在来源，如静态休闲活动和社交活动。

8.1.3　老年群体健康相关行为的类型与时空规律

我国的老年群体在社区公共空间中进行的健康相关行为种类繁多。一项研究根据老年人的休闲生活情况将他们的户外活动分为 6 类，包括闲呆型（无特定活动、休息）、学习型（阅读书报杂志、学习自修和教育下一代）、康体型（进行体育锻炼、健身活动和散步逛街）、怡情型（玩棋牌或旁观、从事书画、摄影、收藏、手工、吹拉弹唱跳舞、养花草或宠物）、消遣型（观看电视、听广播、使用电脑上网娱乐、观赏演出）和社交型（参与社会公益活动、与亲友邻里聊天、参观游玩）[5]。

另一项研究认为，促进老年人健康行为的活动主要可以概括为 5 类，包括亲近自然、体育锻炼、文化休闲、社会交往和健康教育活动。前 4 类属于直接促进健康的行为活动，采用主动性行为主义方式，而健康教育活动则属于间接促进健康的行为活动，采用认知行为方式[6]。

之前的研究发现，我国的老年群体进行健康相关行为具有一定的时空规律。老人起床、就寝和三餐的时间相对集中，在封闭小区内部的进行健康相关行为的有一定的规律。有研究发现，我国社区内老人群体每天至少进行 2～3 次健康相关活动，在上午 7～10 点（伴随着买菜购物，送子女上学的主动交通）、下午 3～4 点（伴随接孙辈放学，棋牌娱乐活动）和晚上 7～9 点（饭后跳舞、散步等休闲体力活动），形成 3 次健康相关行为高峰[7, 8]。另外，由于大多数子女在周末有看望老人、与老人团聚的传统，周末老人也不必承担如接送小孩之类的事务性活动。因此，休息日内的老人的活动内容比平日更加丰富，其生活规律也与非休息日有所不同。研究发现，老年人休息日的平均活动时间，高于平日近一个小时。多出的时间大多发生在家中和封闭小区外部，例如城市公园和其他地方，包括探望亲属、参观游玩[9]。老年群体还会因为天气和季节因素，调节自己的活动频率。有研究发现，老年人春秋季进行健康相关活动时间远远高于夏冬季。这主要因为健康相关活动多要在户外进行，冬季寒冷且夏季炎热，老人们较少出门，老年人通常会选择春夏秋季气温舒适的季节和一天中最佳外出时间段进行户外活动。夏天倾向于阴凉通风空间，阴雨天倾向于在构筑物下交流[9]。

老年人的健康相关行为通常受到所处环境和活动场所的制约。在封闭小区内部，不同级别的公共空间容纳不同类型的健康相关行为。例如，占用面积较大且易产生噪声的健康相关活动通常发生在小区中心级的公共开放空间，如广场舞、合唱等。与此不同，棋牌类等占地较小且相对安静的活动更多发生在组团级公共开放空间[7]。小区层面的公共空间通常不需要很大的面积，例如，仅由几个带扶手和靠背的木制长椅所围合的聊天角、炎炎夏日里提供阴凉的亭子，以及住宅前的门廊、花架、苗圃等。室内和室外的过渡空间通常具有吸引力，例如住宅单元门口通常是发生聊天等社交活动的理想场所。研究还表明，即使是少量的观赏植物在城市社区的宅前花园中也能通过住宅园艺对个人的压力调节对主观幸福感产生积极的影响[10]。经过文献总结，在我国的封闭式小区内的小型公共空间的健康相关的行为可以包括3类：静态休闲类、社会交往类、体力活动类。根据活动的形式和特征，可分为3种相互独立但相互补充的空间，构成了老年健康相关行为空间结构体系（表8-1）。

表8-1 社区内小型公共空间内老年群体的健康相关行为的类型和空间分布（作者自绘）

分 类		具体类别	空间分布
静态休闲类	亲近自然	视觉：欣赏风景、观花鸟鱼虫 听觉：听蛙虫鸟鸣、听流水风声等白噪声 嗅觉：闻草，作物，花香、呼吸新鲜空气和负氧离子 触觉：倚靠材料温和的座椅、触摸质感柔软的植物、触摸流水、体验鹅卵石脚步触觉 味觉：品尝健康食物，室外野餐，品茶 多感官：冥想、体验舒适的小气候	个体行为空间
	休憩活动	静坐观人（发呆），驻足停留、乘凉、晒太阳	个体行为空间
	文娱活动	文化活动：读书（报），学习，参加健康讲座，沙龙，看展览，兴趣班 娱乐活动：手机游戏，棋牌，抖音，听广播，演奏乐器、书画，摄影，曲艺活动等	成组行为空间
社会交往类	社群活动	参与集体活动：聊天聚会、棋牌、趣味运动会、演出、志愿者活动	成组行为空间
	间接交往	经济活动（买卖、非正式的商业活动）、健康教育、参与社区信箱建议：学习和了解健康知识，保持长期健康生活方式，阅读康复护理及运动知识	成组行为空间
	日常交往	日常问候、看护孙辈、陪伴家人、教育下一代（带小孩）	成组行为空间
体力活动类	社区生产	种花、种菜等园艺，家庭作坊，家务	集成行为空间
	体育锻炼	瑜伽、太极、广场舞、健身操、使用健身器材或球类运动如乒乓球、羽毛球等	集成行为空间
	积极交通	慢行（包括遛鸟，遛狗等）、健走、跑步、自行车（三轮车）、手动轮椅	集成行为空间

8.2 健康相关行为测量方法

8.2.1 自我报告

研究老年人的健康相关行为有助于深入了解老年群体的活动时空规律，以及将这些行为与环境因素或个人特征关联起来，从老年人的角度更好地理解他们从事健康行为的原因，为制定健康改进策略提供参考。目前，问卷调查方法作为收集健康行为数据的最常用方法之一。例如，IPAQ 量表（国际身体活动问卷）是一种广泛用于全球流行病学调查和研究的工具，用于评估个体的身体活动水平。问卷调查法的使用具有经济、操作简便和易于应用的优势，但也存在一些限制，例如依赖被调查者的主观回忆和报告，特别是对于认知障碍的老年人，可能存在记忆偏差和误差。因此，在使用问卷时应谨慎考虑潜在的限制和不确定性，特别是在解释和理解结果时[11]。

8.2.2 客观测量

除了依赖受访者的自我报告，一些研究采用客观测量方法，如使用计步器、加速度计、双标记水、心率监测仪、可穿戴设备和全球定位系统（GPS）接收器等来跟踪健康行为，以测量个体的身体活动水平[12]。这些工具提供了有关生理功能的数据，例如步数、运动强度和运动模式，这些是健康状况和生活质量的重要方面。然而，这些客观测量方法也可能存在问题，例如难以检测较慢的步行速度，以及将站立错误分类为久坐行为。此外，信息和通信技术（ICT）、物联网（IoT）和可穿戴设备等传感器的进步为量化人与物理环境的互动提供了新的机会。嵌入式传感器，尤其是可穿戴设备，使我们能够测量和可视化人们的活动、动作和偏好。但这种研究方法在大规模数据分析和受访者隐私保护方面也存在一定的局限性[11]。有些研究侧重于使用全球定位系统（GPS）接收器获得的数据来跟踪健康行为，这使得研究宏观尺度的时空行为成为可能。然而，手机数据和 GPS 数据的定位精度有限，难以捕捉到小范围内的活动，因此基于传感器的人类行为研究受限于实验室环境或高成本的数据收集。另一方面，基于图像的环境评估和行人检测在反映小型公共空间的动态利用方面仍有改进的空间[13]。

8.2.3 系统性观察

对于小型公共开放空间的健康行为研究，通常采用系统性观察方法。这一方法有着许多优点，能够避免自我报告的误差和主观性，同时也能够提供多样性和更有针对性的数据，相较于客观测量方法而言。系统性观察，即使用预先设定的标准直接观察行为，具有许多优势。首先，系统性观察是一种不引人注目的方法，通常受试者并不自知他们的行为正被记录。这有助于减轻选择偏差，因为受试者不会因为自知行为正被记录而产生低反应率[14]。例如，行为注记法，公共生活和公共空间（PLPS）及社区游戏和主动娱乐观察系统（SOPARC）是常用于这种类型研究的工具。SOPARC（System for Observing Play and Recreation in Communities）被广泛用于评估社区中的公共游戏和娱乐空间。它可以评估公园使用者的身体活动水平、性别、活动类型、活动的持续时间、估计年龄和种族[15]。基于 SOPARC 观察方法，Benton 等人开发了 MOHAWk（Method for Observing physical Activity and Wellbeing）观察工具，该工具更适用于较小的公共空间，通常用户数量也较少，例如舒适的绿地或住宅街道[14]。MOHAWk 通过连续扫描记录一个小时内所有人及其活动，捕捉到了现有观测工具无法获取的低用户数量城市空间中的活动。与其他观察工具不同，MOHAWk 还评估了与环境因素相关的其他两种福利行为，即社会交往和环境感知。此外，它还可以记录一些不文明的行为，如垃圾丢弃、饮酒证据（空瓶子/罐头）、吸毒证据（如针头、注射器）、涂鸦、碎玻璃、公物损坏、狗粪和噪声。然而，这种系统观察方法需要精确的标记位置、观察时间和合格的观察者，因此在使用时需要控制质量，以减少误差[14, 16]。

8.2.4　自然实验

大多数研究集中在城市尺度的公共开放空间，但忽略了小区内部的小型公共空间，而一些随机研究虽然提供了一些证据，表明居住在绿色公共空间附近的居民报告更多的健康相关活动，如体力活动和邻里互动，以及更强的归属感。然而，这些研究尚不能明确是否这些健康相关行为是由于环境干预的有效性所导致，因果机制尚待检验，尤其是关于社区内部小型公共空间的环境支持的研究仍然处于初步探索阶段。

相关研究通常仅集中在社区细节环境的局部和特定要素上，采用的测度和标准也各不相同。以往的研究在不同程度上证明了建成环境与健康之间的相关性，但由于缺乏深度纵向研究，建成环境的特定要素与健康影响之间的因果关系通常较难确定。建成环境与体力活动变量的测量与结果的一致性是建成环境与健康研究中最常提到的问题。一些学者尝试对建成环境要素变量进行标准化测量，但由于人与空间之间的复杂关系，难以排除混杂变量（如居民自行选择），这可能导致伪相关关系，是同类研究的主要缺点[14]。

这类横断面研究不能确定因果关系，也无法为我们提供如何设计新的或改善现有的社区绿地以增加健康相关行为的建议。自然实验（如环境干预评估）由于能够控制环境变化，可能是理解环境干预因果效应的最佳途径。根据目前的研究进展，自然实验可能有助于弥补纵向研究的缺陷，从而提高研究设计的严密性。

自然实验法应用：鲈乡二村的健康行为观察研究

这项探索性研究采用自然实验方法，对中国小区内部公共空间微更新项目进行了为期三年的健康行为的系统观察。这种基于系统观察的自然实验方法在英国已被证明有效。自然实验为研究建筑环境对身体活动的因果影响提供了更合适的研究设计。例如，2018 年的一项在英国进行的研究，旨在评估四种小规模城市街道绿化干预措施对老年人身体活动和幸福感的影响，取得了良好的效果[17]。然而，在中国封闭社区内的小型公共空间环境干预方面，尚未有相关的老年健康行为应用和证据。

样本选择

位于苏州市吴江区松陵街道的鲈乡二村小区现有 75 岁以上老人六百多名，老龄化率达 26%，除了社区日间照料中心以外，老年群体缺少室外的活动的公共开放空间。

社区花园的改造的两个点位作为本文中关注的环境干预样本，主要是把原有的不可进入的废弃绿地空间，改成了两个具有吸引力的社区公共开放空间，包括一个锁孔花园和一个疗愈花园（图 8-1）。锁孔花园主要提供了一个可以居民共同参与园艺、赏花、聊天、休憩的综合生产类空间。它的形状由 5 个锁孔一样的 U 形花坛构成，类似构成花朵的形态。每个花坛有恰好一个人能蹲入的凹形空间，方便维护和观赏，减少

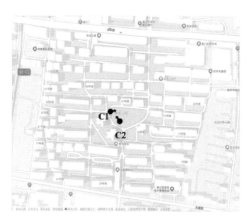

C1 锁孔花园

C2 疗愈花园

图 8-1　选取观察的两个小型公共空间点位分布（作者自绘）

了直线型的田垄来回移动维护的麻烦。U型土丘形成了丰富的朝向和干湿区域，适合多鲜花和植物的混种，满足了不同人群在不同季节的赏花需求。花坛的中心是一个圆形花坛，里面有象征当地地方特色的太湖石，一定程度上也增加了当地居民的认同感。花坛的旁边有可以休息的座椅，花坛的边缘也作为非正式的休息空间。花园的铺地也是基于苏州园林的铺路方式，在保证防滑功能性的同时，兼顾美观和地方特色。另外，在锁孔花园还设置了鸟屋、昆虫屋、蚯蚓塔等生态装置，在装饰的同时增加花园的生物多样性和感官互动性。指示牌和宣传增加了花园的人文景观和互动性。

另外一个点位是疗愈花园，主要是为老年人提供散步、聊天、休闲、静坐的场所。由三个高度不同的花坛和一个条形长椅构成。其中的一个花坛是高台种植床，方便老年人不用弯腰也能享受园艺的乐趣和触摸植物增加触觉的互动性和复愈感。其他的花坛也种满了本土的植物，增加了居民的对于植物选种的熟悉感和认同感。疗愈花园的树相对于锁孔花园更多，营造出一种围合的宁静空间，促进静态的休闲活动的发生。有弧度的条形座椅，增强了该空间的"社会向心性"，促进了社交活动的发生。树屋形态的工具箱，装饰了空间也方便居民存放园艺工具。具有导向性和互动性的道路，可以更好吸引老年人进行散步等体力活动。

系统性观察

与传统的现场观察不同，本研究采用了搜集监控视频的方式，然后由经过训练的观察员进行视频观察，这样不但可以方便统一开放公共空间的尺度，也可以反复确认数据，从而减少研究误差。这样的研究方法已经被其他研究采用，但是大多数通过机械学习和视频分析软件进行分析，在样本的丰富度和灵活度上受限。在进行干预地点和对照地点的监控视频的采集过程之前，研究员前往每个备选空间，确保监控视频设备可以全程记录备选空间的环境和发生的行为。

因为研究团队进入基地的期间，基地本身作为不可进入的绿化空间，且进入了施工状态，因此基线数据为 0。社区花园的干预于 2020 年底完成了花坛等基础设施的建设，并于 2021 年的 3 月进行了花卉植物的栽培。因此，第一次的数据收集选择在 2021 年的 5 月及 9 月和一年后（2022 年 5 月及 10 月）和两年后（2023 年 5 月及 10 月）也在两个干预地点位进行了监控视频数据的收集。

这项研究的重点是老年人，因此分析将只考虑老年人的数据及其他人群也将被统计用于老年人群与总体的比例分析。由于被观察者被设定为不应该意识到他们是为了研究的目的而被观察的，因此他们不是通常意义上的"参与者"。因此，本研究没有明显的参与者招聘过程。为了减少数据的误差，两个干预地点全程被监控视频记录，由经过训练的观察员进行观察。监控视频的收集的时间选择工作日（周二、周三或者周四），原因是周末的老年人的健康相关的行为会受到其他因素的影响，例如出行活动的增加。由于监控视频是连续的，每个地点收集清晨到晚间活动数据，但由于受到新冠肺炎疫情小区核酸检测影响而造成的晨间非常态活动，以及午间室内就餐和休息而形成的室外活动低谷，为避免异常值造成的误差，研究团队最后选择 8～12 点，15～21 点，共计 10 个小时作为观察时间段进行行为数据的分析。

所有观察员都将接受 MOHAWk 系统性观察身体活动和健康的方法的培训，包括使用指导手册统一观察的标准，并通过选取的一段以 5 分钟为单元的 1 小时监控视频（共 12 个观察单元）对观察员的可靠性进行测试。测试的结果需要与培训师的较为标准的结果在总人数和行为总数上的可信度到达"良好"或"优秀"，使用两种混合、单一测量、一致性组内相关系数（ICCs）进行分析（< 0.5 为较差；0.5～0.75 为中等；0.76～0.9 为良好；> 0.9 为优秀）。

在观察之前，研究员将访问每个站点，以商定的在监控视频的目标区域的边界。目标区域在相应的干预点位具有相似的大小，并且保证同一地点的不同日期使用相同的目标区域。系统观测在观察期间，基于 MOHAWk 的中国本土化版本[36]将收集进入干预部位目标区域的所有个体（婴儿、儿童、青少年、成人、老年人）的数据。通过视频观察人群及其行为，评估目标区域内人群的特点、健康相关行为的活动类型（步行、骑自行车、陪孩子玩、锻炼、做家务、经营活动、使用手机、遛狗、其他），以及是否需要他人的协助。

开展一项研究，往往因为各种因素（人力、物力、经费等）限制，只能对总体中的一部分进行研究，即研究样本。实际研究中，样本量的估计还要考虑一些实际问题，如研究对象的选择、完成研究所需的经费等成本问题。伦理也是在确定样本量时必须考虑的因素，如果确定了较大的样本量，但实际效果不明显，或为达到所需的研究结果，在较长期限内打扰研究对象，是不可取的。本章中的样本量参考了 MOHAWk 观察指导手册的建议来确定的样本量[16]。

分析的单位是观察期（小时），即每个地点每个观察期的计数的均值。虽然研究关注于老年群体，但通过加入其他年龄群体的分析，可以探索不同年龄群体比例的变化。使用 Microsoft Excel 软件进行数据统计分析。我们计算了从 2021 年、2022 年和 2023 年期间老年群体人数和其他年龄段的人数均值和人数占比，以及老年群体每种行为强度的频次均值。并且通过堆积图、饼状图和直方图的图表进行报告。

8.3 老年群体是社区花园的主要使用者

根据图 8-2 和图 8-3 展示的数据，可以观察到锁孔花园 C1 和疗愈花园 C2 在过去三年（2021 年、2022 年和 2023 年）的人数均值变化情况。总体而言，2021 年这两个地点的总人数均值最高。具体来看，锁孔花园 C1 在 2022 年出现了总人数均值的下降（均值变化为下降 36.5），但在 2023 年略微回升（均值变化为上升 2）。而疗愈花园 C2 在 2022 年也出现了总人数均值的下降（均值变化为下降 3），并且在 2023 年继续下降（均值变化为下降 17.5）。对比不同年龄层的人数均值变化，可以观察到老年群体在这三年中的人数均值呈现上升的趋势，而儿童人数均值下降明显。其他人群的变化不明显（图 8-2～图 8-3）。

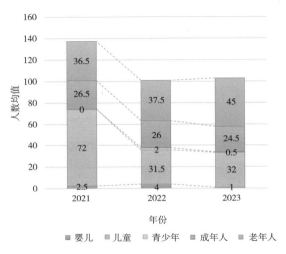

图 8-2　锁孔花园（C1）三年不同年龄段人数均值
堆积图（作者自绘）

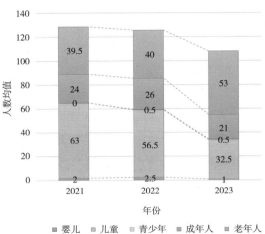

图 8-3　疗愈花园（C2）三年不同年龄段人数均值
堆积图（作者自绘）

图 8-4 和图 8-5 反映了三年来不同年龄段的人口比例变化。从图中可以看出，老年人在各年龄段中占比最高，并且呈现逐年增加的趋势。到 2023 年，锁孔花园 C1 的老年人比例达到 44%，疗愈花园 C2 的老年人比例为 49%，相比 2021 年的 27% 和 31% 有了显著的提升。与此同时，儿童的人口比例在三年间明显下降，而其他年龄段的变化不显著。

图 8-6 和图 8-7 展示了两种不同类型的社区花园（锁孔花园 C1 和疗愈花园 C2）中的健康相关行为。在这两种类型的花园中，中等体力活动是频次均值最高的健康相关行为，其次是静态休闲活动，高等体力活动则较少。在三年的观察期间，中等体力活动

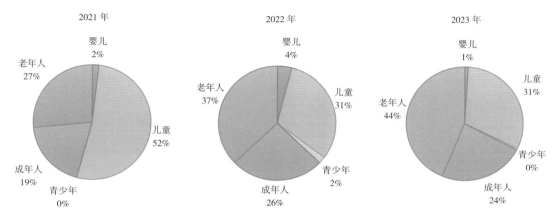

图 8-4　锁孔花园（C1）三年不同年龄段人数占比（作者自绘）

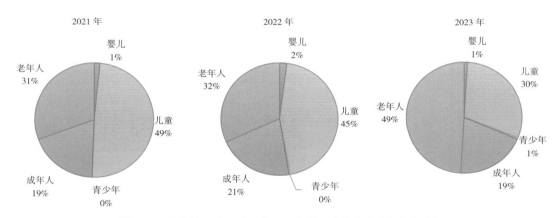

图 8-5　疗愈花园（C2）三年不同年龄段人数占比（作者自绘）

和静态休闲活动都呈现出增加的趋势。而与老年福祉相关的关注周围环境行为在两个观察点上，都经历了 2022 年的下降（锁孔花园均值变化为下降 2；疗愈花园均值变化为下降 4.5）和 2023 年的快速回升，且增长幅度显著（锁孔花园均值变化为上升 19.5；疗愈花园均值变化为上升 27.5）。与人互动行为在锁孔花园 C1 中在三年之中也表现出类似的波动（均值变化为先下降 1 后上升 9），而在疗愈花园 C2 中则呈现出稳步上升的趋势（均值变化为先上升 8.5 后继续上升 8）。高等体力活动在两个花园中的变化不太明显，但也有轻微的上升趋势。综合来看，社区花园对居民的健康相关行为有着积极的促进作用。

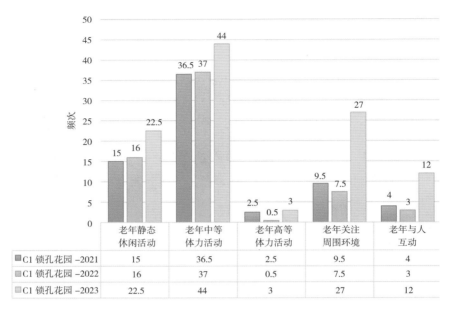

	老年静态 休闲活动	老年中等 体力活动	老年高等 体力活动	老年关注 周围环境	老年与人 互动
C1 锁孔花园 –2021	15	36.5	2.5	9.5	4
C1 锁孔花园 –2022	16	37	0.5	7.5	3
C1 锁孔花园 –2023	22.5	44	3	27	12

图 8-6　锁孔花园（C1）三年老年健康相关行为均值变化（作者自绘）

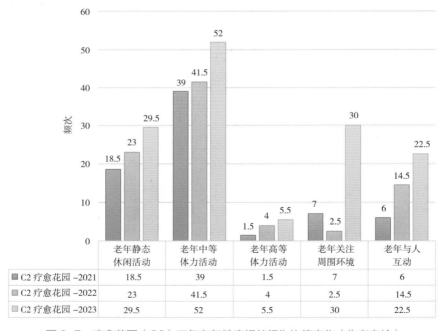

	老年静态 休闲活动	老年中等 体力活动	老年高等 体力活动	老年关注 周围环境	老年与人 互动
C2 疗愈花园 –2021	18.5	39	1.5	7	6
C2 疗愈花园 –2022	23	41.5	4	2.5	14.5
C2 疗愈花园 –2023	29.5	52	5.5	30	22.5

图 8-7　疗愈花园（C2）三年老年健康相关行为均值变化（作者自绘）

8.4　社区花园中老年群体健康相关行为

从结果来看，在社区花园建成后使用三年期间，老年居民的到访的数量和健康相关的行为，包括体力活动、社交活动和静态休闲活动都有所增加（图8-8）。而根据文献回顾，健康相关行为作为环境和健康结果的中介因素，对于促进正向健康结果有重要作用。

图 8-8　社区花园里的健康行为

8.4.1　体力活动

体力活动指的是通过骨骼肌的收缩引起的身体运动，这些活动会导致能量的消耗。它主要包括职业性活动、交通中的活动、日常生活中的体力活动，以及休闲时的体育锻炼[18]。体力活动与膳食一起构成了人体健康的两大支柱，被认为是影响个体健康的一个重要干预因素，也是环境与健康领域的重要研究方向之一[19]。因此，增加体力活动对于延长身体健康寿命、减少老年人群的慢性疾病和身体残疾具有积极的作用[20]。中等体力活动的增加是这次自然实验较为显著的发现，干预后的两个点位都有较大的提升。而散步又是老年群体中等体力活动中占比最大的一种行为。研究发现，散步是最常见的户外体力活动，具有低成本和高收益的特点，也是老年人最喜欢的锻炼方式之一[3]。通过改善心血管健康、增强体力和平衡性，经常散步的老年人比不经常散步的老年人跌倒的概率更低[4]。另外，健身锻炼也是一种重要的室外体力活动，适用于各个年龄段的老年人，有助于增强体质、提高各系统的机能水平，以及增加神经系统的灵活性。由于身体机能的原因，大多数老年人会选择相对缓和的健身项目，如太极拳、舞蹈和伸展运动等[21]。虽然，由于选取的两个点位的场地空间大小的限制，在这次自然实验的发现中，锻炼行为的占比并不高。但是，一些原地的锻炼行为，例如跳绳、太极拳、拉伸等，成为社区花园中常见的锻炼行为，并有所增长。

除了对身体健康的积极影响，体力活动还对心理健康有益。定期进行体育锻炼可以刺激多巴胺和内啡肽的释放，提升心情、调整中枢神经系统功能，减轻压力、焦虑和消除不良情绪[22]。休闲时间的体力活动对心理健康相关的生活质量产生积极影响，通常优于积极的交通出行方式。这可能是因为休闲时间体力活动通常是有意识选择的，可以帮助集中注意力、实现目标和获得成功感[23]。通过主动的视觉接触户外自然元素获得心理益处，如减轻压力、焦虑和抑郁、预防精神心理疾病、提高生活满意度和幸福感[24, 25]。此外，户外体力活动还可以增加社会交往、减少孤独感。邻居之间的社会联系最初是通过视觉接触、问候和简短的交谈而建立的，这些活动多在户外进行。因此，体力活动也可能在促进社会联系方面发挥着重要的作用。社会互动理论强调，家庭和朋友的社会支持可以通过体育活动来改善心理健康，尽管体育活动在这一关联中的中介作用相对有限，但需要进一步研究、探究这些关联的潜在机制[23]。通过这次的观察我们发现，许多老年人的散步行为都伴随着聊天行为。和朋友、家人在花园里边走边聊，已经成为社区花园吸引他们到访的原因。

8.4.2　社交活动

社交活动也是社区户外开放空间中的重要健康相关行为之一。Gehl 定义了户外公共场所中的三种主要活动类型，包括必要活动、可选活动和社交活动[26]。在这些活动中，社交活动主要指的是人们之间的互动，例如与他人一起嬉戏、打招呼、交谈等。即使是非言语性的接触，如眼神交流、点头示意、观看事件和倾听他人，也都可以被视为社交活动[27]。鲈乡二村社区花园观察结果发现，三年期间，人与人互动的行为有所增长，并保持在一定的水平。说明居民越来越喜欢在花园进行社交活动，例如，站着或坐着聊天。社交的种类和质量有所提升，这对于培养居民的社会资本，促进心理健康和社会健康有重要意义。

研究发现，社交活动有助于建立社会资本，从而提高社会健康[28]。社会健康，长期以来在卫生和医学领域被较少关注，但随着精神健康问题和老龄人口比例的增加，学者们开始认识到个体的社交关系和社会适应能力对于整体健康的重要性。研究表明，定期参与社交活动，如日常问候、拜访、闲聊、与邻居互助、社交活动或组织等，可以有助于维护社交关系、增强邻里信任和社会资本，从而促进个人的社会健康[29, 30]。对于那些社交互动机会有限的老年人，如高龄老人或残疾老年人，与家人团聚、照顾孙辈、与社区间接互动等活动都能够提供心灵的慰藉和幸福感，同时提高了个体的自我认同感。此外，研究还发现，老年人的社交互动水平与他们的心理健康和功能状况相关[4]。一些横断面研究表明，经常参与社交活动的老年人通常具有强大的邻里社会资本（包括邻里凝聚力、人际信任和互惠规范），以及来自家庭或朋友的社会支持，这些因素都与心理健康问题如焦虑和抑郁等低发病率相关[23]。

8.4.3　静态休闲活动

静态休闲活动也是这次自然实验中发现增加较多的一种健康相关的行为。静态休闲活动与居家久坐行为不同，是老年人自愿或受动力影响与外部环境互动的一种静态休闲活动。与有明确娱乐目的的活动不同，静态休闲活动通常具有低强度、无明确目标、具有恢复性质、被动放松等特点。这些活动通常需要老年人有积极的意愿，且外部条件适宜且具吸引力。例如，静坐在绿色空间中，冥想、晒太阳、呼吸新鲜空气、观察周围环境、人群和社会活动，通过静态的"观察"和"被观察"的视觉交流方式来感受自身存在和价值[31]。虽然，这次实验发现，在 2022 年关注周围环境的行为有所下降，这可能与对花园的好奇心减弱，以及因为花园缺乏维护而导致花草衰败有关。在 2023 年经历花园维护队伍的建立和花园的补种后，老年群体关注周围环境行为呈现了明显的增长。

静态休闲活动的主要目的是接触自然，通过五官（视觉、听觉、嗅觉、味觉、触觉）的活动，直接体验自然之美，促进身心健康。根据"注意力恢复理论"和"压力恢复理论"，小区户外宁静和复愈环境的绿色视野、花草植物的挥发物、可食用的果树、负氧离子、小气候、水景等客观物理要素可以放松神经系统，促进使用者产生积极的生理反应，包括心率、脉搏率、血压、皮肤电导、大脑皮层活动和皮质醇分布等[10, 20]。这些生理变化让人感到宁静、舒适、精力充沛，有助于减轻压力、疲劳感和焦虑，从而促进个体的心理和情感健康[32]。

即使在没有进行体力活动的情况下，生活在绿色自然环境中的居民，也能够获得情感上的正面效应和更高的警觉度[21]。有一项美国研究发现，每天在自然环境中静坐或漫步 20～30 分钟可以降低应激激素水平，从而降低压力反应水平的 10%。此外，美国密歇根大学的研究还指出，这种环境并不一定要是野外自然环境，即使坐在树木旁也会产生同样的效应[33]。除了接触自然，文娱活动的开展对于老年人的心理健康也有一定的促进作用。这次研究发现在两个点位均观察到老年群体的文娱活动，例如演奏乐器，摄影和唱歌。这些娱乐活动的出现极大地丰富了老年群体的退休生活，提升了晚年生活质量。

8.4.4　社区园艺

除了上述健康相关行为的增加，这次自然实验还发现在更新后的花园空间内出现了与社区生产相关的健康活动，如社区园艺。而这类健康行为相比一般的体力活动综合了多种益处。在社区花园、康复性花园或疗愈花园中从事园艺活动，不仅可以增加体力劳动、降低体脂率、增强平衡力和手脑协调，从而促进生理健康。同时，欣赏花草和疗愈植物可以刺激"心理—神经—激素"系统，减轻压力、陶冶情操、促进心理健康。开展多样的社区活动还有助于增加老年人社交机会，构建人际关系网络，促进社会健康。此外，这些活动可以彰显地方文化特色和传统风俗，增强居民的归属感和认同感，从而促进社区凝聚力和对社区的依恋[4, 34]。一项英国研究表明，园艺活动可以增强老年人的成就感、自信心和满足感[4]。通过实证研究证明，园艺有"治疗"的效果，种植可对压力调节产生积极影响。居民因此变得更加愉快、轻松，更积极地改善生活环境，对生活环境感到自豪。然而，需要注意的是，尽管存在有关花园与感知压力和情绪改善之间的相关关系，但不能断言这是绝对的"因果关系"，因为还有其他因素可能影响这些趋势。尽管如此，园艺相关的体力活动仍被认为是联系自然与健康之间的重要途径，促进了原居安老的质量，对于老年健康和福祉的提升有重要意义[20]。

由于时间和经费的限制，进行观察的样本量较小，对于严格的自然实验而言，选择更多的观察日期、设置对照组，可以得到更多的分析单元，对分析环境干预对健康行为的促进效应才具有更高说服力。另外，在研究项目的期间，新冠疫情使研究人员进入社区观察居民的活动受到了限制。因此，本次研究创新地使用社区监控视频来代替现场进行行为的观察。但是，由于监控视频的画质的原因画面中的年龄段的区分受到影响，特别是对于老年群体与成年群体的区分。由于摄像头受到光线影响较大，一些在夜晚的时段的观察精度也会受到影响。在小区内部摄像头数量有限制，而且位置具有固定性，对于选择对照组的灵活性同样具有一定的影响。

未来的研究可以加入物理环境，以及居民感知环境数据的收集，与行为数据建立回归联系，从而更好地理解居民行为增加的背后原因。环境感知是一种非常有效的工具，特别是通过采访等质性研究了解了居民进入社区花园的心理感受和行为反应之后，可以更好地理解他们进行健康相关行为的个人层面，以及个人与环境匹配情况。在未来的研究中，这将是一个有趣的比较[35]，帮助读者理解人们如何看待社区花园，以及其景观所独有的各种特征。这项研究只包括健康相关行为等级和类型，从而发现行为的时空特征变化。但是，缺乏对于物理环境、特定因素的考虑，例如，研究人员可以观察不同树种（桂树和樟树）、不同种类的其他自然特征（花卉和蔬菜，甚至更具体）、不同类型的人造环境特征（座椅和凉亭）的影响。另外，居民感知环境与物理环境的匹配及其他个人因素，也可能影响居民选择进行相关的健康行为，这些都将是未来的研究方向。

参考文献

［1］World Health Organization. Decade of healthy ageing: baseline report［R］. Licence: CC BY-NC-SA 3.0 IGO.Geneva: WHO, 2020.

［2］BOSCH F C, MALAGÓN-AGUILERA M C, BALLESTER F D, et al. Healthy Aging in Place: Enablers and Barriers from the Perspective of the Elderly. A Qualitative Study［J］. International Journal of Environmental Research and Public Health, 2020, 17（18）: 6451.

［3］欧阳铮.健康行为和老年人健康状态［J］.老龄科学研究,2020,8（9）: 23-34.

［4］SUGIYAMA T, THOMPSON C. Outdoor Environments, Activity and the Well-Being of Older People: Conceptualising Environmental Support［J］. Environment and Planning A: Economy and Space, 2007, 39（8）: 1943-1960.

［5］丁志宏.我国老年人休闲活动的特点分析及思考——以北京市为例［J］.兰州学刊,2010,（9）: 89-92.

［6］钟瑶琼,罗震伟.基于老年人健康促进的老旧社区公共空间优化策略研究［J］.中国园林,2021,37（S2）: 56-61.

［7］江乃川,杨婷婷.基于景观需求调查的适老性公共空间景观设计要素调查研究［J］.住区,2019,（2）: 102-107.

［8］梁玮男,曹阳.基于社区养老模式的公共空间设计研究［J］.城市发展研究,2012,19（11）: 132-134.

［9］孙樱,陈田,韩英.北京市区老年人口休闲行为的时空特征初探［J］.地理研究,2001,（5）: 537-546.

［10］CHALMIN-PUI L S, ROE J, GRIFFITHS A, et al. It made me feel brighter in myself - The health and well-being impacts of a residential front garden horticultural intervention［J］. Landscape and Urban Planning, 2021, 205: 103958.

［11］WILSON G, JONES D, SCHOFIELD P, et al. Experiences of using a wearable camera to record activity, participation and health-related behaviours: Qualitative reflections of using the Sensecam［J］. Digital health, 2016, 2: 205520761668262.

［12］HOU J, CHEN L, ZHANG E, et al. Quantifying the usage of small public spaces using deep convolutional neural network［J］. GAO S.PLOS ONE, 2020, 15（10）: e0239390.

［13］MCKENZIE T L, COHEN D A, SEHGAL A, et al. System for Observing Play and Recreation in Communities（SOPARC）: Reliability and Feasibility Measures［J］. Journal of Physical Activity and Health, 2006, 3（s1）: S208-S222.

［14］BENTON J S, ANDERSON J, PULIS M, et al. Method for Observing physical Activity and Wellbeing（MOHAWk）: validation of an observation tool to assess physical activity and other wellbeing behaviours in urban spaces［J］. Cities & Health, 2020: 1-15.

［15］ANDERSON J, RUGGERI K, STEEMERS K, et al. Lively Social Space, Well-Being Activity, and Urban Design: Findings From a Low-Cost Community-Led Public Space Intervention［J］. Environment and Behavior, 2017, 49（6）: 685-716.

［16］BENTON J S, COTTERILL S, ANDERSON J, et al. A natural experimental study of improvements along an urban canal: impact on canal usage, physical activity and other wellbeing behaviours［J］. International Journal of Behavioral Nutrition and Physical Activity, 2021, 18（1）: 19.

［17］BENTON J S, ANDERSON J, COTTERILL S, et al. Evaluating the impact of improvements in urban green space on older adults' physical activity and wellbeing: protocol for a natural experimental study［J］. BMC Public Health, 2018, 18（1）: 923.

［18］谌晓安, 王人卫, 白晋湘. 体力活动、体适能与健康促进研究进展［J］. 中国运动医学杂志, 2012, 31（4）: 363-372.

［19］BOULTON E. Promoting physical activity amongst older adults: What if we asked them what they want? Two studies to consider the effects of involving older adults in the design, delivery, implementation and promotion of interventions to promote physical activity amongst［J］. UK: University of Manchester, 2015.

［20］HARTIG T, MITCHELL R, DE VRIES S, et al. Nature and Health［J］. Annual Reviews of Public Health, 2014, 35: 207-228.

［21］刘苏燕, 张琳, 贾虎. 社区公园健康行为与景观环境的互动关系研究［J］. 住宅科技, 2021, 41（8）: 1-7.

［22］JENKINS K, PIENTA A, HORGAS A. Activity and Health-Related Quality of Life in Continuing Care Retirement Communities［J］. Research on Aging, 2002, 24（1）: 124-149.

［23］VAN D D, TEYCHENNE M, MCNAUGHTON S, et al. Relationship of the Perceived Social and Physical Environment with Mental Health-Related Quality of Life in Middle-Aged and Older Adults: Mediating Effects of Physical Activity［J］. PLoS One, 2015, 10（3）: e0120475.

［24］BIZE R, JOHNSON J A, PLOTNIKOFF R C. Physical activity level and health-related quality of life in the general adult population: A systematic review［J］. Preventive Medicine, 2007, 45（6）: 401-415.

［25］KAPLAN R. The Nature of the View from Home: Psychological Benefits［J］. Environment and Behavior, 2001, 33（4）: 507-542.

［26］GEHL J. Life between buildings: Using public space［M］. Washington: Island Press, 2003.

［27］HUANG S C L. A study of outdoor interactional spaces in high-rise housing［J］. Landscape and Urban Planning, 2006, 78（3）: 193-204.

［28］SAMSUDIN R, YOK T P, CHUA V. Social capital formation in high density urban environments: Perceived attributes of neighborhood green space shape social capital more directly than physical ones［J］. Landscape and Urban Planning, 2022, 227: 104527.

［29］ORBAN E, SUTCLIFFE R, DRAGANO N, et al. Residential Surrounding Greenness, Self-Rated Health and Interrelations with Aspects of Neighborhood Environment and Social Relations［J］. Journal of Urban Health, 2017, 94（2）: 158-169.

［30］MAAS J, VAN DILLEN S M E, VERHEIJ R A, et al. Social contacts as a possible mechanism behind the relation between green space and health［J］. Health & Place, 2009, 15（2）: 586-595.

［31］孙旭阳, 汪丽君, 廖攀, 等. 旧城区街角小微公共空间老年人自发参与性研究［J］. 建筑学报, 2021, （S1）: 65-69.

［32］ FUMAGALLI N, FERMANI E, SENES G, et al. Sustainable Co−Design with Older People: The Case of a Public Restorative Garden in Milan（Italy）［J］. Sustainability, 2020, 12（8）: 3166.

［33］ 蒙小英, 冯亚茜, 朱宇. 基于运动与心理健康提升的社区景观营造策略研究［J］. 风景园林, 2021, 28（9）: 36 - 41.

［34］ 陆建城, 罗小龙. 健康促进视角下社区花园支持性环境营造研究——以澳大利亚莫斯维尔社区花园为例［J］. 中国园林, 2022, 38（1）: 129−133.

［35］ SURRATT M. Approaching The Community Garden: How Physical Features Affect Impression［D］. New York: Cornell University, 2010.

［36］ 常莹, 陈思宇, 吕婧. MOHAWK体力活动与健康观察方法简体中文指导手册[EB/OL]. Open Science Framework, 2024 [2024−07−31]. https://doi.org/10.17605/OSF.IO/PJHAV.

　　自然环境已被证明对人类心理健康有积极的复愈作用。然而，在高密度城市环境中居住的居民接触自然的机会有限，小区内部景观往往作为居民日常生活接触最为频繁的空间，可以成为潜在的复愈性环境。本研究旨在探究社区内部景观在感知环境维度与社区居民获得的复愈性效应之间的关系。通过随行访谈的方法，调查了居民对苏州市吴江区松陵街道鲈乡二村小区改造后的景观环境的感知。由此评估了社区景观环境在感知感官维度（Perceived Sensory Dimensions，PSDs）的八个维度的特征及使用者主观的复愈性感知之间的关联，以及特定形式的社区景观在带来复愈性体验上的潜力。研究结果表明，居民对社区景观的"社会"和"自然"特征有很强的感知力。此外，作为社区景观的一个组成部分，社区花园较好地融合了PSDs多个维度的特征，并给予使用者更好的复愈性体验。研究结果为建设复愈性社区景观提供了参考，对社区花园的推广具有借鉴意义。

第九章

基于随行访谈法的社区景观复愈性评价研究
——以鲈乡二村小区为例

Chapter
IX

9.1　复愈性景观的重要性

9.1.1　快速城市化下的消极影响

快速的城市化带来了更多的发展机会，但也带来了人们的焦虑和压力。长期以来，高密度的居住和工作环境使人们面对高度压力，导致他们的情绪波动更加频繁[1]。研究表明，自然环境可以有效地缓解压力和分散注意力[2~4]。然而，城市建设用地的扩张使得为城市提供大面积的绿色空间变得非常困难[5]。另外，快节奏的生活方式也限制了城市居民接触自然环境的时间和机会。因此，为人们提供具有复愈功能的绿色景观，并将其安排在人们熟悉且易于接触的场所，有可能解决上述问题。有证据表明，即使是小型的城市绿地也同样具有复愈性作用，并对人类健康和福祉产生积极影响[6~10]。其中，小区内部的景观是最容易接触到的绿地空间之一，具有潜在的复愈力。然而，对于高密度社区而言，由于内部绿地的数量和尺度有限，空间的"质量"变得更加关键。特别是，如何最大限度地发挥小区内部绿地的复愈性效应与当地居民的健康福祉息息相关。然而，在我国的一些老旧小区中存在社区绿地碎片化、荒废化以及缺乏维护等问题。这些绿地不仅没有起到复愈性的作用，甚至部分因荒废和非法占用给居民带来了消极的影响。中华人民共和国住房和城乡建设部于 2019 年开展了全面推进城镇老旧小区改造工作。更新后的社区景观是否具有复愈性作用，哪些居民的感知因素会引发这种复愈性作用，值得更深层次的探索。

本研究旨在探索适配高密度社区景观复愈效应的理论框架和适合的研究方法。选取苏州的鲈乡二村小区的更新后的社区景观环境作为研究对象，通过运用"随行访谈"的研究方法，从居民的感知环境的角度去理解景观空间的复愈性的效应，未来更为高效地配置和设计具有复愈性效应的社区景观提供依据。通过这项研究，我们可以更好地理解高密度小区内景观的重要性，并为城市规划和社区建设提供指导，以促进居民的健康福祉和生活质量。

9.1.2　复愈性环境理论框架

为了全面回顾有关社区景观复愈性理论框架和步行访谈研究方法的相关文献，本研究对 Web of science，Scoups，PubMed，CMKI 数据库进行了系统性的全面搜索，这些研究的时间范围为最开始到 2023 年 2 月 19 日。检索词是关于（1）社区内部景观，包括中文检索词，即"社区复愈性景观"或"社区花园"或"社区绿地"；以及英文检索词 "neighb*rhood restorative landscape" OR "community garden" OR "neighb*rhood

本章作者为陈思宇（西交利物浦大学在读博士研究生，英国利物浦大学博士候选人）、李子涵（日本名古屋造型大学造型研究科建筑设计专业硕士研究生）、常莹（西交利物浦大学设计学院城市规划与设计系副教授）。

green space"。（2）研究方法，包括中文检索词"随行访谈法"或"步行式访谈法"；以及英文检索词"go-along interview*" OR "walk-along interview*" OR "walking interview*" OR "Walk-Way Interview" OR "Walk-Away Interview" OR "Go-Away Interview" OR "Walk Interview"。剔除重复项（n=320）后，共鉴定出 406 条记录。在筛选标题和摘要后，研究团队对 106 篇全文进行了资格审查。其中 21 篇符合纳入标准并被纳入本次系统审查（图 9-1）。

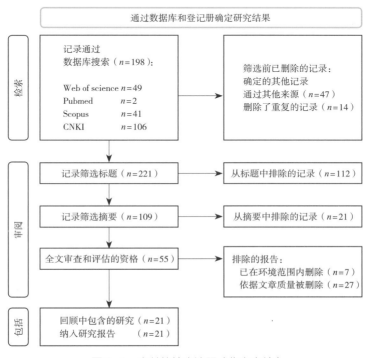

图 9-1　文献的检索流程（作者自绘）

学者们普遍认为，自然环境可以为人类提供力量和疗愈疾病的益处[11~14]。Edward O. Wilson 在他的著作《亲生命》（*Biophilia*）中提出了"亲生命假说"，认为人类有一种天生的本能需求，即亲近自然环境。这种本能被定义为"关注万物生灵生生不息的内在驱动力"，以及"探索与其他生命接触的欲望"[15,16]。同时，Balling 和 Falk 的"草原假说"和 Andrews 的"森林假说"证实了人们已经对某些自然环境形成了偏好，并会做出适应性反应[17,18]。Appleton 将大自然定义为人类生活的安全和保障的栖息地[19]。他的"前景—庇护所"（prospect and refuge theory）理论认为，当景观提供一个真实或想象中的隐藏机会时，就会产生复愈性的效果，并帮助人们获得一些感官受刺激的体验[19,20]。在这些理论的基础上，一些环境心理学的学者提出了复愈性环境的概念，即特定的环境配置可以对人类不断消耗的身心资源和能力有复愈与更新的效果，包括生理的放松、恢复集中注意力、疲劳的缓解；心理的精神压力的舒缓、情绪状态的改善以及认知能力的增强等[2, 21~24]。

在环境复愈性的相关研究中，卡普兰的注意力恢复理论（attention restoration theory，ART）和乌尔里希的压力缓解理论（stress reduction theory，SRT）是目前的主流理论[13, 25]。这两种理论都认为绿色环境特别有利于复愈效果的产生。注意力恢复理论主要关注认知过程，该理论将景观元素视为具有缓解精神疲劳的事物。当人们处于能够帮助他们远离精神疲劳、具有吸引力、宽容且与压力源不同性质的环境中时，耗尽的注意力可以得到恢复[21]。具体而言，卡普兰[21]的注意力恢复理论描述了支持复愈性环境的四个心理成分，包括远离性、迷人性、广泛性（一致性）和兼容性（表9-1）。压力缓解理论关注暴露于自然空间的情感、生理和心理益处，并强调与之相关的减轻压力。特别是对于经历压力或焦虑的人来说，与植被进行视觉接触的好处可能最大[25, 26]。乌尔里希特别提出了对于环境表明审美偏好等情感反应是景观观察者思想、意识体验和行为的核心。当比较城市和不引人注目的自然景观的审美偏好时，研究表明人们表现出强烈的偏好自然的倾向。然而，当树木和其他植被存在时，人们对城市场景的喜好通常也会增加[25, 27, 28]。

表9-1　注意力恢复理论下的复愈性环境特征（作者根据参考文献[13, 29]自绘）

远离性	指的是环境在精神上和物质上的能力，将人从消耗注意力的活动中抽离，并提供从精神努力工作中的休息。远离性不是简单地被描述为回避或退缩，而是通常提供另一种经验
迷人性	指的是自然环境无需任何有意识的努力就能自动吸引人们的注意力的能力。这种吸引力能够无意识地唤起人们，以确保一个人的注意力不断地从负面情绪中被吸引过来。然而，正如 Giuseppe 所说，过于复杂和强烈的吸引力来源会削弱一个人对环境的兴趣，在注意力转移方面会起到反作用
广泛性	指的是环境应该具有的超出其物理尺寸的感知规模。基本要求是能够将疗愈环境与周围大环境中的元素联系起来，以创造一种在更广阔空间中的感觉。同样，小空间也可以通过加入或失去一些物理特征而变得复杂和无边界，以营造一种抽象感 1982）
兼容性	强调在同一环境中包容不同的个体。在不同的条件或是不同人群在接触这样的环境时都会感到同样的舒适。在卡普兰看来，当人们和他们的环境之间存在差异时，兼容性就会得到促进。因此，作为测量的最后一个维度，兼容性验证了环境重新投入使用时的有效性，即提供的环境是否与人们预期的目的一致

复愈性环境的量化方法

为了更好地量化环境的复愈性程度，Hartig 等人在注意力恢复理论（ART）的四个维度的基础上构建了感知复愈性量表（PRS），这是对环境复愈程度的可量化衡量[30]。该量表在许多研究广泛使用，从而验证了该量表的有效性[6, 24, 31, 32]。Bodin 和 Hartig 开发的由 24 个陈述组成的感知复愈性量表的一个版本，提出将"偏好"引入并作为一个衡量维度，并且评估了五个维度的兼容性[33]。Grahn 和 Stigsdotter 基于格式塔心理学（gestalt psychology）的理论，主张人们会依据偏好在内心对周边环境的秩序和等级进行认知上的排序[34]。

对于环境的复愈性而言，也会因为感知到的元素的偏好不同，而出现不同的复愈性效应。因此，他们通过感知感官维度（PSDs）来表达八种抽象的复愈性感知（图 9-2）。每个 PSD 都是不同的，可以单独出现在绿色区域，也可以与一个或多个其他 PSD 一起出现。结果发现人们普遍喜欢宁静维度（serene），其次是空间维度（space）、自然维度（natural）、物种丰富维度（rich in species）、"庇护所"维度（refuge）、文化维度（culture）、前景维度（prospect）和社会维度（social）。庇护所和自然这两个维度与压力的相关性最强[34]。Peschardt and Stigsdotter 在此基础上针对八个感知感官维度收集使用者对于不同小型城市绿地的特征描述。第一次将感知复愈性量表和感知感官维度结合起来，探讨小型绿地特征和用户感知的复愈力之间是否存在显著的关联。结果表明，影响用户感知城市小型绿地复愈性的两个最重要的感知感官维度是"社交"和"宁静"，而"自然"对压力最大的用户也很重要[6]。

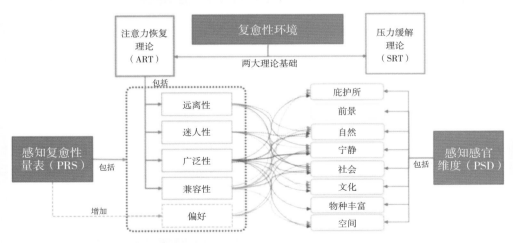

图 9-2　复愈性环境中的相关理论及其关系（作者根据参考文献[6, 33]自绘）

9.2 复愈性景观的研究方法

9.2.1 社区中的复愈性景观

传统认知中自然景观具有复愈性，后来的一些研究证实包括城市绿地，街道绿化，社区景观在内的人造景观环境也具有复愈性[24, 35~40]。复愈性景观是指一个可以感受到空间治愈力量的景观环境[6, 41, 42]。它最初被构思为医疗景观的附属设施，目的是为慢性压力下的人提供一个舒缓的空间，如正在接受治疗的患者、家庭成员和医护人员[43~45]。

然而，伴随土地使用的集约化趋势，具有复愈属性的大面积景观载体越来越少。特别是，由于城市土地资源有限和人口增长，绿色环境面积受到压缩，自然空间的体验将变得难以获得。近年来，一些小型的公共绿地的复愈性效应得到了研究者的广泛关注[6, 8~10, 29, 46]。其中一项研究向参与者展示了不同类型的城市公园的图像，并收集了人们对治疗效果的感知分数。得出的结论表明，小型公共绿地与大型城市公园在复愈效益方面没有显著差异，这是因为对熟悉环境的偏好会影响人们对复愈性的认知[29]。许多学者将复愈性景观探索的范围扩大到广义的社区景观空间[37, 47, 48]。特别是，我国的高密度的封闭式小区内的景观绿地作为物业管辖的一部分，其复愈性效应并没有得到充分的研究。实际上，社区内部的景观绿地在居民的日常生活中扮演着微妙而有影响力的角色。近年来，越来越多的证据显示社区内景观（如社区花园和疗愈花园）对于居民的健康福祉有多种好处，包括提供复愈性环境、促进与人的接触、体力活动、增加社会资本和自然教育的作用[35, 49~52]。

9.2.2 随行访谈法在复愈性景观的应用

目前，研究社区内景观的复愈性效应往往采用问卷和实验等定量研究方法。例如，使用"知觉复愈量表"和"自评复愈量表"等工具来收集居民对复愈效应的感知[23, 24, 53, 54]，或者通过实验法和虚拟现实模拟来验证未意识到的环境因素对人的潜在影响[27, 55~58]。尽管这些方法可以证明复愈环境与注意力恢复和其他健康效益之间的关系，但仅凭这些研究还不足以完全阐明使用者对微观环境细节的感知与复愈效应的多种层面关系。相比之下，采用质性研究方法不仅可以理解和解决标准问卷调查方法无法衡量的当地环境与个人感受的联系，还可以从居住在这些环境中的人们的生活经历中归纳和发展出具有坚实基础的理论，从而产生具有当地特色的健康促进知识。然而，传统的访谈往往关注于人的要素，而很难反映出环境与人的互动。尽管一些方法如"影像发声法"（photovice）使用图片和影像让居民有更好的情景体验[59]，或者通过工作坊的方式进行研究[60]，但仍然难以捕捉居民对环境感知的即时反馈[61]。近年来，一些学者提出了"随行访谈法"作为一种新的流动范式或社会科学中的"空间转向"，并逐渐应用于建筑、城市规划、公共卫生、老年学、健康福祉等相关领域的研究[62]。这种方法可以更好地理解和研究环境与个人之间的互动关系，从而产生更具深度和当地特色的健康促进知识。

专栏 9-2

随行访谈法定义与方式

随行访谈法（walk-along interview，WAI）是一种深度定性访谈方法的变体形式，也被称为"随走""步行访谈""评论路径法"或简称为"步行"[63]。它结合了参与式观察和深度访谈的特点，即参与者和至少一个访谈者沿着指定路线（或自由路线）进行共同移动。移动的范围通常是在熟悉的社区或局部区域内进行，这个环境将成为研究的主题，并且会在两个对话者之间引发讨论。随行访谈法的主要目标是通过多次访谈收集参与者对环境的丰富体验，特别是关注他们在移动中的感知。在 WAI 过程中需要同时进行三种活动：行走、感知和描述[62, 64]。

目前，进行随行访谈法主要有两种方式，包括自然式行走（nature walks）和导向式行走（guided walks）[65]。这两种方式虽然对使用随行访谈法的预期优势有相当程度的共识，但在如何进行选择访谈路线方面存在重要差异，即路线是由研究者还是参与者设定的。第一种方式是由参与者选择要遵循的路线，参与者被认定为给定地理位置的专家，并向研究者指示当地有意义的地方。第二种方式是由研究人员预先定义路线，从而允许测试先前的假设，并在给定的地理空间位置上收集质性的数据。提前确定固定路线的好处是可以将访谈重点放在与研究项目目标相关的特定地点。如果研究人员想要收集有关特定建筑物或路径的意见，那么这可能需要遵循结构化路线[65]。然而，强加预设路线的缺点是，这种方式试图让参与者做一些超出他们日常经历的行为。人为制定的结构化路线的做法可能会产生吸引人的数据，但不会增强对于参与者的真实生活和实践的理解[63]。此外，预设的路线可能会减少参与者选择自己的路线时所体验到的赋权感[65]。因此，权衡这两种方式是为了获得高质量的质性数据而必须考虑的。

随行访谈法作为一种经过测试的质性研究工具，还可以和其他研究工具结合使用，比如将随行访谈法和影像发声法的技术进行结合，可以更加高效地收集老年居民对于环境的看法并提升他们的参与感。因此，影像发声法可以作为随行访谈法的潜在的有力盟友，在随行访谈的过程中进行拍照并在之后的焦点小组中与他人讨论环境的感受[60]，这样可以获得更加全面的环境复愈力的评价，减少了个人的偏见。近年来，随着科技的发展，一些新兴工具和技术的引入，解决了一些以往随行访谈研究过程中的难点。例如，合理利用地理空间技术，即全球定位系统（GPS）和地理信息系统（GIS），可以实现步行过程中产生的情境知识的具象化[66]。除了与空间上的 GPS 信息的结合并通过 GIS 的平台的展现，近年来，通过低成本的小型相机，如 GoPro 和虚拟现实的技术，让随行访谈法在环境信息的收集更加丰富。"带着相机行走"（go with a camera）作为一种现象学研究方法，它关注人类体验和场所营造的感官要素。研究者跟随参与者并通过 GoPro 等小型相机录像，以具身视角捕捉视频，可以更精确地捕捉参与者的观点的相关环境，并通过他们的肢体动作和表情，产生对他人经历的移情和共鸣[67]。

综上，随行访谈法可以有效收集参与者与当地环境中社会或物质环境因素的互动，以评估个人，空间和行为之间的关系[64]。与传统的在地访谈相比，通过与受访者在研究场地中行走，研究人员能够在现实的基础上更直接地获得人们感受的反馈，并观察到被访者如何体验现场以及环境如何影响他们[60]。在访谈过程中，受访者直观看到研究地点，因此能够快速回忆起场地带来的感受和自己独特的经历，以便研究人员收集更多关于细节的信息[62, 68]。此外，随行访谈也有助于研究者更好地了解研究地点的现在和过去，从而归纳和评估其特点[60]。

9.3　鲈乡二村随行访谈法

本研究在通过文献综述探究现有方法的基础上，探索适合高密度社区景观环境的随行访谈方法。采用半结构式的采访提纲，提纲问题参考了感知感官维度（PSDs）和感知复愈性量表（PRS）。随行访谈的路线采用提前确定的结构化路线，最大限度地涵盖不同的社区景观类型，同时保证路线的安全性。通过收集居民对现有社区景观环境特征的复愈效益的感知，并将收集到的信息录入 NVivo 进行编码和分析。

9.3.1　研究方法

本次研究选址在江苏省苏州市吴江区松陵街道鲈乡二村小区。作为吴江区一座典型的老旧社区，鲈乡二村小区在 2020 年底基本完成了老旧小区景观更新工作。该小区是为数不多的配备复愈性景观和社区花园的老旧小区更新示范项目之一，在这里人工打造的景观节点和自然的绿地空间都得到良好的分布。因此，有条件收集到居民对不同种类景观空间和元素的感知复愈效益反馈。图 9-3 和表 9-2 显示了在该社区内部的选取的景观节点的位置和类型。此外，小区内社区花园的园艺种植活动已经持续进行了一段时间，与其他小区相比，当地居民对复愈性景观和植物的复愈性效益有着较为清晰的认知，这也有助于研究团队顺利开展随行访谈。

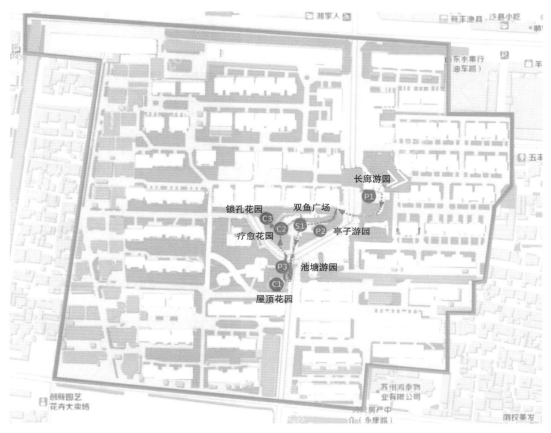

图 9-3　鲈乡二村社区范围的主要景观节点位置（作者自绘）

表 9-2　鲈乡二村主要景观节点类型与照片（作者自绘，照片均为作者拍摄）

编号	名称	类型	图片
P1	长廊游园	微绿地	

编号	名 称	类 型	图片
P2	亭子游园	微绿地	
S1	双鱼广场	社区广场	
P3	池塘游园	微绿地	
C1	屋顶花园	限时开放社区花园	
C2	疗愈花园	全天开放社区花园	
C3	锁孔花园	全天开放社区花园	

9.3.2　参与者

本次研究通过随机便利抽样和滚雪球的招募方式，共有 25 名当地居民参加了访谈，包括 10 名男性和 15 名女性。年龄从 19 岁至 90 岁不等。所有的参与者最近都有在社区绿地上进行一些活动的经历。在谈话开始前，受访者都被告知整个访谈将被录音。表 9-3 显示了参与者的特征。

表 9-3　参与者特征（作者自绘）

类别	选项	人数	份额
性别	男	10	40%
	女	15	60%
年龄	18～28 岁	7	28%
	29～59 岁	8	32%
	60 岁及以上	10	40%
是否有陪伴	和家人	12	48%
	和朋友	3	12%
	和宠物	2	8%
	独自	8	32%
出行的频率	每天多次	16	64%
	每天 1 次	1	4%
	每周 1～2 次	4	16%
	很少	4	16%
持续时间	＜30 分钟	2	8%
	30～60 分钟	11	44%
	1～2 小时	8	32%
	＞2 小时	4	16%
职业	学生	2	8%
	公司员工	7	28%
	自主创业	3	12%
	退休	11	44%
	失业人员	2	8%

9.3.3 数据收集

在随行访谈之前，研究者会与参与者简单介绍讲述这次研究的背景和目的，并邀请自愿参与者签署知情同意书。在获得同意之后访谈正式开始。访谈开始最初阶段，收集同意参与研究的居民的一些个人信息，包括年龄，工作，出行的目的，是否有陪伴，出行的频率及时长（不涉及隐私信息）。并通过几个问题的在地采访来和参与者快速建立信任。随后，参与者被要求从两条研究路线中选择一条，并进行大约 5～40 分钟的随行访谈。期间，研究者和居民一起沿着预设的路线行走，当走到社区内的选好的景观节点，参与者被要求暂停步行并对眼前场景进行感受和回忆，对该场景的复愈性效应进行提问。经过参与者同意后被现场录音记录。一些录音无法捕捉的信息，例如观察到被访者如何体验现场、环境如何影响他们的细节，以及空间的一些物理特征，将通过现场笔记和带有空间信息的拍照的形式进行补充。

9.3.4 数据分析

本次研究采用 NVivo12 软件进行信息处理和分析。研究过程中收集的音频文件由讯飞听见软件转录成 Word 文档格式，然后并导入 NVivo 进行编码。编码是基于 Grahn 和 Stigsdotter 提出的 8 个知觉感官维度（PSDs），将收集的语音资料归类为 8 个方面的短句[34]。在这个基础上，考虑到受访者讲话内容的情感基调，根据受访者的情感又将短句分为正向和负面两类。此外，一些受访者提到的有趣的信息也被记录。这些信息与研究问题有一定的联系，可能为社区绿地未来发展及跨学科的合作提供一些依据。

9.4 鲈乡二村景观复愈性效益

访谈共收集到 231 条有效的陈述语句。各个维度的代码所占比例如图 9-4 所示。直观来看，人们最关心的是"社会""自然"和"空间"的特征，分别有 21%、17% 和 17% 的话语含有关于这 3 点的信息。受访者关于上述维度的态度以积极的情绪为主，但仍然有超过一半的研究对象认为目前的"空间"特征难以为他们提供复愈性的感受。另一方面，人们在"宁静"和"庇护所"维度上也表现出积极的态度。在"物种丰富"维度，大部分的受访者认为社区中拥有丰富的物种可以带来更好的复愈性体验。"文化"和"前景"维度较少被提及，但它们也被认为有助于提供积极的体验。

9.4.1 社会维度

感知感官维度（PSDs）中对具有社会维度的环境定义是具有功能属性的场地，指通常覆盖由硬质地面覆盖，能够提供给人们交流，休闲，或者进行活动的场地和服务设施[34, 69]。这是独属于人类社会的环境，人在这里会感到安全。在以前的概念里，社

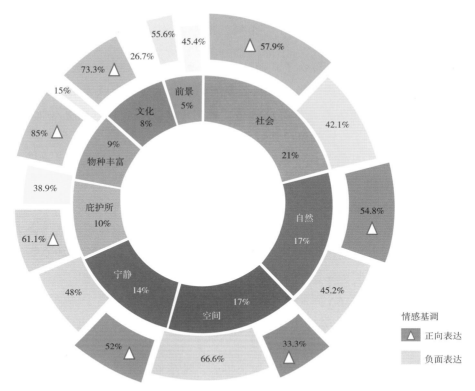

图 9-4　感知感官维度（PSDs）各维度占比及情感基调（作者自绘）

区被认为人们聚集起来参与讨论决策的场所，也是居民学习如何让社会化的地方[70, 71]。因此社会维度是社区有别于其他绿色空间的基本属性。这一特性同样反映在受访者的回答中。NVivo 编码语句中，有 20% 与社会性特征相关。

"小区景观是一个比较好的聊天场所，（大家）喜欢扎堆聊天，孩子有玩伴，老年人也有玩伴，就觉得比较放松吧。"（女性，45 岁）

"我们有一个同事，他一没有事干，就下午两三点钟带琴到这里弹奏，把大家都吸引来了。"（男性，77 岁）

社交行为通常以人群特征加以区分。以性别和年龄为例，大部分的社交行为发生在中年女性和老年人群体之间。"与朋友聊天"和"锻炼身体"是社区内最为普遍的社交情景。此外，家庭构成的相似性也为人们带来了共同话题。孩子年龄相仿的年轻母亲们，以及和宠物的主人们更喜欢扎堆。社区绿化环境为他们提供了更为惬意的社交场所。

另一方面，在收集到的采访信息中园艺种植活动被多次提及。这是因为鲈乡二村作为社区花园项目的试点小区，居民对社区花园有着更加深入的了解。部分受访者表示种植的行为和过程带来的治愈体验要高于肉眼所看到的景观所带来的直观感受，比起植物产出的成果，他们更重视种植过程中具有复愈性质的社会效益。社区花园带来的不仅是社区环境的提升，更是居民在社区自我表达的一种形式，也是吸引相同趣味、观念的群体的方式。

"（社区花园的种植活动）影响了我的情绪。我也帮他们照料花，因为我平时种花就种得好，小孩们（志愿者）信任我，让我也参加。我很乐意承担照顾花朵的任务，花不仅长得好看，和他们一起工作也很有成就感，我们退休了之后就很少有人听我们说话，有个地方让我还能体现自己的价值还挺好的。"（男性，70岁）

"我之前听说这个小区有居民一起种花的活动，我也很想参加。我最喜欢种花，都在家里阳台上种。等它们长大了，我想着搬到小区里，有条件就移栽到那个花园里。独乐乐不如众乐乐嘛！"（男性，73岁）

与之相对，一些受访者表示自己对社交行为的回避和抵触。尽管自己不会主动加入社交的群体，但也没有反对他们在某些场合的聚集。他们通常主动远离社交行为。一些受访者在描述理想社区时，希望社区能提供支持独处的私密环境。他们认为社区绿地作为社交的场所，在某种意义上带给人们舒适放松的感觉。然而，出于种种原因，他们不认为这个场地完全对自己开放，自己并不是这些社交益处的受众。因此，他们主动远离了那些心目中的社交场所。

"平时小区中间广场上人最多。但我搬来不长，没跟他们说过什么话。我没想着可以融入这个小区，也不想在这里和陌生人聊天。我希望小区有一些可以在那里独处的小空间。有时不想在家里待。就种些小草丛小树林就能解决这个问题。"（女性，29岁）

"广场周围应该有一些独立的座位区，与那些喜欢热闹的分开。"（男性，25岁）

"花园那片都是小孩老年人，每次我去那边都像是进入人家的地盘。我是租客不是本地人，没人叫我，我也没主动参与社区的活动。"（女性，19岁）

9.4.2 自然维度

对自然维度的定义基于 Grahn 和 Stigsdotter 的描述，指一个较少受到人类活动的影响的、野生生长的绿色环境[34]。和其他类型的绿色空间一样，小区绿地具有的自然属性的特征也能有效缓解心理压力。在访谈中，人们将小区环境的自然维度理解为自然元素（植被、空气、阳光、水等非人造介质和场所）带给他们的感觉。

"感觉空气很新鲜，夏天在太阳下也不会太热，在树荫下有小风吹着，挺舒服的。那个小池塘也是我们这儿的特色，去年才弄的，我就喜欢这个，一下子就丰富了小区的氛围，像个小公园一样。"（女性，45岁）

"天热的时候这边花还蛮多的，五颜六色的，那一片都很香。闻着就很好嘛，心旷神怡。我和我们家小孩就喜欢花园，别人小区没这么好的条件，还能让她认识很多植物和昆虫。"（男性，28岁）

对于偏好自然属性的受访者来说，在老旧社区改造之前，小区环境更加原始和自然。

"原来我们社区的环境非常好，有很多大树，枝繁叶茂的，下雨天你都不需要打伞。但现在你看不到它们（树）了。这是一个有点遗憾的事情。"（女性，73岁）

一些参与者明确表示自然元素能够带给自己心情上的转换，并将这种感受描述为"能让我很快平静下来""更加放松""养眼""惬意"等具体的情绪。参与者提到了具体的自然特征，这些形容更加接近原始的自然环境。

"我希望小区能种更多的树，就像在吴江公园，能听到鸟叫看流水，空气都是清新的。"（男性，73岁）

"我希望植物能更茂盛一点，最好一年四季都能看到不同的风景。"（女，19岁）

另一些受访者则表示更青睐于人为保持整洁的现代园艺形式。他们对传统意义上的自然性特征提出质疑，认为人造的绿化景观"干净""整洁""设计和维护得好"的社区景观更能够带给他们轻松愉悦的体验。

"（社区花园）这里很舒服，花草布置得特别好，形式也很有意思。每天早上我都到这边转转，空气也很新鲜。"（女，36岁）

"如果所有的绿化都有人维护，定期来修修补补添置点新东西，就不会有那么多杂草了。居民会更愿意从房子里走出来，到院子坐会儿，而不是整天待在家里。"（男性，32岁）

在社区内自然未加修饰的和人工痕迹明显的景观都能给人带来复愈的感受。自然性因此可能不是小区绿化复愈性体现的最重要的影响因素。

9.4.3　空间维度

空间维度体现在空间设计的合理性，适宜开展各类活动。例如一个有高大树木遮蔽，既能在冬日晒太阳又能在夏天乘凉的环境配置。同时，它鼓励人群因聚集而产生某些互动[34]。受访者的观点在不同年龄层和社会背景下存在差异。年轻的受访者（19~32岁）表达了自己对一个存在于室外的包容性空间的喜爱，但前提是他们是这个空间唯一或极个别的使用者。

"我希望晚上能有灯光，植物能更茂盛一点，（广场）不要那么无遮挡。如果有能给手机充电的地方那就更好了。"（女，27岁）

"我平时喜欢在路上散步，或者在这里坐一会儿。（疗愈花园）这里很安静，可以让我马上平静下来。"（32岁）

"我反而喜欢人少的那片（疗愈花园）。一般我想自言自语不希望被别人听到的时候我就上那边去，或者到那个楼顶（屋顶花园）人多我就不去了，我是社恐。"（女性，19岁）

孩子的父母们对于空间性的认知更加注重的是自然元素，如阳光、微风、清新的空气等。同时他们不介意与别人分享这个空间，并欢迎人群聚集。

"我觉得现在的社区很好，有植物，有风景，有人们的休息场所，有孩子们消耗体力的地方，家长、老人也能找到伴。"（女性，35 岁）

年长的居住者的感受更为复杂。一方面，他们喜爱热闹的环境和亮眼的景观元素，认为改造后的现代社区广场提供给了他们更高质量的活动和聚集场所；另一方面，出于对场地记忆的留恋之情，老年人认为改造以前的更为原始的空间能够在精神上给予他们更多支持。部分对目前社区环境消极表达也是基于上述原因。

"我更喜欢过去的社区环境。老小区改造后，原来的景观被破坏了。我们社区以前有很多参天的大树，后来所有的树都被砍成了树桩，变成了停车位。真是个遗憾的事。"（女性，73 岁）

"现在树下的空间几乎没有了，周围的都是人造的，我还是喜欢以前有树的时候。生活了十几年了，少了点熟悉的感觉。"（女性，73 岁）

9.4.4 宁静维度

如 Grahn 和 Stigsdotter 所描绘的那样，宁静维度表示了一个没有噪声、没有威胁且井然有序的环境[34]。这里没有过多的噪声或事物的干扰，人们能够保持平静的心态。在以前的研究中，宁静被认为是个人在感知小规模绿地的复愈性品质时最重视的一个特征，并与注意力恢复理论里的"远离"属性呈现出密切的关系[72]。然而，在现有的 25个相关代码中，有 13 个积极语境和 12 个消极语境。换句话说，本次研究对象对场地宁静的复愈性感知上存在着一些差异。这种差异主要与人们的性格存在关联[23]。一些受访者表示，他们更喜欢独处。他们在社区中较少被使用的绿色空间内感到更舒适。

"心情不好我会自己出去走走或在（另一个绿色小公园）这里坐一会儿。走太远还是有点担心，这点距离刚好。晚上也很少有路人，有时候打个电话、听听歌。也不担心打扰人。"（女性，19 岁）

"我喜欢这个地方（长廊），平时没什么人，他们都爱在广场周围待着。有时我在这里听有声书，这没广场那么吵而且离我家很近，更喜欢这种氛围吧。"（女性，34 岁）

另一些人更期待在社区交到朋友。让他们对环境带来的复杂声音充满期待，更偏爱与人交流和互动产生的发出的声音。他们更喜欢和熟悉的人聚集在一起，享受自然环境并分享他们的生活点滴。这一点在社会性的分析中已经说过，不做赘述。

9.4.5 "庇护所"维度

尽管生活在城市的人类已经早已远离了狩猎生活的威胁，但自然环境所提供的安全感仍然很重要[6, 19, 34]。社区作为公共环境和隐私环境的过渡，既满足了社交需求，又不用面对完全陌生环境的压力。因此，他们在这样的环境感到更加轻松和舒缓。除此之外，一些参与者还认为，在疫情的特定背景下，社区的环境对人的心理健康起到了重要影响。

"小区是一个更好的互动场所。如果去公园之类的公共场合，我感觉浑身不自在，牵着狗都好像在炫耀，感觉别人的目光审视着我。对我来说，我可以穿着睡衣在小区里走来走去，不怕遇到人，所以我感觉更放松。"（女性，45岁）

9.4.6 物种丰富维度

长期以来，人们认为与不同植物和动物的接触有利于人类福祉[73, 74]。尽管与足够丰富的植物和动物接触显然很难在社区里实现，但收到的回答显示人们希望能够有这样的机会。一些参与者在描述理想的社区或回忆在小区中发生的记忆时，提到了很多关于动植物的内容。在人类生活的社区里看到的鸟类和野生动物以及日常生活中很少见的植物和花朵，都激发了他们的兴趣[72, 75]。总的来说，受访者在看到动植物的时候，心情是愉悦的。

"夏天的花草比较茂盛看着真的很不错。夏天我在花园那边见着一只绿色的蝴蝶，以前从来没见过，感觉就是社区环境美化过后才有这么多小动物到这儿来，真好！希望以后能看到更多的小动物。"（女性，19岁）

"我看到了我认为离我生活很远的生物的感觉很奇妙，我希望能种植更多的植物，以吸引更多的小动物来到社区。"（女性，19岁）

此外，居民抱怨说，社区的景观设计没有覆盖所有的季节。冬天的景色远不如其他季节。一些开花植物的花期太短。对于那些喜欢看开花的人来说，他们的心情不能感觉到随时都能得到治愈。

"我喜欢看花，但冬天的植物品种比较少，要是有蜡梅什么的就好了。"（女性，36岁）

"我希望社区种植的花开得更持久。因为现在有些树半年都是光秃秃的，只开几个星期的花。"（男，73岁）

一部分受访者认为，社区内的动植物物种仍然有限。一些家长对他们小时候在家里看到的景象表示怀念。他们认为，最近一代人在生活中缺少接触自然的机会。

"我小时候经常在草地上抓蚱蜢，那个时候就是真正的轻松，没有压力。我家小孩现在还没有见过这些昆虫。所以我希望家附近有一个地方可以让孩子们学习自然科学知识。大自然也是人们的好老师。"（男性，32岁）

9.4.7 文化维度

Grahn 和 Stigsdotter 用文化性定义那些以喷泉、纪念碑和雕塑等人文景观作为特色的环境。在本研究中，文化性场所被扩展到科学文化展板、传统文化景观和社区举办的文化活动等方面[6, 34]。大体上，一些受访者描述了社区组织的文化活动如何帮助他们释放压力或影响儿童的成长教育。

"我希望能有更多的活动来教孩子们认识植物，并在假期带他们去做志愿者活动。培养小孩子的这种环保意识，爱护动物，我觉得很重要。"（女性，42 岁）

此外，当被问及对社区文化符号雕塑的感受时，大多数参与者认为这对他们的心情没有影响。一些居民反映，雕塑占用了活动空间，造成了安全隐患。至于具有传统园林文化特质的亭子，一些受访者表示他们会偶尔使用，但不是因为其背后的文化内涵。总的来说，文化认同的强弱并不是社区居民能否获得复愈性体验的关键因素。

9.4.8 前景维度

在 Appleton 的"前景—庇护所"理论中，"前景"强调了视野的开阔，而"庇护所"则提供了被隐藏的可能性。"平坦""开放"等词汇被用来描述属于前景的特征[19]。

访谈过程中，当选择不同路线的受访者走到广场附近时，他们会被问及"面前的场景让你感觉如何？"的问题。一些受访者提到了"视野"这个词，这在前面的结果中也有介绍。一般来说，人们希望有一个开放的视野，这样他们可以很容易地检查周围的环境是否安全。大多数家长选择带着孩子在广场上转悠，是出于能够随时查看孩子位置的实际原因。另一方面，视野开阔并不意味着完全暴露。一些受访者表示，他们更喜欢屋顶花园，那里的人比较少。他们希望能够看到别人在做什么，但又能保持自己的隐私。

"我偶尔会在取快递和打电话的时候去屋顶花园坐一会儿。我觉得视野开阔的话，讲话的条理也比较清楚吧，而且我不担心打电话时被人听到。"（男性，23 岁）

9.5 社区花园的复愈性潜力

小区是城市居民生活的基本单元。在客观条件限制的当下，小区环境是有别于室内空间的，最容易被人们接触到的室外场所之一[76]。因此促进小区居民从小区景观环境中获得的复愈性体验的机会有利于人们的身心健康，对未来的城市发展具有深远的意义[6, 49, 77]。之前的文献考虑了小型城市绿地对人类精神的治疗作用。本研究进一步细化到小区内的景观，并细化到不同维度下环境对人们获得的复愈性感知的影响。

本次研究通过 Grahn & Stigsdotter 提出的感知感官维度（PSDs）将社区环境识别为具有以下八种特征的场所，分别是自然、文化、前景、社会、空间、物种丰富、庇护所和宁静[34]。步行访谈的调查结果体现了人们对于社区环境所附属的不同属性的复愈力的感知情况。从访谈材料收集的 NVivo 代码数量来看，受访者更重视社区环境的社会特征。这一发现似乎与原始研究的结论不一致，在 Grahn 和 Stigsdotter 的研究中，自然是给予治疗体验的最有力的环境属性[34]。这一结果也体现在 Peschardt 对小型城市绿地的研究中[78]。造成这种差异的原因是多方面的。首先，中国人倾向于将社会空间的感知置于其他特征之上[79]。这是由于中国城市人口密度大的背景，使得城市居民渴望在户外进行社交活动[79, 80]。其次，小区环境不同于完全的自然环境中以自然力作为主导因素存在。在小区中，人的因素起着决定性的作用[81]。因此，与人类活动联系更紧密的社会因素更加明显[82]。

基于这样的认知，参与者通常将一种用途作为属性附加到环境上，例如"纳凉的地方""聊天的地方""遛狗的小路"等。这可能是因为人们很少把参观小区绿地作为他们出行最终目标。小区内的活动通常是一些受限制而产生的结果，例如"距离""时间"或是其他的原因。因此，人们对小区景观的期望更多是基于功能性[83]。比起植物动物的组合如何获得生态效益，人们更在乎小区是否有树荫或者花卉的更长花期，以满足自身体验的需要。因此，对于传统自然空间的认知可能不适宜对小区绿地的描述。在这种前提下，社会属性要优于自然属性被考虑。

社区花园可以看作将社区绿化中的自然性、社会性、生物多样性和文化性结合的产物。作为社区绿化的客观成果，其本质实际上是为社区居民提供交流与理解的平台[84]。除花园植物本身具有的自然效益外，社区花园在帮助人们对内摆脱负面情绪，实现自我价值；对外促进社区融合、提升社会福祉等方面都具有更大的潜在的意义[85, 86]。在展现形式上，它以植物等自然元素构成，而植物又为动物和昆虫提供了栖息地，因此社区花园的存在丰富了物种的多样性。之前的研究的结果证明了与丰富的动植物接触有利于人们获得复愈性的体验[87]。当社区里的植物种类变得丰富时，更多的人报告他们感觉到环境变得更好，心情更为舒畅和放松[79, 88]。

然而参与者强调了定期维护的重要性，他们主张定期清理杂草和害虫，以控制该地区的生物类型，并保持景观的清洁和整洁。这表明虽然人们提倡保有尽可能多的生物类型，但实际上对生物加以甄选并通过人为手段进行干预。在另一方面，这种需要定期照料的人为景观某种程度上与自然性的定义相违背。

此外，当被问及对社区景观的体验时，参加过社区花园活动的人往往反应更积极。一些参与者建议，通过把花园变成菜园，可以吸引更多的人加入进来。因为当参与维护获得的不仅仅是精神层面的鼓励，而同时包含物质层面的收获，会有更多的居民参与其中。这种行为与建设社区花园的初衷是否相同姑且不论，但居民产生对共同营造社区环境的思考是值得肯定的。并且很大程度上人们可以通过种植行为获得某种满足感，以此释放压力改善情绪。因此，可以认为参与社区花园的人能够有更多的复愈性体验。即便这种复愈效果的来源并不完全来自花园里的花草，而是来自社会环境的归属和成就感。

首先本研究存在一些不足亟待改进。由于时间、距离和天气条件的限制，研究开展的时间有限，参与的居民数量也有限，样本的数量和多样性都不够充分。其次，个人偏好差异的影响程度并没有得到深入调查，因此研究结果可能会受到个人喜好差异的干扰。结果的代表性可以在未来通过更大规模的调查进一步确认。最后，本次调研在冬季开展，与其他季节相比，社区内自然景观较为单调。同时，人们外出的意愿普遍不高。

因此，对本问题的研究可以选择在气候条件更好的春夏季节，并进一步探讨季节和气候对人的感知感官的影响。

　　本研究在以往研究的基础上探讨了小区环境的复愈性潜力。本研究的初步结论是，小区景观也具有复愈性，特别是在社会和自然方面。人们对小区环境的最大期望是能够进行社会活动。而绿色环境本身的自然特征使其比单纯的人造环境更具吸引力。

　　这项研究表明，社区绿化可以作为一个更容易接近和复愈性环境来改善人类的健康和福祉。同时，作为样本社区的一种特殊绿地类型，社区花园是感知感官各维度景观元素的良好组合，能够同时满足人们对社会性、自然性和丰富物种的偏好。在未来，它可以被进一步推广，以提高社区的幸福感，缓解城市居民日益严重的心理健康问题。

参考文献

［1］ AHMED N J, ALRAWILI A S, ALKHAWAJA F Z. The Anxiety and Stress of the Public during the Spread of Novel Coronavirus（COVID-19）［J］. Journal of Pharmaceutical Research International, Gurgaon：Sciencedomain Int, 2020, 32（7）：54-59.

［2］ JOYE Y, VAN DEN BERG A E. Restorative Environments［G］//STEG L, DE GROOT J I M.Environmental Psychology. Chichester, UK: John Wiley & Sons, Ltd, 2018: 65-75.

［3］ WEBER A M, TROJAN J. The Restorative Value of the Urban Environment：A Systematic Review of the Existing Literature［J］. Environmental Health Insights, 2018, 12: 1178630218812805. DOI:10.1177/1178630218812805.

［4］ 徐磊青.恢复性环境、健康和绿色城市主义［J］.南方建筑,2016（3）：101-107.

［5］ 孟若希,徐磊青.高密度环境里小型绿地恢复潜能模型评述［J］.城市建筑,2019,16（19）：171-175.

［6］ PESCHARDT K K, STIGSDOTTER U K. Associations between park characteristics and perceived restorativeness of small public urban green spaces［J］. Landscape and Urban Planning, 2013, 112: 26-39. DOI:10.1016/j.landurbplan.2012.12.013.

［7］ EIZENBERG E, SASSON O, SHILON M. Urban Morphology and Qualitative Topology: Open Green Spaces in High-Rise Residential Developments［J］. Urban Planning, 2019, 4（4）：73-85.

［8］ CHIESI L, COSTA P. Small Green Spaces in Dense Cities: An Exploratory Study of Perception and Use in Florence, Italy［J］. Sustainability, 2022, 14（7）：4105. DOI:10.3390/su14074105.

［9］ WEBER E, SCHNEIDER I E. Blooming alleys for better health：Exploring impacts of small-scale greenspaces on neighborhood wellbeing［J］. Urban Forestry & Urban Greening, 2021, 57: 126950. DOI:10.1016/j.ufug.2020.126950.

［10］ LU S, OH W, OOKA R, et al. Effects of Environmental Features in Small Public Urban Green Spaces on Older Adults' Mental Restoration: Evidence from Tokyo［J］. International Journal of Environmental Research and Public Health, 2022, 19（9）：5477. DOI:10.3390/ijerph19095477.

［11］ VAN DEN BERG A E, HARTIG T, STAATS H. Preference for Nature in Urbanized Societies: Stress, Restoration, and the Pursuit of Sustainability［J］. Journal of Social Issues, 2007, 63（1）：79-96. DOI:10/

b7f7wt.

［12］ VAN DEN BERG M, VAN POPPEL M, VAN KAMP I, et al. Visiting green space is associated with mental health and vitality: A cross−sectional study in four european cities［J］. Health & Place, 2016, 38: 8−15. DOI:10.1016/j.healthplace.2016.01.003.

［13］ KAPLAN R, KAPLAN S. The experience of nature: a psychological perspective［M］. Cambridge: Cambridge University Press, 1989.

［14］ ANDERSON V, GOUGH W, AGIC B. Nature−Based Equity: An Assessment of the Public Health Impacts of Green Infrastructure in Ontario Canada［J］. International Journal of Environmental Research and Public Health, 2021, 18(11).

［15］ SALINGAROS N A. Biophilia and healing environment［J］. Terrapin Bright Green, 2015: 1−44.

［16］ WILSON E O. Biophilia［M］. Cambridge: Harvard University Press, 1984.

［17］ BALLING J D, FALK J H. Development of Visual Preference for Natural Environments［J］. Environment and Behavior, 1982, 14(1): 5−28. DOI:10.1177/0013916582141001.

［18］ ANDREWS P J. Palaeoecology of Laetoli［J］. Journal of Human Evolution, 1989, 18(2): 173−181. DOI:10.1016/0047−2484(89)90071−7.

［19］ APPLETON J. The experience of landscape［M］. London, New York: Wiley, 1975.

［20］ DOSEN A S, OSTWALD M J. Prospect and Refuge Theory: Constructing a Critical Definition for Architecture and Design［J］. The International Journal of Design in Society, 2013, 6(1): 9 − 24. DOI:10.18848/2325−1328/CGP/v06i01/38559.

［21］ KAPLAN S. The restorative benefits of nature: Toward an integrative framework［J］. Journal of Environmental Psychology, 1995, 15(3): 169−182. DOI:10.1016/0272−4944(95)90001−2.

［22］ BERTO R. The Role of Nature in Coping with Psycho−Physiological Stress: A Literature Review on Restorativeness［J］. Behavioral Sciences, 2014, 4(4): 394−409. DOI:10.3390/bs4040394.

［23］ LAUMANN K, GÄRLING T, STORMARK K M. Rating scale measures of restorative components of environments［J］. Journal of Environmental Psychology, 2001, 21(1): 31−44. DOI:10.1006/jevp.2000.0179.

［24］ CARRUS G, LAFORTEZZA R, COLANGELO G, et al. Relations between naturalness and perceived restorativeness of different urban green spaces［J］. Psyecology, 2013, 4(3): 227−244. DOI:10.1174/217119713807749869.

［25］ ULRICH R S. Natural versus urban scenes some psychophysiological effects［J］. Environment and Behavior, 1981, 13(5): 523−556. DOI:10.1177/0013916581135001.

［26］ HANSMANN R, HUG S M, SEELAND K. Restoration and stress relief through physical activities in forests and parks［J］. Urban Forestry & Urban Greening, 2007, 6(4): 213−225. DOI:10.1016/j.ufug.2007.08.004.

［27］ ULRICH R S, SIMONS R F, LOSITO B D, et al. Stress recovery during exposure to natural and urban environments［J］. Journal of Environmental Psychology, 1991, 11(3): 201 − 230. DOI:10.1016/S0272−4944(05)80184−7.

［28］ ULRICH R S. Aesthetic and Affective Response to Natural Environment［G］//ALTMAN I, WOHLWILL J F.Behavior and the Natural Environment. Boston, MA: Springer US, 1983: 85−125.

［29］ NORDH H, HARTIG T, HAGERHALL C M, et al. Components of small urban parks that predict the possibility for restoration［J］. Urban Forestry & Urban Greening, 2009, 8(4): 225 − 235. DOI:10.1016/

j.ufug.2009.06.003.

[30] HARTIG T, BÖÖK A, GARVILL J, et al. Environmental influences on psychological restoration[J].
Scandinavian Journal of Psychology, 1996, 37(4): 378-393. DOI:10.1111/j.1467-9450.1996.tb00670.x.

[31] AKPINAR A. Assessing the associations between types of green space, physical activity, and health
indicators using GIS and participatory survey[G]//KARAS I R, ISIKDAG U, RAHMAN A A.4th
International Geoadvances Workshop-Geoadvances 2017: Isprs Workshop on Multi-Dimensional &
Multi-Scale Spatial Data Modeling. Gottingen: Copernicus Gesellschaft Mbh, 2017, 4-4(W4): 47-54.

[32] BRIAN E S, LAWRENCE D F, CHRISTOPHER A, et al. Measuring Physical Environments of Parks
and Playgrounds: EAPRS Instrument Development and Inter-Rater Reliability[J]. Journal of Physical
Activity and Health, 2006, 3(s1): S190-S207.

[33] BODIN M, HARTIG T. Does the outdoor environment matter for psychological restoration gained
through running?[J]. Psychology of Sport and Exercise, 2003, 4(2): 141-153. DOI:10/dwnwds.

[34] GRAHN P, STIGSDOTTER U K. The relation between perceived sensory dimensions of urban
green space and stress restoration[J]. Landscape and Urban Planning, 2010, 94(3-4): 264-275.
DOI:10.1016/j.landurbplan.2009.10.012.

[35] FUMAGALLI N, FERMANI E, SENES G, et al. Sustainable Co-Design with Older People: The Case
of a Public Restorative Garden in Milan(Italy)[J]. Sustainability, 2020, 12(8): 3166.

[36] THWAITES K, HELLEUR E, SIMKINS I M. Restorative urban open space: Exploring the spatial
configuration of human emotional fulfilment in urban open space[J]. Landscape Research, 2005, 30(4):
525 - 547. DOI:10.1080/01426390500273346.

[37] VIDAL C, LYMAN C, BROWN G, et al. Reclaiming public spaces: The case for the built environment
as a restorative tool in neighborhoods with high levels of community violence[J]. Journal of Community
Psychology, 2022.

[38] VICTORIA H. Socially Restorative Urbanism: The Theory, Process and Practice of Experiemics[J].
Urban Policy and Research, 2014, 32(3): 384-386. DOI:10/gpxz4d.

[39] UEBEL K, MARSELLE M, DEAN A J, et al. Urban green space soundscapes and their perceived
restorativeness[J]. People and Nature, 2021, 3(3): 756-769.

[40] HARTIG T, MANG M, EVANS G W. Restorative Effects of Natural Environment Experiences[J].
Environment and Behavior, 1991, 23(1): 3-26. DOI:10.1177/0013916591231001.

[41] SVEINSON C. Several ways to heal: propagating a restorative landscape[D]. Winnipeg: University of
Manitoba. 2020.

[42] GERLACH S N, KAUFMAN R E, WARNER S B. Restorative Gardens: The Healing Landscape[EB/
OL]. (1998)[2023-09-04].https://www.semanticscholar.org/paper/Restorative-Gardens%3A-The-
Healing-Landscape-Gerlach-Spriggs-Kaufman/a301703c6ade12f5f8247a1e8f1ef6ad82810283.

[43] ULRICH R S. View Through a Window May Influence Recovery from Surgery[J]. Science, 1984,
224(4647): 420-421. DOI:10/fdwqvr.

[44] HUSEIN H A, SALIM S S. Impacts of daylight on improving healing quality in patient rooms: case of
Shorsh hospital in Sulaimani city[J]. International Transaction Journal of Engineering Management &
Applied Sciences & Technologies, Pathumtan: Tuengr Group, 2020, 11(11): 11A11N.

[45] JONVEAUX T R, BATT M, FESCHAREK R, et al. Healing Gardens and Cognitive Behavioral Units
in the Management of Alzheimer's Disease Patients: The Nancy Experience[J]. Journal of Alzheimers

Disease, 2013, 34（1）: 325−338.

［46］ KARIN K P, JASPER S, ULRIKA K S. Use of Small Public Urban Green Spaces（SPUGS）［J］. Urban Forestry & Urban Greening, 2012, 11（3）: 235－244. DOI:10.1016/j.ufug.2012.04.002.

［47］ CERVINKA R, SCHWAB M, SCHOENBAUER R, et al. My garden−my mate? Perceived restorativeness of private gardens and its predictors［J］. Urban Forestry & Urban Greening, 2016, 16: 182−187.

［48］ GOWRI BETRABET GULWADI. Restorative home environments for family caregivers［J］. Journal of Aging Studies, 2007, 23（3）.

［49］ TORRES A C, PREVOT A C, NADOT S. Small but powerful: The importance of French community gardens for residents［J］. Landscape and urban planning, 2018, 180: 5−14. DOI:10.1016/j.landurbplan.2018.08.005.

［50］ THARREY M, PERIGNON M, SCHEROMM P, et al. Does participating in community gardens promote sustainable lifestyles in urban settings? Design and protocol of the JArDinS study［J］. BMC Public Health, 2019, 19（1）: 589.

［51］ TEIG E, AMULYA J, BARDWELL L, et al. Collective efficacy in Denver, Colorado: Strengthening neighborhoods and health through community gardens［J］. Health & Place, 2009, 15（4）: 1115−1122. DOI:10.1016/j.healthplace.2009.06.003.

［52］ KINGSLEY J, FOENANDER E, BAILEY A. "It's about community": Exploring social capital in community gardens across Melbourne, Australia［J］. Urban Forestry and Urban Greening, 2020, 49. DOI:10.1016/j.ufug.2020.126640.

［53］ HIPP J A, GULWADI G B, ALVES S, et al. The Relationship Between Perceived Greenness and Perceived Restorativeness of University Campuses and Student−Reported Quality of Life［J］. Environment and Behavior, 2016, 48（10）: 1292−1308. DOI:10.1177/0013916515598200.

［54］ CHEN ZHENG, ZHAI XUEQIAN, YE SHIYUN, et al. A Meta−analysis of Restorative Nature Landscapes and Mental Health Benefits on Urban Residents and Its Planning Implication［J］. Urban Planning International, 2016: 16−26.

［55］ BENTON J S, ANDERSON J, COTTERILL S, et al. Evaluating the impact of improvements in urban green space on older adults' physical activity and wellbeing: protocol for a natural experimental study［J］. BMC Public Health, 2018, 18（1）: 923. DOI:10.1186/s12889−018−5812−z.

［56］ BRUNSWIK E. Perception and the Representative Design of Psychological Experiments［M］. University of California Press, 1956.

［57］ HUANG Q, YANG M, JANE H, et al. Trees, grass, or concrete? The effects of different types of environments on stress reduction［J］. Landscape and Urban Planning, 2020, 193: 103654. DOI:10.1016/j.landurbplan.2019.103654.

［58］ YU C H, LEE H Y, LU W H, et al. Restorative effects of virtual natural settings on middle−aged and elderly adults［J］. Urban Forestry & Urban Greening, 2020, 56: 126863. DOI:10/gpqvm3.

［59］ BAKER T A, WANG C C. Photovoice: Use of a Participatory Action Research Method to Explore the Chronic Pain Experience in Older Adults［J］. Qualitative Health Research, 2006, 16（10）: 1405－1413. DOI:10.1177/1049732306294118.

［60］ CARPIANO R M. Come take a walk with me: The "Go−Along" interview as a novel method for studying the implications of place for health and well−being［J］. Health & Place, 2009, 15（1）: 263−272.

DOI:10.1016/j.healthplace.2008.05.003.

［61］STIEGLER S. On Doing Go－Along Interviews: Toward Sensuous Analyses of Everyday Experiences［J］. Qualitative Inquiry, 2021, 27（3－4）: 364－373.

［62］GARCIA C M, EISENBERG M E, FRERICH E A, et al. Conducting Go－Along Interviews to Understand Context and Promote Health［J］. Qualitative Health Research, Thousand Oaks: Sage Publications Inc, 2012, 22（10）: 1395－1403. DOI:10.1177/1049732312452936.

［63］KUSENBACH M. Street Phenomenology［J］. Ethnography, 2003, 4（3）: 455－485. DOI:10.1177/146613810343007.

［64］AMAYA V, CHARDON M, KLEIN H, et al. What Do We Know about the Use of the Walk－along Method to Identify the Perceived Neighborhood Environment Correlates of Walking Activity in Healthy Older Adults: Methodological Considerations Related to Data Collection—A Systematic Review［J］. Sustainability（Switzerland）, 2022, 14（18）: 11792.

［65］EVANS J, JONES P. The walking interview: Methodology, mobility and place［J］. Applied Geography, 2011, 31（2）: 849－858. DOI:10.1016/j.apgeog.2010.09.005.

［66］MARTINI N. Using GPS and GIS to Enrich the Walk－along Method［J］. Field Methods, 2020, 32（2）: 180－192. DOI:10.1177/1525822X20905257.

［67］BATTISTA G A, MANAUGH K. Using Embodied Videos of Walking Interviews in Walkability Assessment［J］. Transportation Research Record: Journal of the Transportation Research Board, 2017, 2661（1）: 12－18. DOI:10.3141/2661－02.

［68］THOMPSON C, REYNOLDS J. Reflections on the go－along: How "disruptions" can illuminate the relationships of health, place and practice［J］. The Geographical Journal, 2019, 185（2）: 156－167.

［69］YAKINLAR N, AKPINAR A. How perceived sensory dimensions of urban green spaces are associated with adults' perceived restoration, stress, and mental health?［J］. Urban Forestry & Urban Greening, 2022, 72: 127572. DOI:10.1016/j.ufug.2022.127572.

［70］COHEN A. Symbolic Construction of Community［M］. Routledge, 2013.

［71］KATZ M B, BELLAH R N. The Good Society［J］. The American Historical Review, 1993, 98（5）: 1667. DOI:10.2307/2167204.

［72］ALVARSSON J J, WIENS S, NILSSON M E. Stress Recovery during Exposure to Nature Sound and Environmental Noise［J］. International Journal of Environmental Research and Public Health, 2010, 7（3）: 1036－1046. DOI:10/b922v8.

［73］GORMAN R. Therapeutic landscapes and non－human animals: the roles and contested positions of animals within care farming assemblages［J］. Social & Cultural Geography, 2017, 18（3）: 315－335. DOI: 10.1080/14649365.2016.1180424.

［74］NILSSON K, SANGSTER M, GALLIS C, et al. Forests, Trees and Human Health. Front_matter［J］. 2011, 10.1007/978－90－481－9806－1.

［75］DA SILVA B F, PENA J C, VIANA－JUNIOR A B, et al. Noise and tree species richness modulate the bird community inhabiting small public urban green spaces of a Neotropical city［J］. Urban Ecosystems, 2020, 24（1）: 71－81.

［76］XU J. Community Facilities and the Health of Older Adults in China［D］.Clemson:University of Clemson , 2015.

［77］CATTELL V, DINES N, GESLER W, et al. Mingling, observing, and lingering: Everyday public spaces and their implications for well-being and social relations[J]. Health & Place, 2008, 14(3): 544-561. DOI:10.1016/j.healthplace.2007.10.007.

[78] PESCHARDT K. Health Promoting Pocket Parks in a Landscape Architectural Perspective[D]. Copenhagen: University of Copenhagen, 2014.

[79] TONG Z, DING W. A method for planning mandatory green in China[J]. Computers, Environment and Urban Systems, 2011, 35(5): 378-387. DOI:10.1016/j.compenvurbsys.2011.06.003.

[80] 金添琪. 康复性景观视角下老龄化社区户外环境设计研究——以苏州新城花园社区为例[D]. 江苏: 江苏大学, 2021.

[81] MILBOURNE P. Growing public spaces in the city: Community gardening and the making of new urban environments of publicness[J]. Urban Studies, 2021, 58(14): 2901-2919. DOI:10.1177/0042098020972281.

[82] BOFFI M, POLA L, FUMAGALLI N, et al. Nature Experiences of Older People for Active Ageing: An Interdisciplinary Approach to the Co-Design of Community Gardens[J]. Frontiers in Psychology, Switzerland: 2021, 123(1): 702525.

[83] MANTEY D. The "publicness" of suburban gathering places: The example of Podkowa Leśna (Warsaw urban region, Poland)[J]. Cities, 2017, 60: 1-12. DOI:10.1016/j.cities.2016.07.002.

[84] WAKEFIELD S, YEUDALL F, TARON C, et al. Growing urban health: Community gardening in South-East Toronto[J]. Health Promotion International, 2007, 22(2): 92-101. DOI:10.1093/heapro/dam001.

[85] POULSEN M, NEFF R, WINCH P. The multifunctionality of urban farming: perceived benefits for neighbourhood improvement[J]. Local environment, 2017, 22(11): 1411-1427.

[86] POULSEN M N, HULLAND K R S, GULAS C A, et al. Growing an urban oasis: A qualitative study of the perceived benefits of community gardening in baltimore, maryland[J]. Culture, Agriculture, Food and Environment, 2014, 36(2): 69-82. DOI:10.1111/cuag.12035.

[87] COLLEY K, BROWN C, MONTARZINO A. Restorative wildscapes at work: an investigation of the wellbeing benefits of greenspace at urban fringe business sites using 'go-along' interviews[J]. Landscape Research, 2016, 41(6): 598-615. DOI:10.1080/01426397.2016.1197191.

[88] 王丽萍, 祝遵凌, 王荣华, 等. 不同类型居住区植物种类与配置的差异分析——以徐州市居住区为例[J]. 山东农业大学学报(自然科学版), 2017, 48(6): 876-882.

在现代社会的快速发展下，社区居民的邻里关系是一个值得关注的问题。随着城市化进程和居住形态的变迁，从单元房制度时期的紧密邻里关系到现代城市社区，由于人口流动性增大、居住环境改变以及缺乏有效的社交平台等因素，邻里关系逐渐疏远，社区归属感与凝聚力减弱。

在单元房制度时期，企事业单位不仅作为生产和提供福利保障的主要部门，同时也是居民生活的主要载体。那个时期单位职工及其家属形成了一个相对封闭而稳定的社区环境，在长期共同工作、生活中建立了深厚且紧密的邻里关系。然而，紧密的邻里关系在住房改革后发生了显著变化。商品房住宅区的兴起，虽然提升了人们的居住品质，但在一定程度上削弱了原有的熟人社会和邻里关系[1]。中国各地相继开展棚改项目，城市更新使得原有的邻里关系因迁徙和重组而逐渐疏远。由于不同的文化习俗或生活方式，重组后的社区居民难以形成紧密的邻里关系和社区归属感与凝聚力。如今，随着经济社会的迅猛发展以及社会流动性增强，众多社区呈现出居住人员结构多元、人口流动性大的特点，以及缺乏交流的平台、生活节奏快、防御心理等因素的叠加，人们的归属感和对所在社区的认同意识薄弱，亟待重新构建起邻里之间的情感联系和交流平台。

社区花园作为一种新型的城市绿化形式，近年来在中国，尤其是长三角地区的实践逐渐增多。本研究主要采用文献回顾、半结构访谈的方法，以苏州市吴江区松陵街道鲈乡二村社区花园作为案例，从社会网络、信任与互动、志愿主义、凝聚力与归属感四个方面探讨社区花园对参与者社会资本的影响，为社区花园的价值和效益研究提供方法参考和实证依据。

第十章

社区花园对参与者社会资本的影响

Chapter
X

10.1 社区花园在社区治理中的机遇

城市绿地作为城市生态系统的重要组成部分，对维护城市生态平衡和社会文化功能都具有举足轻重的作用。然而，随着城市化发展，绿地资源日趋紧张。为应对这一挑战，将城市中的拆迁地、废弃地、闲置地改造成社区花园的做法，逐渐成为高密度城市闲置地绿色微更新的关键策略。近年来，北京、上海等地已经有了多年的社区花园探索与实践。

英国工业革命时期，由于城市的发展和城市人口的增长，许多低收入人群无法获得足够的食物，为此，城市的部分空余土地被有计划地预留以供种植蔬菜。社区花园的出现和扩展与社会经济的变化密切相关，在经济危机期间，失业居民对蔬菜有很大的需求，种植蔬菜可以缓解失业人口的经济困难。然而，在经济危机结束后，由于城市经济形势稳定，大量失业的人找到了工作，人们对蔬菜的需求减少，所以社区花园的数量再次减少[14]。社区花园在 1893 年经济危机期间出现在美国，主要是为了给处于饥饿和缺乏食物的居民提供获得新鲜食源的机会，政府鼓励人们在闲置的土地上种植水果和蔬菜[14]。三年后，社区花园开始出现在底特律、芝加哥、波士顿和普罗维登斯各大城市。但经济复苏后，房地产开发商开始重新收回城市空余土地，花园的数量因而急剧减少。Voicu 和 Been 的研究发现，1980 年拥有社区花园的居民收入水平与受教育程度相对较低，高收入的房主可能已经拥有私人和独立的花园空间，而低收入的房主没有自己的绿地，只能与其他居民共享公共的社区花园[15]。

由于过去社会和城市发展的不同，现在的社区花园与过去流行的社区花园的成因和作用有所不同。在中国，社区花园主要建在城市或社区的闲置空间，由社区居民和公共服务组织共同设计、建设和管理的花园。社区花园以共建共享的方式，为社区内的人们提供开展园艺活动的场所，是可以使人们放松、与自然产生联系，与城市居民聚集进行社交的休闲空间。社区花园不仅是城市绿色空间的有效补充，更是促进社会交往和支持的重要公共平台。以位于上海大学路附近的创智农园为例，它不仅由废弃地成功转变为周边居民共享的绿色休闲空间，还在新旧社区之间搭建起一座沟通的桥梁，有效促进了不同社群间的融合互动，彰显了社区包容性的一面[2]。

社区花园通过充分利用社区闲置的绿色空间，鼓励居民参与建设和维护，进而增加邻里之间互动的频率，有助于重塑人们对居住社区的亲切感与归属感，并在跨文化的对话与沟通中构建社会网络[3~6]。同时，社区花园还能够培养社区内居民间的互惠互助精神，对于社区凝聚力以及社会资本的积累至关重要[7~9]。并且，居民通过社区花园活动

本章作者为赵易秋（苏州农业职业技术学院园林工程学院教师）、季琳（西交利物浦大学在读博士研究生，英国利物浦大学博士候选人）、常莹（西交利物浦大学设计学院城市规划与设计系副教授）。

的参与、组织和维护活动，可以锻炼协作解决问题的能力，制定并执行规范，从而在实践中培育社会资本[4, 10, 11]。

尽管已有大量文献认可社区花园在社会资本培育中的积极作用，但对于影响社会资本形成或存量的具体因素及其差异性研究尚不充分，尤其在国内相关研究领域较为稀缺。另外，不同类型的社区可能对应着不同的社会资本积累。在一项对澳大利亚 5 个社区的社会资本参与网络、互惠、信任、社会规范等进行测量的研究中发现，各社区在一般因素和特殊因素上存在显著差异[12]。因而，深入探究影响社区花园中社会资本不仅能够指导社区花园项目的实施与优化，还能够丰富社会资本理论的实证案例，对推动社会发展和增进社区福祉有重要的现实意义。

本文以苏州市吴江区松陵街道鲈乡二村社区花园为研究样本，通过现场调研与半结构访谈的方法，探讨社区花园作为社区公共空间如何影响参与者社会资本，以及其中关键影响因素，旨在为未来社区花园的建设与社区治理提供建设性的帮助。

专栏 10-1

社区花园与社会资本已有研究

相关文献收集于 2023 年 2 月至 3 月进行，由于社区花园在中国大陆的发展历史不久，关于社区花园与社会资本的研究的文献以英文为主。中文检索以"社区花园"和"社区资本"为关键词分别在知网与万方进行期刊论文搜索，得到有效文献 2 篇。英文文献检索步骤共分为四步骤（图 10-1）。首先，基于 Scopus、Web of Science 和 PubMed 数据库，搜索关键词为"Social capital"和"Community garden*""Social capital"和"allotment*"，检索时间限定为截至 2023 年，分别检索到的相关文献为 57 篇、54 篇和 5 篇。其次，经过文件管理系统 Zotero 的筛选，发现并删除了 36 篇重复文献后，总计 75 篇文献。

为了进一步增强研究结论的可靠性和有效性，参与写作的两位研究者进行采用 Kappa 系数统计方法对这 75 篇文献分类与评价进行一致性程度判断。首先，构建一个的 75×2 列表，每一行表示一篇文献，每一列表示研究者的判断结果，若认为该文章符合则附值 1，否则附值 0。在完成列表判断后，研究者应用公式计算 Kappa 值，Kappa 值的取值范围为 $[-1, 1]$，其中 1 代表完全一致，0 代表随机一致，负值则意味着一致性低于机会水平。根据 Landis 和 Koch 提出的广泛引用的 Kappa 标准，Kappa 值为 0.61 ~ 0.80 表示高度一致性，0.81 ~ 1.00 表示几乎完全一致[13]。第一轮 Kappa 一致性判断用于得到相关性文献，两位研究者根据题目和摘要的阅读，筛选出 48 篇文献，该轮相关文献的 Kappa 值为 0.799。在第二轮 Kappa 一致性判断中，两位研究者用快速浏览的方式通读 48 篇文章，确定了需要满足高度相关性文章的三个基本标准：（1）关注社区花园中的社会资本。（2）提到社会资本对社区花园参与者的积极或消极影响。（3）对社区花园而不是分配份地进行研究。该轮精读文献的 Kappa 值为 0.888，显示了较高的一致性。最后，共有 17 篇高度相关的文章被纳入精读范围。在对这 17 篇精选文章进行研究后，研究者又通过这 17 篇文章引用的参考文献，另增加了三篇关于社会资本理论回顾的文章以及两篇中文文献，以进一步补充对社会资本理论的认知。

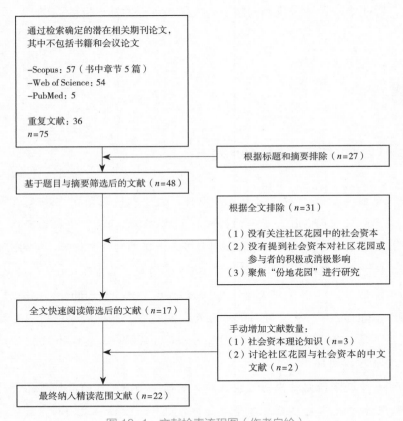

图 10-1　文献检索流程图（作者自绘）

10.2　社区花园对参与者社会资本的影响

专栏 10-2

社会资本的概念

社会资本的概念在不同学科中都得到广泛关注和应用。社会资本应被视为个人属性还是群体属性，是社会凝聚力还是嵌入社会网络的资源，是私人利益还是公共利益，是结构视角还是网络联系视角是一直被讨论的话题[12, 16]。虽然，学者们对如何衡量和定义社会资本存在争议，但都认可社会资本的本质是通过社会关系获得的资本。社会资本是通过特定的社会生活和工作的人际关系网络，以及借助这个网络或所在群体所能调动的人力或财力资源而起作用。

目前，有两种普遍认可的社会资本模型。首先，按照资源分配，将社会资本分为结构型社会资本和认知社会资本，因为它们对实践中社会结构和社会网络中复杂的相互关系具有有益的影响[17]。结构型资本指的是人们所做的事情（联系、网络），可以通过观察或记录进行客观验证。认知型社会资本指的是人们的感受（价值观和认知），因此是主观的。其次，是从连接网络的角度进行分类，社会资本主要有三种类型：纽带型社会资本、桥梁型社会资本和联结型社会资本[12, 18, 19]。纽带型社会资本是指社会人口特征状况相似的个人之间的紧密联系，如家庭或亲密朋友。桥梁型社会资本指的是相似人群之间较为疏远的联系，如松散的友谊或同事关系。桥梁型社会资本往往是外向型的，将来自不同社会人口状况的人聚集在一起。由于社会互动的复杂性，很难在社区花园的背景下对桥梁型和纽带型社会资本进行分类[18]。有学者进一步提出第三类"联结型社会资本"，指涉及处于不同境况的不同人群之间的联系，也指这些不平等主体之间的网络和制度化关系[20]。联结型社会资本被认为是社会中在政治或经济上具有影响力的不同权力级别的人之间的联系。

10.2.1　纽带和桥梁

社区花园可以帮助参与者建立和扩大社会网络。参与社区花园的人们所建立的社会网络主要包括普通社会关系、多元群体的联系、信任的产生，以及社区花园自治管理组织的管理。其中普通社会关系的建立，更像是纽带型和桥梁型社会资本，往往将对园林和园艺感兴趣的人聚集在一起。其中，有些人是亲戚朋友，属于纽带型社会资本。而更多的社区花园则像一座"桥梁"，把原本互不相识的人联系在一起，这属于桥梁型社会资本。人们可以通过社区花园建立新的关系，社区花园活动促进了居民之间的互动，社区花园中的社会互动给居民提供了相互了解的机会。通过社区花园的园艺活动，不同群体之间的联系部分使参与者有机会跨越文化、语言和代沟建立联系[21]，这种联系属于联结型社会资本。社区花园对外来者具有吸引力，因为它们可以容纳不同的人群，并给人们带来归属感[18]。种植和烹饪等活动可以增加不同年龄或文化群体之间的交流。在社区花园的互动过程中，人们逐渐建立起信任感。在信任关系中，居民之间的关系会转化为友谊，这有助于保持对社区花园的参与[10]。在社区花园自治组织的管理环节，当社区花园的参与者出现工作矛盾时，居民自治管理团队可以更容易地帮助居民化解矛盾、解决问题，从而使该团队运行得更加顺畅[7]。社区花园成员的社会资源也可用于花园，在社区花园的营建与维护中，成员不仅投入时间与劳动力，还能够利用各自的社会资源为花园带来支持，在人脉关系、信息渠道、资助筹款等方面[10]。例如，社区花园成员利用自身的社会网络联系到潜在的赞助商、政府机构、社会组织等，申请资金支持以购买园艺工具、种子等。

10.2.2　建立社区意识

社区花园是培养社会资本的场所，社区花园促进社会互动、社会包容、社区联系和环境参与的能力可以建立社区意识，进一步促进社区的凝聚力[5, 6, 22, 23]。越是积极参与过社区花园活动的家庭来说，越可能感受到更强的社会联系，对其维护社区环境更有责任感，对邻里关系更加满意[11]。社区花园对社会资本的益处不仅局限于花园活动本身，也会体现在对社区整体的影响上。社区花园通过利用城市空余土地，创造丰富的社交活动场景，进而增加居民间社交机会，并鼓励集体决策和合作，这有利于培养公民责任感和提升社区参与意识，并改善社区邻里关系，从而，在社区花园中产生社会资本使整个社区受益[23]。

研究表明，社区花园建立的关系可以进一步促进社区花园之外的社会互动。社会资本促进并加强了邻里之间的社会联系，这种联系超出了社区花园的范围，使居民能够互相照顾[24]。许多研究认为，社区花园还有助于提高城市韧性，如能减少社区犯罪[25]。此外，社区花园在促进社会网络和为少数群体创造社会资本方面尤为重要，如移民[3]、难民[8]、低收入人群、残疾人和与社会隔绝的居民[26, 27]。

10.3　影响社区花园社会资本的因素

通过阅读文献发现社区花园中社会资本存量主要受环境因素、参与者、社区花园的运营与管理因素的影响。

10.3.1 环境因素

环境因素主要包括选址、空间因素和基础设施配置。首先，社区花园的选址非常重要，交通便利性高（距离居住地步行距离短或无障碍通道）、规模较大的社区花园具有较高的社会资本[28]。这样，人们可以更方便地到达社区花园，提供更多的土地，吸引更多的人参与社区花园。第二部分是空间因素。社区花园为参与者提供了一个交流和互动的空间[4, 23, 24]。三项研究表明，视觉开放的社区花园更容易吸引居民参与[21, 24, 29]。第三是花园的基础设施配置，如堆肥箱、雨水收集器和园艺工具等基础设施。大多数社区花园的参与者都没有园艺方面的经验，完善的基础设施为参与者提供了更便捷的园艺活动途径，可以提高他们的参与意愿，从而促进社会资本的建立[28]。

10.3.2 参与者的因素

社区花园的参与者通常是社区居民、有园艺经验的人，以及对社区花园感兴趣的人。从社区花园参与者的角度来看，社区花园参与者的社会阶层（受教育程度和收入）可能会产生不同的社会资本，了解参与者参与社区花园的动机有助于理解社会资本的发展[19]。人们可以通过互动和交流建立社会网络，社会网络可以促进社会资本的产生。根据现有研究，互动内容和交流方式对社区花园社会资本的产生有一定影响。居民在社区花园中的互动主要通过花园中不同类型的活动进行。愉快的社区花园活动可以吸引人们参与社区花园活动[10]。社区花园活动如堆肥和除草，社区花园相关的接触可以增加人们的知识和能力。社区花园的活动为人们创造了社会交往的机会，社会资本可以在交往过程中产生[23]。分享也是与他人建立关系的重要过程，也许是通过分享食物、知识或经验[21]。此外，在社区花园中，时间的投入会影响人们的参与和信任，并产生黏合型社会资本[4, 20]。

10.3.3 社区花园的运营和管理

社区花园的运营和管理对于社会资本的培育尤为重要。若参与者认为参与社区花园是有趣的，更容易建立社交网络，而社交网络是社会资本的主要来源[10]。居民参与建立社区花园管理团队，有利于培养居民对花园的归属感和责任感[30]。团体所采用的不同交流模式也会对人们的社会交往产生不同的影响，面对面的交流是非常重要和有价值的，而网络社交媒体上的交流只能产生非常微弱的联系[20]。

10.3.4 其他不利于社会资本的因素

最后，社区花园中可能存在一些不利于培养社会资本的因素。关于土地、金钱和人际关系的冲突可能会降低社会资本，在社区花园中经历过挫折的居民会被认为社会资本减弱，因此社区花园有必要建立良好的治理结构[23]。然而，影响社会资本的因子的有效性和可靠性还未得到充分争议。Glover 还鼓励研究人员批判性地分析社会资本，因为它有可能导致不公平和腐败，而不是只关注其集体价值[24]。在对澳大利亚五个社区的网络参与、互惠、信任、社会规范、公共资源和社会代理等方面的社会资本进行测量的研究中，结果表明五个社区在一般因素和特殊因素方面存在显著差异[12]。因此，有必要在实证研究的基础上对单一案例的社会资本进行衡量。

专栏 10-3

社会资本的测量

在评估社区花园的社会资本时，学者们常用的方法是利用定性研究方法，便于对选定的案例进行全面回顾，案例数量一般在 1 ~ 6 个[4, 20, 21, 23]。采用深度访谈、实地调查、面对面交流、比较分析等定性方法获取脚本，然后通过编码程序分析社会资本的影响因素。与此同时，也有少数研究者采用定量研究方法，旨在发现普遍性。例如，Ding 等对 35 个社区花园进行了 1 257 份问卷的定量研究，如表 10-1 关于社会资

表 10-1 关于社会资本变量的问卷[30]

变 量	选 择
S1 一般来说，社区农场的园丁是值得信赖的	
S2 我每周与其他参与者分享蔬菜、工具和种植技巧	
S3 在过去的一个月里，我帮助了社区花园的其他人	
S4 在过去的一年里，我与他人合作举办了花园活动	
S5 有机会与他人交往或交谈是我参加社区花园的主要原因	强烈不同意 =1
S6 在过去的两个月里，我和别人一起出去玩或参加了花园外的活动	不同意 =2 未决定 =3
S7 社区花园帮助园丁、居委会领导和社会组织之间建立了密切的联系	同意 =4
S8 通过参与社区花园，我结交了 2 ~ 5 个来自不同社会背景的新朋友	非常同意 =5
S9 通过参加社区花园，我参加其他的社区志愿活动并作出贡献	
S10 通过参与社区花园，我和其他参与者一起建立了一个自我管理团队	

本变量的问卷，以深入了解设计和社会因素在塑造中国社区花园社会资本表达方面的关系[30]。一些学者还将定性和定量方法结合起来使用。在 Christensen 及其同事的研究中，他采用实地调查的方法，对园丁和组织者进行半结构化访谈，并结合丹麦统计局提供的邻里数据，发现邻里资本与人口统计、经济收入、地理位置和花园规模之间的关系[19]。

　　世界银行推出的社会资本评估工具（Social Capital Assessment Tool，SCAT）是较早的社会资本测量工具，但存在耗时长、问题重叠、缺乏有效性和可靠性测试等缺点。Harpham 等研究人员对 SCAT 进行了修改，形成了适应性社会资本评估工具（A-SCAT）[31, 32]。A-SCAT 用 7 个问题测量结构性社会资本，用 11 个问题测量认知性社会资本，总共 18 个问题主要涉及与组织的联系、集体行动、参与公共事务、社会支持、社会凝聚力、归属感、信任和互惠（表 10-2）。社会科学中的许多概念都与社会资本的概念重叠，包括社区凝聚力、社区归属感和社区竞争力。社会凝聚力是指将个人与社会网络的形成联系起来，促进和 / 或动员个人围绕某个问题或爱好开展活动。社区归属感包括参与社区组织、社会支持、情感联系和其他方面。社区竞争力包括社区居民对社区的自愿贡献和社区居民之间的相互支持。这三者是衡量社区社会资本的

表 10-2　适应性社会资本评估工具表（A-SCAT）[31, 32]

A. 结构（联系）	B. 认知（互惠、分享、信任）
（1）参与组织	（1）一般社会支持
（2）机构联系（与服务、设施和组织的联系）	（2）情感支持（使人们能够"感受到"事物）
（3）普遍集体行动的频率	（3）工具性支持（使人们能够"做"事情）
（4）具体的集体行动（人们是否会聚在一起解决指定的假设情况）	（4）信息支持（使人们"知道"事物）
（5）市民程度（被访者是否参与投票 / 竞选 / 参加其他社区或全市活动）	（5）来自他人的信任
（6）链接到具有资源的组（如政府或援助机构）	（6）同胞情怀
（7）与平行群体（即其他社区）的联系	（7）互惠合作
	（8）社会和谐
	（9）归属感
	（10）公平感（社区中的其他人是否会占别人的便宜）
	（11）社会责任感（社区内其他人是否会归还失物）

重要标准，因为它们都能反映社会关系、网络以及不可避免的互动和交易。由于社区花园促进了社区内持续的跨文化和社会互动，因此可以在社区内形成积极的邻里规范、基层网络、信任和共同价值观[9, 10, 16, 24]。多样性也是社会资本的一个重要概念，因为它关注的是人际关系如何将来自不同群体的不同人聚集在一起。

10.4　鲈乡二村社会资本编码分析

采访者邀请参与社区花园建设、运营维护阶段的 25 位居民进行面对面半结构式访谈。15 位参与建设的居民在社区花园建设阶段（2020 年 12 月）接受了采访，其中两位为 60 岁以上的老人，其余为年龄在 30～35 岁的亲子家庭成员。在社区花园建设过阶段，因采访问题涉及伦理且采访者与受访者之间尚未建立信任，采访在不拍摄、不录音的情况下，以文本的形式记录在纸上。采访问题主要围绕参与者间的互动、社会网络、志愿服务进行。采访结束后对文本内容通过 NVivo 软件进行整理（表 10-3）。遵循 Strauss 和 Corbin 的三阶段编码方法进行数据收集，包括开放编码、轴向编码和选择编码[33]。第一步是根据访谈文本的信息初步选择有信息价值的段落形成开放编码。第二步，将相似的开放编码进行进一步汇总和组合，并对编码进行排序，得到轴向编码。第三步，从上述轴向编码中选择一个更一般化和解释性的主题，汇总成选择性编码。

表 10-3　2021 年访谈分析（作者自绘）

	开放编码	轴向编码	选择性编码
受访者 A	我参加每一个社区花园活动，主动与其他居民进行合作与沟通。我认为社区花园是一个非常有意义的了解自然的好机会。我愿意帮助其他居民。如果别人需要，我愿意帮助他们。当我见到居民时，我会和他们打招呼，与他们交谈		**互动的程度**
	主动与居民打招呼和聊天、参加每一次的社区花园活动、愿意与其他居民互相帮助、主动与其他居民合作、意识到社区花园活动的意义	互动（频率和程度）、社会参与（主动性，合作）	直接互动（问候、聊天、讨论、分享知识和信息、帮助） 线上互动（共享信息或其他）
受访者 B	我认为其他的居民是我的朋友，我们一起为社区做一些事情。我们参与建设后可能会比其他居民更加关注社区花园。我和 8 位居民讨论了从社区花园偷花的问题。我愿意尽我所能帮助居民。在我看来，社区花园是一个很好的项目。它建成后，需要由居民们维护。很多绿地都被停车位取代了，有一个美丽的花园真是太好了。我想捐赠一些植物给社区		

	开放编码	轴向编码	选择性编码
受访者 B	成为朋友、与居民聊天和讨论、帮助居民、愿意志愿捐赠	互动（频率、程度）、志愿服务、互相帮助	
受访者 C	我很想加入社区花园建设团队，参加每一个活动。我对花卉和社区花园很感兴趣，我喜欢和社区里的人一起建造花园。通过活动我认识了居民们，我通常会和他们打招呼。我愿意帮助别人，互相帮助。我想为社区花园捐赠一株植物		**社会参与** 参与公共活动的主动性和频度，与居民的合作
	参加每一次活动、喜欢和社区居民一起建造花园、主动打招呼、愿意互相帮助、愿意捐赠	社会参与、互动（打招呼、互相帮助）、志愿服务（捐赠）	
受访者 D	当我和居民一起种植植物时，我学到了很多关于植物的知识。在种植和浇灌花卉的过程中，社区居民获得了很多交流的机会。在未来，我们可能会成为居民的朋友。居民们愿意互相帮助。我愿意为社区提供体力劳动。我为社区花园捐赠了三棵植物和一些资金。我很高兴能为社区做点什么，居民们可以一起欣赏美丽的花园		**志愿服务** 奉献时间、精力、金钱、物品（植物）
	学习知识、得到很多交流的机会、很可能成为朋友、互相帮助、捐赠了植物、资金和体力劳动	互动（朋友、交流）、互相帮助、社会参与、志愿服务（参加活动、捐赠植物、资金）	
受访者 E	我之前认识两个社区花园参与者，但关系比较普通，很少联系。因为我的孩子上小学了，我很想带他去社区花园。现在我认识其他的居民了。我在社区花园建造的时候和那里的居民聊了聊，感觉很棒。我经常观察社区花园的情况		
	观察社区花园进展、聊天	社会参与、互动	
受访者 F	我参与了社区花园项目，在此之前，我不认识其他参与社区花园项目的居民。我是在农村长大的，我觉得这里的社区和以前相比已经改变了很多，我认为现在的社区很棒 我没有多少时间去交际。见到居民时，我会向他们打招呼，有一次我还和其中一位聊了起来		**互动的程度** 直接互动（打招呼、聊天、讨论、分享知识和信息、帮忙） 线上互动（分享信息）
	主动与居民打招呼、聊天	互动	
受访者 G	我想我和居民们成了朋友。我总是主动建造社区花园。现在很少有机会参与园艺、挖土、种花等，所以我真的很感激这个机会。我以前对社区工作者没什么印象。但社区花园项目邀请我们参与到花园建设过程中，实现居民共同参与社区建设。我为社区做了一些工作，我感到很高兴。我愿意付出我的时间、精力和捐赠一些植物给社区		**社会参与** 参与公共活动的主动性和频率，与居民合作
	珍惜机会、成为朋友、愿意贡献时间、经历和植物	互动、志愿服务、社会参与	
受访者 H	我们社区的居民一直很友好。我愿意为社区建设捐款。如果有时间，我愿意参加社区活动。现在的小区漂亮多了，广场上加了更多的花、椅子，垃圾也开始实行分类了		**志愿服务** 时间、精力、金钱、物品（植物）
	愿意捐赠资金、参加社区活动	志愿服务、社会参与	

	开放编码	轴向编码	选择性编码
受访者 I	社区花园项目使社区居民之间的关系变得更加亲切、友好。大多数居民以前不认识彼此，但现在居民愿意互相帮助。现在我和居民经常互相借东西。我愿意为社区提供体力劳动，如种花、浇水、照顾植物等		
	关系友好、互相帮助、愿意为社区提供体力劳动	互动（互相帮助）、志愿服务	
受访者 J	我几乎参与了每一个社区花园项目，居民们都很友好。我开始和参与建造社区花园的人们熟悉起来，我们有时还会分享关于自然的知识。当我经过小区广场的时候，我经常会关注小区花园的进展，并把照片分享给其他居民。我要感谢组织花园的老师和同学，感谢社区居民的共同努力，共同建设社区花园		
	参加每一次活动、与居民熟悉、分享知识、感谢组织团队	互动（分享知识和照片）、社会参与	
受访者 K	我和参与项目的居民关系很好，每个人都很友好。我有时会请两位居民帮我照看孩子。有一次，一位居民邀请我去她家。建造花园的过程是令人振奋的。有了社区花园，居民就多了一个休息和娱乐的地方。更多的居民在这里互相聊天，居民之间也会有更多的交流和问候。我愿意为花园贡献我的时间、精力和金钱		**互动的程度** 直接互动（打招呼、聊天、讨论、分享知识和信息、帮忙） 线上互动（分享信息）
	居民关系友好、互相帮助、愿意付出时间、精力和金钱	互动（照看孩子，互相帮助）、志愿服务	
受访者 L	我在这个社区已经住了二十多年了，我认识这里的很多居民。我经常收到居民在网上分享的信息。我支持公众参与社区建设，也愿意为社区建设捐款，但我没有太多时间参与社区活动		**社会参与** 参与公共活动的主动性和频率，与居民合作
	在网上分享信息、愿意捐钱	互动（网上分享信息）、志愿服务	
受访者 M	我认为社区花园是一个有意义的活动。让我们学习新的知识，接触大自然，也可以学习种植和与大自然相关的知识。但是我的时间有限。我认为我们可以与社区居民相互信任。我愿意为社区花园做贡献		**志愿服务** 时间、精力、金钱、物品（植物）
	有意义的活动、学习知识、愿意贡献	互动（分享知识）、志愿服务	
受访者 N	我认为这个活动很有意义。社区里有一个休息和玩耍的地方。在自己居住的社区，有机会和居民一起建造花园是一件很幸运的事情。不是每个社区都有这样的机会。我和两个居民交谈过了。我愿意为花园做点什么。在时间和体力方面，我喜欢在业余时间给花浇水或维护花坛		
	有意义和幸运的事、愿意付出体力劳动	情感感受、志愿服务	
受访者 O	我认为社区花园活动是非常好的，因为我们忙于工作或学习，建立一个社区花园可以让我们与自然接触，也可以学习种植和自然。我工作很忙，不能每次都来社区花园。如果我有时间和精力，我愿意为社区花园的建设贡献一份力量		
	愿意付出时间和精力	志愿服务	

在社区花园建设完成后的维护阶段（2023 年 9 月），采访者又采访了 13 位居民，其中有 3 组亲子家庭与 1 位老人再次接受访问。其余居民因未继续参与活动、搬离小区等原因逐渐失去联系。新增加的 6 位受访者为维护阶段加入花园志愿者团队的成员，大多数为 60 岁以上的退休老人。采访在受访者同意下进行录音，无法录音的采访由研究员现场笔记记录。采访内容主要围绕社会网络、信任与互惠、志愿主义、凝聚力、归属感五个维度对参与者社会资本编码分析，采访者对话文字整理后通过 NVivo 软件进行词频与编码分析（表 10-4 ~ 表 10-7、图 10-2）。由于大多数居民并不能保证从开始到结束都能参与到每一项社区建设活动中，这可能会影响到所获得的数据和结果。

表 10-4　2023 年访谈分析—1（作者自绘）

选择性编码：社会网络	
轴向编码	开放编码
志愿者间资源信息分享	"我拍的优美的视频都分享，发在群里面，要不要发给你看看。"
	"他叫我去理财，他说哪个银行的利息高，他会叫我去。"
	"大爷大妈会在群里分享他们的日常，小视频之类，虽然感觉照片不是很完美，但他们自己开心，我觉得挺好。"
	"我跟别人一般分享都是小区信息，没有他们来去（物品）分享。"
增加志愿者间交往机会	"老朋友新朋友都有，我们一块打牌，还有唱歌。我们还有准备节目。我是拉二胡的，有个花园音乐组。"
	"我新认识了志愿者 Y，就是在这儿一块看花，还有一起拿照片，现在，她参加了我们的合唱团，她说她跟我们一块学着唱歌。"
	"我新认识了几位孩子妈妈，但叫不出名字，脸熟，小区里面路过会打招呼。"
	"我喊我们小组的人一块拍蚊子去（一块儿聊天），有时候晚上浇水去，还有时候一块上那边坐着照相，一块唱歌去。"
增进朋友 / 邻里关系	"我与志愿者 Z 原来就认识，但是关系没那么好，现在关系就进一步增进了。"
	"还有另一位 P，原来是认识，参加社区花园活动变得更亲密了，他值班时，他专门叫我给他拍照。"
	"大家看看谁养的，他看我在养的花怎么样，实际上也是切磋大家的技艺，我跟你学，你和我学，大家互相帮助，来来回回大家肯定来得更勤了（来花园的次数变多了）。"
	"我觉得他（另外一位志愿者）更有责任心了，以前觉得他不靠谱，我们俩之间关系也变得更好。"

表 10-5　2023 年访谈分析—2（作者自绘）

选择性编码：信任与互惠	
轴向编码	开放编码
对团队／成员的信任	"比如说夏天高热的天气，他们（志愿者）默默地晚上就主动地给花浇水。还有下雨天，人家也守护花园了，自动地晚上来除草。"
	"喜欢你们这几个老师，这几个工作领导。真的特别好，我就喜欢这种人与人之间特别和谐的感觉。"
	"你看，W 老师一打电话我们马上来，然后我一打电话给大家，大家马上就去的。"
	"我们主动和你，W 老师，C 老师（西交利物浦大学社区花园小组成员）联系，我们主动研究了什么时候开音乐会了，这都是我们主动联系的。你给我们举办的时间，我们的同志很认真的，告诉你。"
	"真的，比如说，你想我们花园举办音乐会了，我们音乐会比我们的社区举办的音乐会还要好。"
成员之间互帮互助	"他需要帮助的话就是去帮他拍照，我会帮他拍照。"
	"大家看看谁养的（不同品种的花），他看我在养的花怎么样，实际上也是切磋大家的技艺，我跟你学，我好我教教你，这样肯定来得更勤了，大家互相帮助。"
	"我现在在学，他们教我，你如果要迁盆，要怎么迁，不好将买来的花直接迁盆，要挖个洞剪掉再放下去就好了，不要弄碎了。"
对社区居民的态度的变化	"我也经常跟他们（社区居民）在一起聊天。互相影响。有时候跟他们小孩说说，跟小孩姥姥、奶奶一起聊天就增加了感情。以后他们慢慢地上花园也就知道了，把孩子看住了，看好了（制止小孩不文明行为）。"

表 10-6　2023 年访谈分析—3（作者自绘）

选择性编码：志愿主义	
轴向编码	开放编码
参与收获	"心情更开朗，晚上特别是我买好菜了以后，到外面舒展一下，下雨的时候到雨后的花园散步，更是浪漫，雨中情。"
	"现在我们每个周也要到花园看看，我会对小花说。'小花啊，我来看你了。'有时候还会写在文字上。"
	"因为我想要丰富我们的老年生活，想丰富我自己一点兴趣爱好，看见花，对人心情好，所以我喜欢，有时候我老公种的一朵花开得好，我开心。"
	"我很喜欢花，参加花园活动，我很开心，健康，认识更多人。"
自豪感	"我们花园的事情上报纸，（我）拿着报纸，上面的报道，翻来覆去地看，我们小区外面有电视机屏幕一直放。"
	"我有一天拍朋友圈，然后别人就在评论，朋友们就问问他说这是哪里这么漂亮？我说这是我们小区，他说你们小区现在建设这么漂亮，我说对，然后抖音拍出去花颜色都特别好看。"
	"晚上偶尔来浇水的时候，碰到居民，他们会说还有专门有人在这边浇花浇水。"

选择性编码：志愿主义	
轴向编码	开放编码
责任感	"每次戴着这牌子（志愿者胸牌）。去花园里头就有一种，好像挺自信的劲儿，还觉着跟别的小区比，我们在这小区里比较优越的，而且我们也有一种责任感，以后就把这花园争取照顾好了。"
	"偷花需要我们对花园的管理要求更严格，要求我们的护花使者要看护得更严一点，对不对？因为偷花的行为，我们跟每一个花园种植的花那么长得那么好看，那么美丽，鲜艳夺目，结果一下子给它掐断，你说你自己的心情会好吗？你说。本来我可以留下美好的瞬间，给他一下子就没了。"
付出	"之前花园活动缺工具和手套，我就去附近的店买了，我没有报（报销），就当作捐给花园了。"
	"我更多的应该是参与浇水，偶尔捡个垃圾。"
	"我愿意为社区提供体力劳动，比如种花、浇水、照顾植物等。"

选择性编码：凝聚力	
号召力/主动性	"W 老师一打电话，我们马上就来，号召力很强的，你看一搞音乐会，我们参与活动比社区的活动都积极。"
	"一有活动我们这个团队全部都会参加的，没有人有缺席的，缺席的人都会请假的，基本都会参加，你看社区的活动都不一定参加。"
	"我看看倒还可以，我们活动每次人都很齐，不参加的人也会请假。"
	"我们主动和你，W 老师，C 老师联系，我们主动研究了什么时候开音乐会了，这都是我们主动联系的。你给我们举办的时间，我们的同志很认真的，告诉你。"
责任心	"我们团队很有团队精神，大家都很积极，我们小组的花坛弄得很好的。"
	"因为聚集人心的，为什么这么说，我们存在一个护花队，每到星期一、星期二、星期天他们自动就来护花了。"

表 10-7　2023 年访谈分析—4（作者自绘）

选择性编码：归属感	
轴向编码	开放编码
参与空间营建	"如果没有你们（西交利物浦大学社区花园小组），那我们可能就散掉了，肯定要散掉，但是我不希望它散掉，这个花园的志愿者还是仍然可以每天都在那里，养护这些花，有的志愿者可以从自己家里弄点花，把花拿来的总是有的，但是有的时候补上去，你就像我们这里人还把自己家里的花放到那里面去。"
	"我肯定是花园一分子的，我参与过花园的建设，付出过劳动。"
社区责任意识	"我来花园逛逛，会看看有没有人破坏，有没有东西丢（少东西）。"
	"现在看到有破坏花园的行为，我会劝说制止。"

选择性编码：归属感	
轴向编码	开放编码
	"前几天去看二村的朋友（在社区花园中新认识的同校学生志愿者），我还要去花园里面逛一逛。"
集体记忆	"要是有机会换更好的房子，我会换，但有机会也会回花园看看。"
	"我前段时间在别的城市，已经好久没有参与花园活动了。这次回苏州后，一听有活动，我就来了。"

图 10-2 中单词出现的频率越高，字体的大小就越大。其中，与情感相关的词被圈起来，如"喜欢""信任""高兴""舍不得""开心"等，与人员相关的词被画了线，如"志愿者""学校""小朋友""居委会"等。在前 100 个频繁词中，"参加""认识""花园""喜欢""活动"是出现频率最高的词。根据图片还可以发现，大部分词汇主要涉及"舍不得""积极""交往"等正面的描述性词语，以及一些活动和行为动词如"参加""喜欢""认识""帮忙""付出"等。从该图中还可以看出，人们对于参与社区花园有着很高的积极性，并且愿意投入时间和精力去维护和发展它。"志愿者""团队""信任""一起""责任心"等关键词也表明了社区花园的团队成员的责任精神。

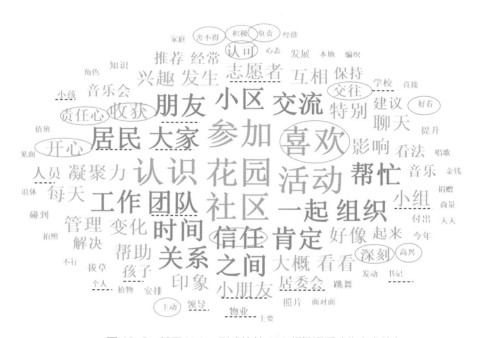

图 10-2 基于 Nvivo 形成的前 100 频繁词语（作者自绘）

10.5 鲈乡二村社区花园社会资本

本研究从社会网络、信任与互惠和志愿主义、凝聚力、归属感四个方面衡量参与者个体通过社区花园活动社会资本存量的变化。

10.5.1 社会网络

社区花园在社会网络中的作用主要体现在促进社会交往、资源信息分享两个方面。首先，社区花园作为开放性公共资源，不仅为陌生人之间的交往和互动提供机会，也进一步加强社区内原本熟人间的邻里关系，并有效助力新居民融入社区生活。访问中共有10位受访者表示结交了新朋友，有部分受访者表示与邻里之间关系变得更加紧密，如部分志愿所言：

"我与Z原来就认识，但是关系没那么好，但通过社区花园关系就增进了。还有另一位P，原来是认识，参加社区花园活动变得更亲密了，他值班时，他专门叫我给他拍照。"（志愿者J先生，80岁，参与组织2023年社区花园音乐会）

"我和其中一位居民成了朋友，并去拜访了她，她邀请我去她家聊天。我们是通过社区花园项目认识的，我们总是一起努力建造花园，偶尔我也会让她帮我照看孩子。"（志愿者K女士，32岁，参与了社区花园的全部建设过程）

社区花园通过提供共享的园艺体验与文化交融的机会，赋予所有参与者共同的园艺身份，这一身份使当地居民有机会分享他们的专业技能和智慧，同时也促使新居民向当地居民学习新的技艺。

"通过花园我认识了W老师（街区花店经营者），是以前不认识，现在知道她把自己家里打理得很好。然后JY（志愿者）也挺厉害的，她会育苗，挺厉害的，万万想不到。"（新居民志愿者Y女士，34岁）

通过社区花园提升的社会网络关系，不仅留在社区花园团体内部，也扩展到社区内音乐小组、打牌小组、舞蹈小组、编织小组。如，L阿姨之前只加入了花园志愿者小组，在多次活动中与F阿姨相遇相熟，后被在舞蹈小组的F阿姨介绍到舞蹈小组中。另如，在音乐小组中的Z叔叔被J叔叔介绍参与花园小组中。社区花园的活动间接激发了社区居民的参与社区活动热情，社区花园的社会网络被拓展并强化至社区的社会网络，甚至未来可以不断延展。

其次，社区花园为居民提供了资源分享的环境，除了日常园艺知识的分享，志愿者还表示，会与志愿者们互相分享小区周边新闻、摄影技巧、投资理财经验等信息。但信息分享大部分集中在相熟的老年志愿者之间，有青年志愿者表示与老年志愿者之间的交往不多，也担心年龄差等原因产生代际隔阂。此外，大部分志愿者表示因为个人、信任等原因志愿者之间的关系尚未到会与其谈心、分享私密故事的好朋友阶段。

10.5.2 信任与互惠

信任是社会资本的关键因素，因为它是人们愿意合作、分享资源和承担责任的前提条件。大部分受访者表示对社区居委、业委会信任程度不高，但对社区花园团队成员的信任程度较高。主要表现在志愿者们在园艺技艺探讨、炎炎夏日坚守岗位、筹划音乐节以及志愿者间一呼百应的号召力等事件增加了彼此间的信任。

"比如夏天高热的天气，他们默默地晚上就主动地给花浇水。还有下雨天，人家也守护花园，自动晚上来除草。"（志愿者 J 先生，80 岁）

"我们主动研究什么时候开音乐会，这都是我们主动联系的。你给我们举办的时间，我们的同志很认真的，我们音乐会比我们的社区举办的音乐会还要好。"（志愿者 J 先生，80 岁）

"我现在在学，他们教我，你如果要迁盆，要怎么迁，不好将买来的花直接迁盆，要挖个洞剪掉再放下去就好了，不要弄碎了。"（志愿者 Y 女士，70 岁）

虽然团队之间有着较高的信任度，但也存在一些志愿者的个人行为，减少了其他成员对该成员的信任度。比如有志愿者表达："有些人出去参观，说有吃的有玩的可占小便宜的马上就出现，但必须要干活了你看有些人就不肯干的。"

信任不仅体现在花园团体内部，也扩展到了社区居民间。不少志愿者表示，通过志愿者们在花园里面的日常监督与不良行为劝说，社区居民的不良行为有所改变，从而对社区居民的信任程度提高。也因为这样的改变，志愿者们参与花园活动的热情有所提高，认为自己的劳动有所价值，这也是社会资本中互惠的一种体现，当人们感到他们的付出将得到回报时，他们会更愿意投资于社会关系。另外，通过访问发现虽然偷花会降低志愿者对社区居民的信任，但并不影响居民参与的热情。此外，大部分志愿者表示若没有福利制度也会积极参与社区花园的事务中。由此可见，虽然互惠是建立信任的一种方式，但并非绝对关系。

10.5.3 志愿主义

志愿主义主要从志愿者的动机、收获、价值认可、捐赠物品或金钱的意愿方面对志愿者进行了访问。

"我每周都参加社区花园建设。"（志愿者 A 女士，96 岁）

"我喜欢植物和鲜花，我家里有很多植物。"（志愿者 D 女士，35 岁，参与过社区花园建设活动）

"我认为这个活动很有意义。有机会和居民一起建造花园是一件幸运的事情。"（志愿者 M 女士，60 岁）

"我想感谢谁组织了这个花园……"（志愿者 J 女士，35 岁，参与过社区花园建设活动）

大部分志愿者参与的原因是对植物的喜爱，个人的爱好促进了居民公众参与的主动性和频度。且在深入参与的过程中，志愿者不仅收获了愉悦的心情，增加社会交往，也掌握新的技能和知识，比如植物浇水方式、厚土栽培等，这些园艺技能提高了志愿者的个人社会竞争力，有助于拓展自身的社会网络。且在社区花园的活动中，有部分志愿者逐渐由社区花园的小空间感受到自己对社区大空间的责任和义务。"社区是我家，维护靠大家"是志愿者们常常提到的口号。也有志愿者表达因为自己的劳动使花园变得好看，增加了社区自豪感。如志愿者 Y 女士（70 岁）说："特别感慨的就是每次戴着这牌子（志愿者胸牌）。去花园里就有一种，好像挺自信的劲儿。还觉着你看跟三村比，我们在这小区里是比较优越的，而且我们也有一种责任感，以后就把这花园争取照顾好了。"对于上述的偷花事件，也有志愿者表示："需要进一步要求我们对花园的管理更严格，要求我们的护花使者要看护得更严一点。"偷花事件反向增加了志愿者管理花园的责任心与热情。

　　"我愿意为花园贡献我的时间、精力和金钱。""我愿意为社区提供体力劳动，比如种花、浇水、照顾植物等。"在捐赠物品或资金的意愿方面，许多居民都表示愿意并在行动上为社区花园作出了贡献。在项目期间与项目结束后，许多居民继续为社区花园的建设作贡献。如家住花园附近的 S 奶奶为花园捐赠 4 000 元，也有志愿者将家中的绿植、园艺工具捐献出来，也有不少居民表示未来会尽自己所能捐助。

专栏 10-4

志愿者访问记录

志愿者访问记录一

题目： 人物志 | 少数带动多数，我们的社区就能变成我们理想中的样子。

人物： 金玉与卓凝

背景： 金玉与卓凝是生活在鲈乡二村的一对母女，她们见证了鲈乡二村社区花园从荒地变成如今的处处生机。日常参与花园的浇水、种植、修剪植物、捡拾垃圾等活动。金玉与卓凝参与花园打卡累计 63 次。卓凝目前是鲈乡实验小学三年级的小学生。

内容：

Q：基于什么样的机遇，您加入了花园维护志愿者团队？

A：最先是通过小朋友学校发布的相关通知，介绍说是一项需要社区居民参与的活动，鼓励小朋友参加。一开始本是抱着完成学校任务的心态，后来慢慢地，感觉很有意思，我与卓凝就一直在参与其中。因为作为家长有时候比较忙，带小孩出去的时间也少，参与社区花园活动可以经常跟小朋友一起，是相对不错的亲子活动。

Q：您对于社区花园的理解是什么，它与其他绿化的区别？

A：一开始，对于社区花园的概念是陌生的，常规的社区绿化是有一些绿化带，再点缀一些花花草草。对于居民自己参与建设、维护的花园的方式，我的态度是比较好奇，一开始我们也不知道会建设成什么样子，但在一次次的活动中，在参与的过程中慢慢见证了花园从无到有的状态。社区花园是由社区居民共同建造、维护、管理的，它是社区中的公共空间，我们社区居民必须团结起来，只依靠一个人、两个人的力量是远远不够的。

Q：您认为社区花园有哪些好处？

A：社区花园的活动不仅培养了小朋友之间的合作精神，也有助于小朋友远离电子产品；对于家庭来说，社区花园作为户外亲子活动可以增强家长与小朋友的情感；对于年轻人来说，参与社区花园活动也是缓解解压的一种方式；同时，社区花园也为社区里面的空巢、孤独的老年人提供结交朋友的机会。

Q：在参加社区花园的活动中，是否发生过让您印象深刻的事情？

A：海浪奶奶是一位年迈的退休工人，虽然体力原因参与的花园活动较少，但海浪奶奶会经常在花园里面与小朋友互动，海浪奶奶曾主动给花园捐赠 4 000 元，奶奶是简简单单的希望花园、自己生活的社区越来越好！黄童白叟相聚花园，热闹的小朋友治愈着老年人的孤独。

另外一件事情是有一次花园水池遭到了污染，居民志愿者们就自发地进行换水。有年轻家长，老人，小朋友，路过的，带孩子的都纷纷出谋划策，最后在优优爸爸的带领下通过水泵进行了换水，再次给水池里面的小金鱼、芙蓉提供了好的生态环境。我们的水池经常遭到破坏，比如有人会往里面扔垃圾、捞鱼、拔植物等，但经过相互劝说，少数行动者带动并感染多数行动者，我们的社区就能变成我们理想中的样子。

Q：社区花园有给您或者家人的生活带来变化吗？

A：社区花园对卓凝的变化较大，卓凝对于社区花园的活动比我还积极，她遇到不文明行为的反应也比我强烈。有时我们发现有一些小朋友在花坛上面踩来踩去的，卓凝就会主动告诉这些小朋友不可以踩的。卓凝正慢慢由一个内向、胆小、慢热向开朗、胆大转变。以前，在陌生的环境中卓凝比较害羞，但通过每周六的花园活动，卓凝结交了不少朋友，在与朋友们的互动玩耍中变得开放，也慢慢影响她在课堂中的表现，她也积极在课堂中发言，表现自己。对于我来说，每当生活上有些压力的时候，我会在花园里面逛一逛，借助花园疗愈自己。我与卓凝是从花园最初建设参与至今，我们对于花园会有一种责任感，会有一种像自己的东西一样的归属感。

志愿者访问记录二

题目：人物志 | 破坏行为会使我们心情低落，但并不会影响我们参与花园志愿活动的热情

人物：李金华与优优

背景：李金华与优优是生活在鲈乡二村的一对父女，他们日常参与花园的浇水、除草、堆肥、捡拾垃圾等活动。

内容：

Q：基于什么样的机遇，您加入了花园维护志愿者团队？

A：我觉得有三方面的原因，一个是本身比较热心，希望可以为小区做些贡献。同时，花园的建设本来就是给我们居民享受的，作为居民有一点付出也是应该的；并且，常老师作为一个外人（不是本小区住户），都这么尽心地帮我们去规划花园，我们也是挺感动的。以及，受其他热心居民的影响，有一位老奶奶经常说："我的年纪大了，我也没有什么力气来干这个活了，要不我就给你们捐点钱，你们去买点花草过来种一下。"这么多热心居民的积极参与，其实给了我们一种引导让我们坚持去做志愿者。

Q：您对于社区花园的理解是什么，它与其他绿化的区别？

A：小区内的其他绿地，给人的感觉只是一片绿地，种了一些绿植，只是增加了小区的绿化面积，仅此而已，这些并不是真正意义上面的是一个花园。但社区花园是有设计感，能让人感觉到花园的活力与美。以及，社区花园是需要人员、志愿者的辛勤维护。期待社区花园的2.0版本，希望每家每户在自己家门口就有花园。

Q：您认为社区花园有哪些好处？

A：社区花园是亲子时光的载体，我们志愿者很多都是带着小朋友一起过来参与社区花园，并非只是单纯的大人过来做志愿者服务，因为大人在做的时候，小朋友都会在，通过自己的行为潜移默化地引导小朋友。社区花园是陪伴孩子成长的过程，作

为大人是想让小朋友参与志愿者劳动，但是小朋友年龄太小，作为家长会有些许不放心，因而，大人也会陪伴在身边。

Q：在参加社区花园的活动中，是否发生过让您印象深刻的事情？

A：以前我们刚种下的花就被偷走是让我心情非常波动的。当时的想法是，我一定要把这人给找到。于是，我去查监控，但摄像头太模糊了，只能隐约看到有个人从花园那边走，我就一路顺着监控能拍到的角度，从边角落上面那几栋，挨家挨户找，看看这些楼栋的门口、阳台上面有没有我们的花，但找了半天也没找着。那天，我从傍晚6点开始找到8点多钟没找着。最后实在没有线索，想想算了。我当时就想这个人怎么这么自私，你喜欢花你自己买两盆，你把我们刚种下去的花给搬走了干啥？花园里花被偷盗，昆虫屋被乱拔、乱扔等破坏行为，这些会使我们志愿者心情低落，但并不会影响我们参与花园志愿活动的热情。最理想的状态下，所有人都是志愿者，所有人都把这个花园当成是自己家的花园。

Q：社区花园有给您或者家人的生活带来变化吗？

A：优优会把社区花园的明信片像宝贝一样珍藏，她说："我要留着，到时候我要送给我最好的朋友，告诉他（她）这个明信片是我用劳动换来的。"参与花园活动给小朋友带来劳动置换的荣誉感，在菜鸟驿站旁有个爱心牌，上面记录了参与活动的小朋友的名字，优优放学回家路过时，就会向同学介绍说："看，我的名字在上面。"

社区花园的活动大都是在每周六下午1点左右，为了能够参加活动，我们都会跟优优说你赶紧做作业，上午把作业做完，下午就去参加活动，所以，小朋友就会特别有动力，早早地就起来飞快地在那边写作业。如果花园没有活动时，我们就会和优优说我们要去花园浇水了，我们要去花园拔草，你要不要去？以这样的方式激励优优快速高效写完作业。如果没有社区花园的动力，优优比较拖沓、磨蹭。

10.5.4　凝聚力

通过上述社会网络、信任与互惠、志愿主义三方面的分析，可以发现社区花园不仅提高了公共空间环境的质量，也成为激发居民参与热情的平台，从而建立紧密的个人与团队的社会关系。凝聚力在志愿者们对于社区花园活动的积极响应和参与中表现明显，如下面志愿者所言：

"小吴老师一打电话，我们马上就来，号召力很强的，你看一搞音乐会，我们参与活动比社区的活动都积极。"（志愿者J先生，80岁）

"我们活动每次人都很齐，不参加的人也会请假。"（志愿者 L 女士，71 岁）

"我们团队很有团队精神，大家都很积极，我们小组的花坛弄得很好的"（志愿者 C 女士，56 岁）

每当社区花园有活动计划时，志愿者们都表现出积极的态度和高度的责任心，无论是日常的护花工作还是特殊的音乐会等活动，参与者都尽可能准时参加，并且若无法出席还会主动请假。此外，团队内部的积极性和主动性也体现在他们不只是被动等待活动安排，而是会主动与其他核心人员联系，共同策划和筹备诸如音乐会这样的社区文化活动。这种主动参与决策和组织活动的行为显示了志愿者们对社区花园的投入和对团队目标的认同。志愿者通过在社区花园建立起一种紧密而有序的合作关系，在各项活动中表现出的高参与度、积极性、自觉性、责任心和集体荣誉感，形成了强大的团队凝聚力，使得社区花园成为团结人心、促进社区互动的载体。

但通过访问也发现了社区花园在不同年龄群体间凝聚力的不足的现象。年轻志愿团体与老年志愿团体之间的陌生关系还需要通过各类活动进行改善，多元群体间的交流可以增进彼此间的理解和尊重，有利于构建多元包容的社区文化氛围。

10.5.5 归属感

参与者对于社区花园的归属感，是在参与花园营建与维护活动中积累的。居民在系列活动中，不仅付出了实实在在的体力劳动、投入了智慧与创意，有时还会提供物品或资金的支持，多维度的投入使得参与者与花园空间建立紧密联系，从而增加了对自己所参与创造的空间的认同感与自豪感，进而培育归属感。例如，年过八旬的志愿者 J 先生表示"我不希望它（花园团队）散掉，我们花园的志愿者还是仍然可以每天都在那养护这些花。"另一位 66 岁的 L 女士分享道，在她离开一段时间后返回苏州，第一时间便积极参与到花园活动中，可见其对花园及团队的归属意愿。此外，社区花园的归属感也体现在其能唤起集体记忆与情感共鸣。"前几天去看二村的朋友（在社区花园中新认识的同校学生志愿者），我还有去花园里面逛一逛。"——18 岁的志愿者 W 先生虽然不是鲈乡二村的居民，却因为社区花园结识新朋友并建立深厚情感纽带，他即便探访朋友也一定会去花园走走，重温那段独特记忆，这是他多次参与社区花园营建与维护活动中所培养出的归属感的真实写照。

志愿者们对社区花园的建设和运营管理的努力激发起其作为公民的热情和责任感，比如志愿者 L 女士（71 岁）表示："现在看到有破坏花园的行为，我会劝说制止。"在参与过花园劳动后，意识到花园维护不容易，会主动制止不文明行为。社区花园中培育的公民意识渐渐促使志愿者积极参与到社区公共事务中去，增强社会责任感和公民意识，从而对社区产生积极影响。

在访问"对于小区是否有归属感／对于花园团队是否有归属感"类的问题时，尽管大部分志愿者们对于社区没有强烈的归属感，却因为对于植物的喜爱、团队成员之间的友情、自己劳动的付出、一起参与过的活动对花园团队产生了不舍之情，并视自己是花园团队的一分子。社区花园团队如像大家庭般凝聚人心。部分志愿者表示会因为舍不得社区花园而舍不得离开鲈乡二村社区，也有不少志愿者表示即使离开也会常回来看看。在志愿者团队中，有三位老年志愿者已经搬离鲈乡二村，但仍然常常会回来参与花园活动，其中一位志愿者几乎每天坐公交车还要转一站回来看看。

社区花园是公共参与的平台，为居民提供了跨越生活边界建立联系的机会，无论是长期居住者，新居民还是已经搬离的居民，都能够在这个平台上与日常生活中难以遇见的人群进行交流互动。这样的团队归属感可以增强信任与互惠，提高社区意识，促进公民参与，从而为社会资本的发展带来积极作用。

本研究通过行动研究与半结构访谈的定性研究从社会网络、信任与互惠、志愿主义、凝聚力、归属感 5 个方面探索了参与者通过参与社区花园活动从而带来社会资本的变化情况。结果表明，社区花园有助于增强社会网络，提高信任度，激励志愿主义，增强凝聚力和归属感。参与者之间的社会网络不仅在志愿者团队内部得到加强，也扩展到了整个社区，同时增强了对社区的信心和责任感。研究也发现社区花园对社会资本的正面影响也存在一些挑战，如代际差异、时间限制等会降低团队间的联系和互动。年轻人与老年人之间的凝聚力需要进一步提升，才能充分发挥社区花园在促进社会资本方面的作用。最后，归属感是建立和保持社区花园团队的重要因素，能为社会资本的发展带来积极影响。

参考文献

［1］柴彦威,张艳,CHAI YANWEI Z Y. 职住分离的空间差异性及其影响因素研究［J］. 地理学报, 2011,66(2):157-166.

［2］毛键源,孙彤宇,刘悦来. 基于共治枢纽的公共空间包容性营造机制研究——以上海创智农园为例［J］. 广西师范大学学报(哲学社会科学版),2023,59(3):46-55.

［3］LIAMPUTTONG P, SANCHEZ E L. Cultivating Community: Perceptions of Community Garden and Reasons for Participating in a Rural Victorian Town［J］. Activities, Adaptation and Aging, 2018, 42(2): 124-142.

［4］FIRTH C, MAYE D, PEARSON D. Developing "community" in community gardens［J］. Local Environment, 2011, 16(6): 555-568.

［5］JACKSON J. Growing the community-A case study of community gardens in Lincoln's Abbey Ward［J］. Renewable Agriculture and Food Systems, 2018, 33(6): 530-541.

［6］BARATA S, ALBUQUERQUE R, SIMÃO J. Social capital and participation in community gardens:

the case of Cascais[J]. methaodos revista de ciencias sociales, 2019, 7(2): 244−260.

[7] YOTTI KINGSLEY J, TOWNSEND M. "Dig in" to social capital: Community gardens as mechanisms for growing urban social connectedness[J]. Urban Policy and Research, 2006, 24(4): 525−537.

[8] GORALNIK L, RADONIC L, GARCIA POLANCO V, et al. Growing Community: Factors of Inclusion for Refugee and Immigrant Urban Gardeners[J]. Land, 2023, 12(1): 68.

[9] SHIMPO N, WESENER A, MCWILLIAM W. How community gardens may contribute to community resilience following an earthquake[J]. Urban Forestry and Urban Greening, 2019, 38: 124−132.

[10] GLOVER T D, PARRY D C, SHINEW K J. Building relationships, accessing resources: Mobilizing social capital in community garden contexts[J]. Journal of Leisure Research, 2005, 37(4): 450−474.

[11] ALAIMO K, REISCHL T M, ALLEN J O. Community gardening, neighborhood meetings, and social capital[J]. Journal of Community Psychology, 2010, 38(4): 497−514.

[12] ONYX J, BULLEN P. Measuring Social Capital in Five Communities[J]. The Journal of Applied Behavioral Science, 2000, 36(1): 23−42.

[13] LANDIS J R, KOCH G G. The Measurement of Observer Agreement for Categorical Data[J]. Biometrics, 1977, 33(1): 159.

[14] BASSETT T J. Reaping on the margins: a century of community gardening in America[J]. Landscape, 1981, 25(2): 1−8.

[15] VOICU I, BEEN V. The effect of community gardens on neighboring property values[J]. Real Estate Economics, 2008, 36(2): 241−283.

[16] MOHIUDDIN Md F, YASIN I M. The impact of social capital on scaling social impact: a systematic literature review[J]. Social Enterprise Journal, 2023, 19(3): 277−307.

[17] WONG H, HUANG Y, FU Y, et al. Impacts of Structural Social Capital and Cognitive Social Capital on the Psychological Status of Survivors of the Yaan Earthquake[J]. Applied Research in Quality of Life, 2019, 14(5): 1411−1433.

[18] KINGSLEY J, FOENANDER E, BAILEY A. "You feel like you're part of something bigger": exploring motivations for community garden participation in Melbourne, Australia[J]. Bmc Public Health, 2019, 19(1): 745.

[19] CHRISTENSEN S, MALBERG DYG P, ALLENBERG K. Urban community gardening, social capital, and "integration" —a mixed method exploration of urban "integration-gardening" in Copenhagen, Denmark[J]. Local Environment, 2019, 24(3): 231−248.

[20] FURNESS E, SANDERSON BELLAMY A, CLEAR A, et al. Communication and building social capital in community supported agriculture[J]. Journal of Agriculture, Food systems, and Community development, 2022, 12(1): 63−78.

[21] SHOSTAK S, GUSCOTT N. "Grounded in the neighborhood, grounded in community": Social capital and health in community gardens[J]. Advances in Medical Sociology, 2017, 18: 199−222.

[22] DIAZ J M, WEBB S T, WARNER L A, et al. Barriers to community garden success: Demonstrating framework for expert consensus to inform policy and practice[J]. Urban Forestry and Urban Greening, 2018, 31: 197−203.

[23] KINGSLEY J, FOENANDER E, BAILEY A. "It's about community": Exploring social capital in community gardens across Melbourne, Australia[J]. Urban Forestry and Urban Greening, 2020, 49: 126640.

［24］ GLOVER T D. Social capital in the lived experiences of community gardeners［J］. Leisure Sciences, 2004, 26（2）: 143−162.

［25］ KOOP−MONTEIRO Y. The Social Organization of Community−Run Place: An Analysis of Community Gardens and Crime in Vancouver（2005−2015）［J］. Canadian Journal of Criminology and Criminal Justice, 2021, 63（1）: 23−51.

［26］ MMAKO N J, CAPETOLA T, HENDERSON−WILSON C. Sowing social inclusion for marginalised residents of a social housing development through a community garden［J］. Health Promotion Journal of Australia: Official Journal of Australian Association of Health Promotion Professionals, 2019, 30（3）: 350−358.

［27］ MCILVAINE−NEWSAD H, PORTER R, DELANY−BARMANN G. Change the Game, Not the Rules: The Role of Community Gardens in Disaster Resilience［J］. Journal of Park and Recreation Administration, 2020, 38（3）: 194−214.

［28］ 黄志杰, 魏开, 叶青. 社会资本视角下深圳海二花园营造研究［D/OL］. 华南理工大学, 2021. https://d−wanfangdata−com−cn.ez.xjtlu.edu.cn/thesis/ChJUaGVzaXNOZXdTMjAyMzAxMTISCUQwMjU0MjE1ORoIcTRrMjlicTk%3D.

［29］ OHMER M L, MEADOWCROFT P, FREED K, et al. Community gardening and community development: Individual, social and community benefits of a community conservation program［J］. Journal of Community Practice, 2009, 17（4）: 377−399.

［30］ DING X, ZHAO Z, ZHENG J, et al. Community Gardens in China: Spatial distribution, patterns, perceived benefits and barriers［J］. Sustainable Cities and Society, 2022, 84: 103991.

［31］ HARPHAM T, GRANT E, THOMAS E. Measuring social capital within health surveys: Key issues［J］. Health Policy and Planning, 2002, 17（1）: 106−111.

［32］ HARPHAM T. The Measurement of Community Social Capital Through Surveys［M］//KAWACHI I, SUBRAMANIAN S V, KIM D. Social Capital and Health. New York, NY: Springer New York, 2008: 51−62［2023−08−01］. http://link.springer.com/10.1007/978−0−387−71311−3_3.

［33］ Bazeley, Patricia, Lyn Richards. The NVivo Qualitative Project Book［M］. London, England, United Kingdom: SAGE Publications, Ltd., 2000.

第四篇 反思篇

Part 4
Reflective section

　　社区花园因其在社区参与和社区治理方面的积极效益得到了的广泛认可。然而，部分实践案例表明社区花园在管理与维护的阶段面临种种困境与挑战。中国的社区花园现处于探索实验时期，有关阻碍社区花园长久性的因素的研究比较有限。本文以苏州市鲈乡二村社区花园为案例，从维护志愿小组及小组成员的视角出发，通过文献研究，半结构访谈，问卷的研究方法得出 14 项阻碍社区花园持久性因子；再基于扎根理论将各阻碍因素归纳为三类，分别是团队因素、个人因素与外部因素，并论述各因素产生的原因与因素间的相互关系，最后总结了影响社区花园发展的因素并提出了建议，为社区花园的长久发展提供参考。

探究影响社区花园持久性的因素及对应策略

——以苏州鲈乡二村社区花园为例

Chapter XI

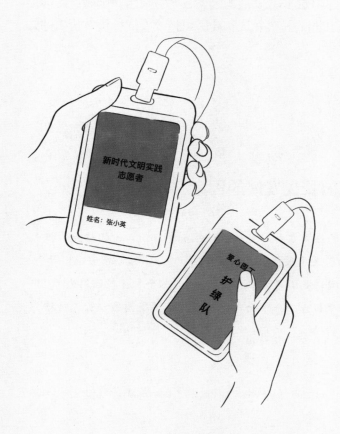

11.1　消失的社区花园

在粗放型增量发展转向精细型存量发展的中国城市建设时期，社区花园因其作为高密度城市中"共治共建共享"的绿色空间，及其带来积极效应不仅得到国内外学者的广泛关注，也吸引越来越多的政府部门认识到社区花园在建设可持续城市，尤其是在城市治理方面的重要作用。据上海四叶草堂《2022年中国社区花园白皮书》公开数据显示，截至2021年底，四叶草堂已参与建设上海二百多个社区花园项目；截至2022年10月底，全国社区花园的数量已超过600个，且呈现上升趋势。然而，该团队也提出上海的一些社区花园在管理维护阶段面临困境，团队也在通过各种尝试以推进社区花园的持续发展[1, 2]。在国外文献中，社区花园维护管理阶段的问题被众多学者指出，如内部因素（能力、管理、筹资、资源等）和外部因素（土地安全、盗窃、破坏和乱扔垃圾等）。虽然社区花园在促进社会资本、公众参与方面有积极影响，但社区花园由于缺乏专业的管理而引起社会冲突与公众怀疑的现象不断出现[3]。中国的社区花园现处于探索实验时期，有关阻碍社区花园长久性的因素的研究较为有限，维护社区花园的志愿者团队很少得到学术上的关注。因每个社区花园的当地环境塑造了特殊的挑战，本研究将以江苏省苏州市鲈乡二村社区花园为研究对象，从社区花园维护志愿团队的结构与团队成员志愿参与意愿的视角出发，探究阻碍该社区花园长久发展的因素，并分析阻碍因素产生的原因和各因素之间的影响，从而为社区花园的长久发展和社区可持续发展提供有价值的知识和潜在数据。

> **专栏 11-1**
>
> ## 消失的花园：阻碍社区花园长久发展的因素
>
> 社区花园给居民和社区带来的物理效益和社会效益往往是学者们讨论的热点，但也有少部分学者注意到社区花园的长久发展面临着各种各样的阻碍与挑战。Drake和Lawson发现在2007年至2012年期间，美国与加拿大共计有1 615个社区花园消失[4]。通过文献回顾发现，土地、资金和参与者三个方面是涉及国外社区花园难以长久持续

本章作者为季琳（西交利物浦大学在读博士研究生，英国利物浦大学博士候选人）、常莹（西交利物浦大学设计学院城市规划与设计系副教授）。

的主要问题所在。土地相关的因素主要表现在没有足够的绿地，以及未获得官方正式的土地使用权，阻碍社区花园的长久运营[5~8]。其中，美国是将城市中暂未有规划的土地划拨给热心的个人或者群体进行社区花园的建设，但一旦该土地有了正式的规划，社区花园就需要为正式规划让路[4]，社区花园土地临时性的特点导致了社区花园未来的不确定性。在资金方面，主要反映在资金影响到花园资源的获得以及进行花园相关的活动与任务，如购买种子、工具或举办庆祝节日[6, 8, 9]。缺乏热心的志愿者或者维持志愿者持续参与的热情也是社区花园流失的一个常见原因，部分学者表示志愿者的参与热情会受到破坏、偷窃等行为的影响[5, 7, 10]。其他从文献回顾中获得的影响因素还包括低质量的土壤[9]、难以获取的水资源[8, 9, 11]、对化肥和种子等资源的持续需求[8]、园艺技能和教育培训的缺乏[4, 11, 12]。此外，Cohen 与 Reynolds 还表示低收入社区和有色人种社区在维护花园会遇到更多困难[8]。

通过文献可以发现，大部分学者是通过广泛的案例归纳出社区花园发展的阻碍因素，少有学者研究单个社区花园发展的具体困境以产生困境的原因。在国外文献中发现的阻碍因素是否适用于中国的社区花园？且每位参与者的独特性、每个社区花园的当地环境的不同形成了不同社区花园的特殊挑战。所以有必要对单一案例的深入分析获得阻碍社区花园与维护志愿团队持久发展的因素，以及分析因素间的相互关系。

专栏 11-2

社区花园发展阻碍因素研究方法

本章采用参与式观察、现场勘查、半结构化访谈、问卷调查等研究方法，对鲈乡二村社区花园和志愿团队进行了定性与定量相结合的案例研究。

1. 现场勘查和文献综述

首先通过实地调研，结合鲈乡二村社区花园微信官方账号文章，获得鲈乡二村社区花园的基本资料。然后，通过查阅社区花园相关的文献、报告及数据统计资料等，系统性梳理总结国内外社区花园发展与实践经验，以建立对核心概念的完整的基本认知，作为基础理论架构，并为访谈提供参考。

2. 半结构访谈和参与式观察

为了找到阻碍社区花园和志愿团队稳定发展的因素，本文采用半结构访谈的研究方法。访谈对象除了花园维护志愿小组的成员外，还包括 1 名政府官员和 1 名支持鲈乡二村社区花园的公益组织代表。同时，为确保数据达到饱和状态，本文又在鲈乡二村对居民进行了 5 次随机访谈。访谈问题主要集中在花园志愿小组成员的组成、成员之间的关系、成员之间的分工任务、管理模式、奖惩措施、面临的现实困境、如何克服阻碍等。

为了更深入地观察小组成员之间的关系和互动，本文还采用参与式观察。参与式观察被认为是人类学的里程碑式方法，研究者以参与成员的身份加入一个群体，在这个群体中研究者扮演着客观观察者和主观参与者的双重角色[13]。参与小组活动使研究者可以像其他小组成员一样体验活动，对小组及其活动的细节有更深入的了解，而不是像局外人一样观察和记录。在本研究中，研究人员参与了团队的研讨会、会议和日常活动。

本文在获取访谈相关信息后，基于扎根理论并利用 NVivo 软件，对访谈记录进行资料分析、归纳阻碍社区花园与维护志愿团队长久性的阻碍列表以及进一步分析阻碍之间的关系。NVivo 是基于扎根理论开发的一款定性分析软件，取代传统的手工剪贴质性数据，通过线上程序进行编码、归档，有利于提高管理和分析复杂数据的效率[14]。使用 NVivo 进行编码的过程有三个步骤，第一步是获得一个初始的编码方案，称为开放编码；第二步是对相似的编码类属进行汇总和组合，并对编码进行分类，获得轴向编码；在第三步中，从上述轴向编码中选择一个更普遍，更具有解释性的概念，形成选择性编码；基于上述步骤完成从原始资料归纳出经验概括，再上升系统理论的过程。

3. 问卷调查

在通过上述步骤获得阻碍因子列表后，维护志愿小组内的成员都被邀请填写一份针对各阻碍因子的李克特量表（Likert scale）评分问卷。李克特量表在评估被调查者态度、个性特征和其他心理变量时受到广泛应用[15]。在本研究中，李克特量表将用于判断受访者对某一陈述的认同程度，从而帮助研究人员判别基于访谈获得的结论与受访者的主观表达是否具有一致性。本研究采用五等级李克特量表来判断受访者对于每项阻碍因素的认可程度，其中 1= 非常不同意，2= 不同意，3= 中立，4= 同意，5= 非常同意。每一阻碍因素影响程度的最终值是将每个受访者的值相加，然后除以受访者的总数。量表中 3 分表示为中性值，当总分为 3 分或大于 3 分则被认为是一般可接受的，低于 3 分被认为是不可接受。问卷将采用匿名形式，以有效弥补受访者在填写时可能会受到拥有领导权的人或群体带来的压力。

4. 行动研究

为了能够全面地了解社区花园团队面临的困境，从而提出有效的改进措施，可以通过行动研究的方法参与到社区花园各项任务事件中，辩证地分析阻碍产生的原因，为阻碍因素提供有针对性的解决方案。行动研究是一种研究人员与被研究者合作寻找问题和改进具体实践的方法，它有助于研究人员分析观察因素是如何发生并发展的，从而在实践中寻找适当的缓解方案[16]。参与式行动研究是指个人或团体参与个人、机构或社会团体的行为，其关键原则是研究者是积极的、知情的参与成员，并在参与过程中产生对个人／机构／团队直接有用的行动与知识。在整个研究过程中，研究者与居民一起参与社区花园的实践，使得研究者更加近距离地观察研究对象。在传统的研究方法中，研究者应保持客观或尽量减少自己的主观性。但在行动研究过程中，研究者需要更加深入案例的实践中，研究者首先要确定研究问题和研究人员，然后开始研究、确定和实施行动，最后进行相关分析。在行动研究的过程中，研究者不仅要观察、研究和描述，还要适当提出策略以影响和改变所研究事物的发展，并观察和记录结果。行动研究者既是观察者又是分析者，同时也是事件研究的积极参与者。

11.2 相关利益者之间的联系

11.2.1 项目背景

本文以江苏省苏州市吴江区油车路鲈乡二村社区花园为研究对象。鲈乡二村社区花园位于苏州市吴江区松陵街道鲈乡二村小区内，该小区始建于 1993 年，占地面积约 88 000 平方米，共有住户约 1 340 户，其中外地户籍住户占比 60%。2020 年 6 月，鲈乡二村被列为苏州市 7 个国家级老旧小区改造升级试点小区之一，小区的整新改造工作由此全面展开，本案例中的社区花园属于绿化改造实验性项目，是苏州首个由政府支持的位于老旧小区的社区花园，寄望在老旧小区整体更新过程中，除了小区立面，管线等硬件设施的更新，也增加些软性人文元素，通过该社区花园的建设，挖掘本社区的居民力量，鼓励居民作为社区主体参与到小区环境提升改造的计划中，从而共同构建一个共治共享的和谐社区。

11.2.2 花园维护志愿团队

截至 2022 年底，鲈乡二村社区花园维护志愿团队由 1 位组织人员、1 位园艺专家与约 20 位社区志愿者组成。项目的组织者是来自西交利物浦大学设计学院的老师，负责活动的统筹，组织，协调与安排的工作。园艺专家是拥有丰富园艺经验的，且住在社区周边的花店经营者。依据志愿者参与社区花园活动的频率可将志愿者分为：核心志愿者家庭，协助性志愿者，普通志愿者，潜在志愿者。其中，核心志愿者家庭是由 5 位居住在本小区的亲子家庭组成，他们参与花园活动的频率在每周一次及以上，他们参与的的主要内容有日常浇水，垃圾清理，巡逻以及其他花园种植活动等。协助性志愿者参与活动的频率在每两周一次至一个月一次，他们是来自当地中专学校的 6 位学生，主要负责大型活动的现场协助，场地清理，活动拍照，短视频制作等。项目组织者与核心志愿者家庭，协助性志愿者们分别与在两个独立的微信群里进行日常花园维护与管理相关问题的互动。普通志愿者是偶尔、随机性协助花园活动的社区居民，他们大都是年龄在 60 岁以上、热爱花草、关心社区事的老年人。潜在志愿者是曾经参与过 1～2 次花园活动，或是给花园进行资金捐助或花卉捐赠，但慢慢与团队失去联系的人群。

11.2.3 相关利益者社会网络关系分析

基于访谈和实地调研的数据，本文使用 Gephi 软件绘制了花园维护志愿团队的二元无向社会网络关系图（图 11-1）。Gephi 是一款基于社会网络理论并广泛用于绘制社会网络关系的数据可视化软件，该软件有助于观察个体在团体活动中的定位，个体之间的协作紧密程度，从而分析个体、小团体、大团体与社会群体的关联结构[17]。各点代表各个体，其中深蓝色为项目负责人，粉色为园艺专家，紫色为核心家庭志愿者，橘色为协助性志愿者，淡蓝色为普通志愿者，淡粉色为潜在志愿者。基于二分法，若个体之间因社区花园事务产生过一次以上的交流则建立连线，否则不建立连线。节点直径越大，表明该个体在整个网络中的中心度越高。由图 11-1 可以得出：（1）核心家庭志愿者与协助性志愿者同组的成员之间存在较为紧密的联系，也存在部分个体与同组其他个体之间没有连接。（2）不同组的成员之间的联系松散，大多数个体偏向于与本组成员交流。（3）项目负责人具有最高的中心性，该结果与后文中通过采访得出志愿者团队成员对于项目负责人具有依赖性是一致的。

11.3 阻碍因素归纳与分析

首先，在第一轮的数据分析中，本文借助于 NVivo 软件得到了影响鲈乡二村社区花园与团队持久性的 15 个阻碍因素，并将其分为三类：团队阻碍因素、个人阻碍因素和外部阻碍因素。图 11-2 为第一轮——初步阻碍因素列表。在第二轮的数据分析中，使用

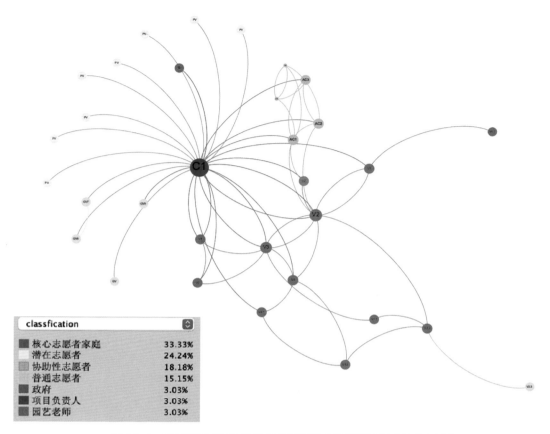

图 11-1　花园维护志愿团队的二元无向社会网络关系图（作者自绘）

李克特量表分析的在线问卷来验证各阻碍因素的占比程度，并判断访谈获得的数据与受访者表达的观点之间是否一致，从而确认阻碍因素的有效性。在第二轮数据处理中，因为疫情反复的原因，21 名受访者中共计有 17 人完成了在线的李克特量表问卷，问卷回复率为 80.9%。在数据分析过程中，工作人员发现了 2 份完成总时长不足 60 秒的问卷样本。基于问卷有效性的考虑，已将其从样本中剔除。其中，缺乏任务责任制（表 11-1）、个人性格原因（表 11-2）、花园活动内容和时间安排问题（表 11-3），这 3 类阻碍因素得分低于 3 分（中立态度），因而该 3 项因素被排除于最终的阻碍因素列表。最后，基于前两轮数据分析，得到最终的阻碍因素列表（图 11-3）。

11.3.1　团队阻碍因素

结合访谈与李克特量表，可以发现团队阻碍因素主要体现在团队内部缺乏领导者，志愿者小组与小组、成员与成员之间缺少互动，福利机制待完善三方面；但也存在一些影响相对较小的阻碍因素，包括缺少团队成员、不具吸引力的团队形象、不清晰的花园任务等。

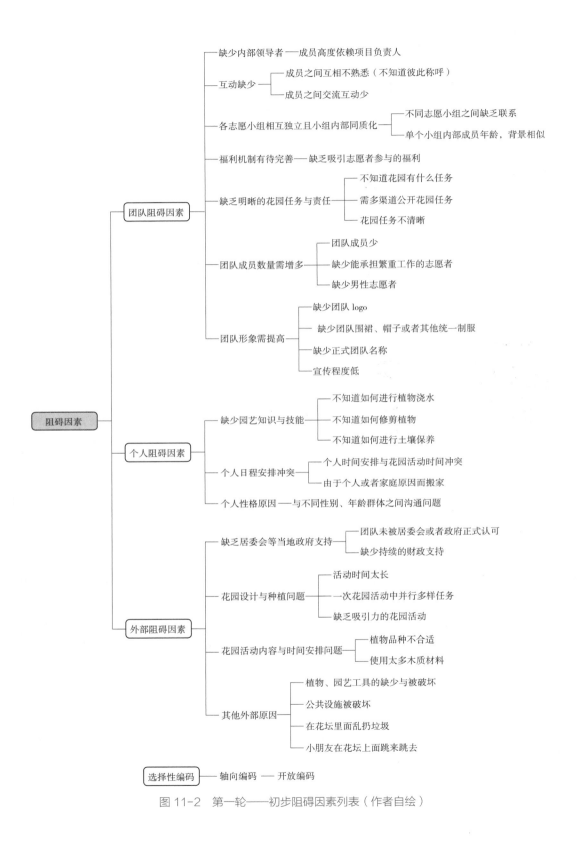

图 11-2 第一轮——初步阻碍因素列表（作者自绘）

表 11-1　李克特量表——团队阻碍因素（作者自绘）

该矩阵体平均分：3.53						
题目＼选项	非常不同意＝1	不同意＝2	不一定＝3	同意＝4	非常同意＝5	平均分
团队缺少内部领导者	0（0%）	1（6.67%）	1（6.67%）	9（60%）	4（26.67%）	4.07
不同小组之间缺少沟通	0（0%）	0（0%）	2（13.33%）	12（80%）	1（6.67%）	3.93
福利机制不够健全	0（0%）	1（6.67%）	4（26.67%）	7（46.67%）	3（20%）	3.8
团队成员之间缺少互动	0（0%）	2（13.33%）	3（20%）	8（53.33%）	2（13.33%）	3.67
志愿者人数不足	1（6.67%）	1（6.67%）	2（13.33%）	11（73.33%）	0（0%）	3.53
没有吸引力的团队形象，如无logo、统一的配饰、团队名称等	1（6.67%）	1（6.67%）	7（46.67%）	5（33.33%）	1（6.67%）	3.27
无明晰的花园任务与责任	2（13.33%）	4（26.67%）	5（33.33%）	3（20%）	1（6.67%）	2.8

表 11-2　李克特量表——个人阻碍因素（作者自绘）

该矩阵题体平均分：3.47						
题目＼选项	非常不同意＝1	不同意＝2	不一定＝3	同意＝4	非常同意＝5	平均分
缺少园艺知识与技能	0（0%）	0（0%）	3（20%）	9（60%）	3（20%）	4
个人日程安排冲突	0（0%）	0（0%）	6（40%）	6（40%）	3（20%）	3.8
不善交际，因个人性格与成员之间交流较少	1（6.67%）	6（40%）	6（40%）	2（13.33%）	0（0%）	2.6

表 11-3　李克特量表——外部阻碍因素（作者自绘）

该矩阵题体平均分：3.32						
题目＼选项	非常不同意＝1	不同意＝2	不一定＝3	同意＝4	非常同意＝5	平均分
外部对于花园的破坏，如偷花、扔垃圾、踩踏	0（0%）	1（6.67%）	4（26.67%）	6（40%）	4（26.67%）	3.87
缺少来自居委，政府的资金与资源支持	1（6.67%）	2（13.33%）	3（20%）	6（40%）	3（20%）	3.53

题目＼选项	非常不同意 =1	不同意 =2	不一定 =3	同意 =4	非常同意 =5	平均分
该矩阵题体平均分：3.32						
花园设计与植物种植存在问题	1（6.67%）	2（13.33%）	8（53.33%）	4（26.67%）	0（0%）	3
花园活动内容与活动时长存在问题	1（6.67%）	3（20%）	8（53.33%）	3（20%）	0（0%）	2.87

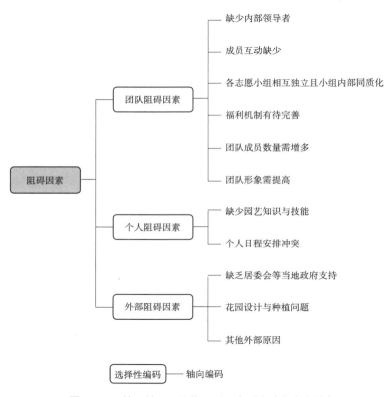

图 11-3　第二轮——最终阻碍因素列表（作者自绘）

1. 缺乏内部领导

缺少内部领导者是阻碍舻乡社区花园团队长久性的重要因素之一。目前的花园团队管理模式如图 11-3，项目负责人担任主要角色，将具体事务告知志愿者，园艺老师扮演协助角色。通过访谈发现 12 名志愿者一致认可目前的成员结构模式。例如，志愿者 A 说，"我认为我们是在一个扁平的结构中，任何人都可以参与花园任务。我们的团队是非常民主和自由，也符合志愿精神。"与此同时，也有志愿者认为社区居民需要担任更多的责任，如志愿者B说："目前，负责花园项目的Y老师（项目负责人）责任重大。我认为花园建在社区里，属于居民自己，所以居民需要承担更多的责任。"但是，当志愿者们得知项目负责人未来会离开项目时，12名志愿者都表示需要一个内部领导来代替项目负责人的角色。志愿者们纷纷表示："没有Y老师，我们就像没头苍蝇一样。""Y老师是我们的灵魂。"由此可以发现，目前的团队成员都高度依赖于项目负责人，该现象同时解释了在社会网络关系图中项目负责人中心度值高的原因。

2. 志愿者团队与团队、成员与成员之间缺少互动

以居民为主体的核心志愿者团队和以吴江中专学生为主体的协助性志愿者之间联系不紧密是目前团队面临的问题之一。如上文所述，在社会网络分析图中发现不同小团队的成员之间的联系少。结合作者的两次现场活动的观察证实这一现象，只有少数志愿者会进行跨团队交流，大多数志愿者偏向于与自己的团队内的成员交流。通过访谈发现有三种原因造成团队之间缺少互动，首先，志愿者们在各自团队中的参与的任务不同从而产生交流的机会较少。其次，部分协助性志愿者因为年龄差问题担心沟通有鸿沟从而不与核心家庭志愿者沟通。此外，成员间的缺少交流的现象也与成员对于项目负责人的高度依赖有关。根据现场观察发现，项目负责人会因一件事情分别在两个微信群里对两个团队进行内容相同的解释工作。个体成员对于项目负责人高度依赖的现象，不仅间接减少了两个小团队之间的沟通机会，也增加了项目负责人在两个团队之间重复沟通的时间成本。虽然大团队中的小团队现象可以促进团队成员之间的竞争，但也会对大团队的和谐与凝聚力产生负面影响[18]。

成员互动频率低的现象不仅存在于两个小团队之间，也存在于同一团队内部。通过访谈发现造成这一现象的主要原因包括：缺乏合适交流的机会，成员参与活动的时间错开以及个人性格。

- "我每次一来就直接加入任务，顾不上和别人聊天。"
- "我每次都是晚上来浇水，晚上的时间点很少碰到人。"
- "我是男性，其他志愿者大部分都是女性，让我去和他们交流我有点不好意思。"

3. 福利机制待完善

目前，该花园维护团队尚未形成整体的、完善的福利机制。项目负责人会在现场活动结束时分发明信片和种子作为志愿者回馈的奖励。一位被采访者说："他的女儿像珍藏宝贝一样珍藏着Y老师奖励的明信片，她还会带着她的朋友一起去看姓名墙（所有参与的志愿者姓名都被写在了花园附近的墙上）。"虽然通过国外文献发现，为花园参与者提供一定的收入可以促进社区花园的发展[8, 19]，但核心家庭志愿者们都明确反对现金奖励，主要原因是现金奖励会对小朋友们价值观与教育产生副作用，多数志愿者期待名誉表彰如证书，也有志愿者提出可以发放杯子、笔、帽子、笔记本等日常用品作为物质奖励。同时，项目负责人正尝试与政府志愿平台协作，从官方渠道为志愿者们提供"文明

良票"作为回馈。"文明良票"是吴江松陵街道政府激发居民、民间组织、社会团体等各类人群参与志愿服务建立的创新制度,"文明良票"通过积分方式记录居民参与志愿者的服务时间,志愿者再用积分兑换大米和食用油等生活必需品。此外,虽然大部分志愿者表示不会因为没有福利机制而不参与花园活动,但若建立一个完善的福利机制可以更好地激励社区花园团队成员的热情,而且可以吸引更多的人群参与社区花园的志愿活动。

11.3.2 其他团队阻碍因素

问卷中,李克特量表分值位于 3～3.5 分之间的阻碍因素包括缺少成员、不具吸引力的团队形象、缺乏明晰的花园任务与责任。

1. 缺少成员

缺少成员主要表现在如何维持现有的志愿者和如何吸引新志愿者两个方面。据志愿者 C 描述,至少有 20 组家庭参与了项目的规划设计与建造实施阶段,但目前只剩下 6 组家庭核心志愿者。此外,也有志愿者表示,成员的缺失还体现在缺少能做繁重工作的志愿者,尤其是在挖土、堆土等活动中。核心家庭志愿者中仅有的两名成年男性成员都表示希望更多的男性志愿者加入,新男性成员的加入不仅可以缓解消耗体力的任务,而且可以增加男性成员之间的交流机会。

2. 不具吸引力的团队形象

该阻碍因素主要表现为没有团队标识、没有团队制服和没有正式的团队名称。志愿者 D 说:"我们也应该像其他志愿者团队一样,有口号,名称,要是有条件可以发放统一的帽子。"良好的团队形象有利于团队归属感的形成,同时也是对外宣传的窗口。该因素也与外部阻碍因素中的政府支持产生关联,当志愿者团队有了正式的团队形象后可以申请加入当地政府的志愿者网络,从而获得更多政府的支持。

3. 缺乏明晰的花园任务

不清晰的花园任务往往会造成劳动力的浪费及参与率的降低。例如,在作者现场观察的一次负责人临时缺席的植物补种活动中,志愿者们在是否需要同一天完成厚土栽培和植物种植两项任务中产生矛盾,协助性志愿者们表示需要同一天完成,园艺老师和核心家庭志愿者们则表示未接收到该项任务。最终,所有志愿者们决定直接种植植物不进行厚土栽培。然而,活动结束时项目负责人表示两项任务都需要进行。因而,志愿者们又将刚刚补种的植物拔出,进行厚土栽培后,再次种植。不明确的任务导致了无效的操作过程,不仅延长了志愿活动的时间,也消耗了志愿者参与的积极性和热情。此外,活动日程的不完全公开也是志愿者无法参与花园活动的原因之一。根据对普通志愿者和随机居民的采访发现,无法实时知道花园活动是他们错过参与的原因之一。一位曾经多次参与花园活动,但现在几乎看不见踪影的志愿者 E 说:"我以为花园已经打理好了,没有更多的工作要做，所以后来就不参加了。"更多途径的公开花园活动是一项可以提高活动参与率的措施。

花园是否需要有责任制度是社区花园团队目前面临的一个争议点。一方面清晰的责任制度有利于团队角色的明确，避免任务的推诿，减少项目负责人的压力；另一方面责任制度增加了志愿者的压迫感，可能会增加志愿者离开团队的风险。如一位志愿者描述说："我们参与花园志愿者活动是一件志愿的、自由的事情，如果要求任何人对某项任务负责，我就不太敢参加了。"关于是否需要建立责任制尚未得到志愿者们的共识。

11.3.3　个人阻碍因素

个人阻碍因素包括成员缺乏园艺知识和技能，与其他个人不可控因素如时间日程、工作安排等。其中，缺乏园艺知识和技能，与个人日程安排冲突程度值超过 3.5 分，占比较高。

1. 缺乏园艺知识和技能

园艺知识的缺失是影响团队成员参与花园活动主动性和积极性的最主要因素。鲈乡二村社区花园团队成员园艺知识与技能的缺乏主要表现在三个方面：不知道如何浇水，不知道如何修剪植物，不知道如何进行土壤的维护。正如一位受访者表示："我们怕自己好心办坏事，怕把植物浇水浇死，所以一般是园艺老师让我们浇水我们才敢去浇水。"6 组核心家庭志愿者、6 位协助性志愿者与 3 位普通志愿者都表达了不知如何照顾植物而不敢照顾植物的担忧。但项目负责人表示，她与园艺老师在每次活动中向志愿者讲解基本的园艺技能。但即便如此，因为植物种类的多样性和每个个体学习新知识的能力的差异也不能保证每个人都掌握所有的园艺知识。

2. 个人时间日程等不可控因素

成员个人的不可控因素是影响社区花园团队凝聚力与稳定性的重要因素。各个成员从事不同的行业、上下班时间段不同，从而导致参与花园活动的时间、频率不同。正如一位受访者解释："我经常周末上班，而花园活动往往发生在周末，所以我很难遇到其他志愿者，因此我与其他志愿者不是很熟悉。"项目负责人也表示很难有将所有志愿者在同一时间段聚集起来的机会。根据访问发现，也有少部分受访者因个人性格害羞、内向的原因很少与其余成员交流。由于个人时间、工作、性格等不可控因素，使得部分志愿者与其余志愿者之间的见面次数少，交流机会少，导致成员间不熟悉的现象产生。有 4 位志愿者表示会因为小朋友的升学或者个人工作的变化，搬离居住的小区，该情况的发生也会提高团队的成员流动概率，以及增加时间成本培育新成员技能的风险。

11.3.4　外部阻碍因素

外部阻碍因素主要包括以下部分：盗窃、公物破坏、垃圾乱扔等外部造成的花园损害、居委会和地方政府的支持不足，以及活动不具备吸引力、活动时间过长、植物品种与设计不佳等其他外部因素，各个子因素的程度等级。

1. 外部破坏

外部破坏是指花园由于外界群体的行为而处于消极状态，包括偷窃、破坏公物和到处乱扔垃圾。根据调查发现，外部的破坏行为影响着社区花园在资源，资金，劳动力方面的消耗，但这些破坏行为并未直接影响社区花园志愿者们的参与热情。受访者 F 解释说："我们不能管控住别人的行为，但是我们不能因为别人的行为影响我们自己对于社区花园的喜爱。我们感觉痛心，但不会因此不继续参与社区花园的活动。"这一现象与国外文献中的研究发现恰恰相反，国外文献普遍认为花园的外部破坏行为降低了人们参与花园事务的热情与积极性，从而直接影响社区花园与维护团队的持久性[5, 6, 9]。

2. 盗窃

被访者提到的偷窃行为都包括植物、花园小品和园艺工具。受访者 B 描述："我们最初种了 12 株绣球花，但现在有 5 株被偷走了。"该成员曾试图寻找偷盗的人但并未成功。团队负责人也有尝试通过摄像头找到偷盗的人并进行报警处理，但因大部分偷盗者为老年人，警方认为不适合进行严厉的刑事处罚，只可进行劝导式的口头教育。截至本调研结束，花园偷盗的现象仍然持续发生并未得到解决。通过现场观察与追踪的 11 月种植活动发现，花园里新种植的 12 枝月季花已缺失 5 枝。80% 的团队成员同意或强烈同意偷盗会影响花园的长期发展。通过访问分析发现，偷盗现象会产生额外的成本，如更换植物的现金成本、重新种植植物的时间、对花园效果的视觉成本等。然而，90% 的志愿者表示，这种现象并不影响他们参与花园活动的热情，他们参与志愿活动纯粹是因为对园艺和对志愿者工作的热爱。

3. 破坏行为

青少年对植物、设施和花坛的破坏增加了花园维护团队日常管理成本。通过观察发现，社区的孩子们会在花坛上、长凳上跳跃。该现象也被大部分志愿者提及："我们不选择坐在花园里，因为很多孩子喜欢在长凳上走来走去，这使得椅子脏了，木头（凳子的材料）碎了。"类似的不文明的现象不仅影响居民对花园设施的使用，也使得花坛内、长椅周围的植物受到了不同程度的踩踏。

4. 垃圾乱扔

此外，花园里的垃圾，如废纸、塑料袋、饮瓶等影响了花园的景观效果，也使得团队成员不断花费精力进行清理。垃圾清除是志愿者们参与社区花园活动时最常见的任务之一。团队也通过告示牌以及口头引导来缓解这一现象。有 8 位被采访者表示曾通过口头劝诫的方式制止乱扔垃圾的行为，只有 3 位制止成功。志愿者 D 也表达了对该现象的担忧："我们不能 24 小时围绕花园进行巡逻，花园的维护还需要社区所有居民的共同参与。"

5. 缺少居委会和地方政府的关注

只有 6 位成员认为来自外部的支持会影响团队长久存在，根据采访可以发现，12 位志愿者中只有 2 位志愿者在花园相关活动中见过或者与居委进行过沟通。目前项目与政府层面的交流主要由项目负责人进行对接，团队成员尚未参与资金募集、宣传、社会活动策划等工作，主要从事花园维护的工作，包括除草、堆肥、清洁水池、制作与维修工具的内容。根据项目负责人描述，虽然该项目是由区政府倡议进行，但当地社区尚未完全认可社区花园的价值，地方政府是以实验性的态度进行评估观察。根据 Jacob and Roch 对社区花园治理结构的研究，如果社区花园得到政府的正式认可，可以提高参与者的积极性，也可以为社区花园寻求更多的资源[10]。为了改变这一现状，项目负责人正在努力通过与相关政府官员的持续协商、邀请参与活动现场等方式，以提高当地政府对该花园的认可度。

11.3.5　其他外部阻碍因素

花园活动的内容不具备吸引力，花园活动的时间过长，花园的植物品种与设计不佳四个阻碍因素的李克特量表分值在 3 ~ 3.5 分之间。活动内容不具备吸引力主要体现在参与人群方面，部分老年志愿者反馈目前的花园活动不适合老年人参与，受访者 F 描述道："我看每次活动都是小朋友在弄，他们吵吵闹闹的，不适合我们。""有一次我们都做到天黑了，快到晚上 9 点，说实话，虽然内心快乐，但真的有点累。"根据部分志愿者反馈需要将花园活动的时间安排在合理的范围之内，他们能接受的时间范围在 1.5 ~ 3 小时，时间过长则会降低参与热情，以及劳动能力减弱。在花园植物品种与设计方面，有 4 位志愿者提出需要改善花园的植物配置，频繁补种植物容易消耗志愿者的劳动力；也有少部分志愿者指出花园的景观效果欠佳；还有其余设计相关的评论，比如："使用太多木质的材料，木质材料经过风吹雨打很快就会坏掉。""还有好多空着绿地都没有种上植物很浪费。"这些虽然不是影响鲈乡社区花园维护团队持久性的主要阻碍因素，但仍然是团队需要考虑的问题。

11.4　社区花园持久发展的建议

在相关文献中，大部分为社区花园宏观层面的指导性策略，如在建立花园社交网络[20]，支持跨社区交流[21]，通过社会学习的方式进行团队整合[22]。基于鲈乡二村社区花园的现状，结合相关文献，本文提出基于管理结构，政策，资金方面的建议。

11.4.1　管理结构的转变

当前的管理结构由项目负责人领导，项目成员高度依赖项目负责人，缺乏内部项目负责人。建议由团队成员推选内部领导者，项目负责人从负责人的角色转变成协助者的角色。在项目结构转变的过程中，项目管理人员并不是立即停止管理，而是仍然提供适当的干预，并逐渐减弱干预的程度，直到花园团队能够熟练地进行维护。此外，一个社区自治的社区花园的长久性取决于是否能够与外部支持的组织保持良好关系[21]，政府和社会组织的支持在建议的结构中仍然发挥着重要的推动作用。

11.4.2　建立责任人制度

雇佣一个全职的责任人也是缓解目前缺少内部领导者的措施之一。正如项目负责人所说："*我总是希望有更多的人带着长远的眼光进来，承担更多的责任，或者至少感觉自己更有责任。*"访谈结果也显示，志愿者很难长期稳定地投入时间在花园中，因此很难保证花园的管理到位。因此雇佣一个全职的责任人是缓解目前缺少团队内领导者的方法，但是谁来为全职的责任人付佣金是一个问题。从欧洲社区花园的成功案例中发现，社区花园的长期生存依赖于政府的长期财政支持。德国汉诺威的 Spessart 社区花园和新西兰基督城的 New Brighton 社区花园，两国政府都提供了长期的财政支持，并帮助社区雇佣专业的花园协调员或管理人员，管理人员的主要职责是保持社区花园的健康和可持续发展，并通过活动协助和激励志愿者[5]。然而，一些志愿者在访谈中表示，他们不喜欢被人干涉，更喜欢自己做决定，并担心全职的管理人员对他们的管理规则变多。因此，聘请目前团队内的志愿者成员作为项目责任人是一个折中的可行措施。

11.4.3　资金

对项目的规划设计，建造实施与初步维护阶段的资金来自整体的老旧更新的项目，但没有单独的行政管理机构为社区花园后期提供资金申请的途径。通过走访相关政府部门发现，若在当地政府正式注册成为社区花园志愿者队伍后，就可以参与政府每年的公益项目评选活动，从而获得少许财政支持，奖金数额在 1 万～3 万元不等。其他可以借鉴的资金筹措方式还包括个人的捐赠、公益基金的申请、花园里面种植的花的售卖等。

11.4.4　政策

社区花园在中国刚刚起步，暂时没有相应常态化政策方面的支持。然而，也有少部分城市的地方政府如南宁、深圳、成都意识到社区花园的益处，并提供资金和其他形式的支持。从文献中可以发现，部分国家有明确的立法来保护社区花园的建设和维护。例如，新西兰的 Reserves Act 1977，当地政府制定了政策来规范社区花园的建立和管理，包括土地使用权和许可、资金、利益和服务、经济活动和维护。我国目前的社区花园依赖于个体或社会组织之间的协议，有必要将其纳入土地规划和开发计划中，从长远角度保护社区花园的发展。

本研究以苏州市鲈乡二村社区花园为例进行定量与定性结合的案例分析，旨在弥补我国社区花园与维护团队发展面临的阻碍方面的研究空白，并提出了相关建议。结合行动研究，对缓解措施的实施过程进行跟踪和记录，并结合文献，从团队结构、资金、政策等方面对志愿者团队提出建议。基于社会网络理论和扎根理论分析，本研究发现的阻碍因素可以分为三类：团队阻碍因素、个人阻碍因素和外部阻碍因素。国外不少学者表示，外部破坏会降低参与者的积极性，最终导致志愿者不参与社区花园活动，但在本案例中，上述因素虽然阻碍了社区花园与维护团队的发展，但并不影响志愿者参与社区花园活动的积极性。同时，资金缺乏、不具备认可的土地空间、外部破坏是影响国外社区花园长期发展的三个重要原因，但在本案例中，该三个因素并不是重要的阻碍因素。此外，每个社区花园与维护团队都是生长于当地的社会和环境状况，本研究所发现的阻碍因素并不一定适宜中国所有社区花园与社区花园维护团队。为了解中国社区花园持久性的共同影响因素，还需要更多的案例进行对比。

参考文献

［1］ 刘悦来,寇怀云.上海社区花园参与式空间微更新微治理策略探索［J］.中国园林,2019,35（12）:5-11.

［2］ 刘悦来,尹科娈,孙哲,等.共治的景观——上海社区花园公共空间更新与社会治理融合实验［J］.建筑学报.2022:12-19.

［3］ DING X, ZHANG Y, ZHENG J, et al. Design and social factors affecting the formation of social capital in Chinese community garden［J］. Sustainability（Switzerland）, 2020, 12（24）: 10644.

［4］ DRAKE L, LAWSON L J. Results of a US and Canada community garden survey: shared challenges in garden management amid diverse geographical and organizational contexts［J］. Agriculture and Human Values, 2015, 32（2）: 241-254.

［5］ FOX-KAEMPER R, WESENER A, MUENDERLEIN D, et al. Urban community gardens: An evaluation of governance approaches and related enablers and barriers at different development stages［J］. Landscape and Urban Planning, 2018, 170: 59-68.

［6］ BECKER S L, VON DER WALL G. Tracing regime influence on urban community gardening: How resource dependence causes barriers to garden longer term sustainability［J］. Urban Forestry and Urban Greening, 2018, 35: 82-90.

［7］ DIAZ J M, WEBB S T, WARNER L A, et al. Barriers to community garden success: Demonstrating framework for expert consensus to inform policy and practice［J］. Urban Forestry and Urban Greening, 2018, 31: 197-203.

［8］ COHEN N, REYNOLDS K. Resource needs for a socially just and sustainable urban agriculture system: Lessons from New York City［J］. Renewable Agriculture & Food Systems, 2015, 30（1）: 103-114.

［9］ BONOW M, NORMARK M. Community gardening in Stockholm: participation, driving forces and the role of the municipality［J］. Renewable Agriculture and Food Systems, 2018, 33（6）: 503-517.

［10］ JACOB M, ROCHA C. Models of governance in community gardening: administrative support fosters project longevity［J］. Local Environment, 2021, 26(5): 557−574.

［11］ DRAKE L, LAWSON L. Best practices in community garden management to address participation, water access, and outreach［J］. Journal of Extension, 2015, 53(6). https://www.scopus.com/inward/record. uri?eid=2−s2.0−84951912720&partnerID=40&md5=d2e60423d34e55faccaaf79c687b0fef.

［12］ MILLIRON B J, VITOLINS M Z, GAMBLE E, et al. Process Evaluation of a Community Garden at an Urban Outpatient Clinic［J］. Journal of Community Health, 2017, 42(4): 639−648.

［13］ HAMMER B, FLETCHER F, HIBBERT A. Participant Observation: Enhancing the Impact Measurement in Community Based Participatory Research［J］. Qualitative Report, 2017, 22(2): 439−455.

［14］ BERGERON D A, GABOURY I. Challenges related to the analytical process in realist evaluation and latest developments on the use of NVivo from a realist perspective［J］. International Journal of Social Research Methodology, 2020, 23(3): 355−365.

［15］ HARTLEY J, BETTS LUCY R. Four layouts and a finding: the effects of changes in the order of the verbal labels and numerical values on Likert−type scales［J］. International Journal of Social Research Methodology, 2010, 13(1): 17−27.

［16］ ZUBER−SKERRITT O. The action research planner: doing critical participatory action research［J］. Educational Action Research, 2016, 24(1): 150−154.

［17］ RAJAGOPALAN S, SHAGIRBASHA S, RAVI S. Social Network Analysis: Identifying and Explaining the Key Influencers in a Network［J］. South Asian Journal of Management, 2021, 28(3): 113−131.

［18］ HERMANS H. Assessing and Stimulating a Dialogical Self in Groups, Teams, Cultures, and Organizations ［M/OL］. Cham: Springer International Publishing, 2016［2021−12−27］. http://link.springer. com/10.1007/978−3−319−32482−1. DOI:10.1007/978−3−319−32482−1.

［19］ WITHERIDGE J, MORRIS N J. An analysis of the effect of public policy on community garden organisations in Edinburgh［J］. Local Environment, 2016, 21(2): 202−218.

［20］ GLOVER T D. Social capital in the lived experiences of community gardeners［J］. Leisure Sciences, 2004, 26(2): 143−162.

［21］ FIRTH C, MAYE D, PEARSON D. Developing "community" in community gardens［J］. Local Environment, 2011, 16(6): 555−568.

［22］ ROGGE N, THEESFELD I, STRASSNER C. The potential of social learning in community gardens and the impact of community heterogeneity［J］. Learning, Culture and Social Interaction, 2020, 24: 100351.

在之前的内容中，我们记录、总结、检验和反思了在社区花园营建和运营维护过程中的经验教训。我们发现社区花园行动并非总是如期望的那样有效，会有很多无效行动，这些行动不仅不能充分发挥社区花园的潜力，甚至可能产生负面影响。社区花园行动中的无效行动主要体现在规划与设计、管理与维护、居民参与以及理念传播等方面。这些无效行动不仅制约了社区花园的发展潜力，也影响了其在城市规划和社区发展中的积极作用。无效行动的根源往往在于缺乏深入的理论研究和科学的规划。社区花园并非简单的绿化工程，而是涉及社会学、生态学、城市规划等多个学科领域的复杂系统。任何一个整体性和系统性的认知缺陷，都有可能导致资源的浪费，做了很多"无用功""重复功"，有时让自己甚至居民产生了疲惫感和无力感。

社区花园行动的社群管理与维护是社区花园成败的关键和难点。有效的管理和维护是确保社区花园持续发展的重要保障，但现实中往往存在管理不善、维护不力的情况。一些社区花园由于缺乏明确的管理制度和责任分工，导致花园的日常维护无人负责，久而久之，花园变得杂乱无章，失去了原有的美感和功能。

在居民参与方面，截至2022年底，鲈乡二村社区花园行动主要还是靠外部力量推动，缺乏自身的力量和热情，社区花园成为增加社区凝聚力的主要载体还未成熟。

本章将分享社区花园运营维护、社群建设，以及有效行动的经验，总结社区花园在可持续性城市发展的作用，以及评价方法，希望能有助于对于社区花园行动的科学研究和理论指导，推动其向更加合理、高效和可持续的方向发展。

Chapter
XII

12.1 志愿者社群维护的难点

12.1.1 志愿者流失与原子化

志愿者的流失和原子化可能是很多自下而上社区花园共同面对的问题。一开始担心找不到人，找到人且人多了之后又不知道该如何管理。在我们的实践过程中，2022 年新冠肺炎疫情期间通过发放小花苗礼品招募进微信群的新成员是最不稳定的，有的很快就退群了。参加的人多了之后，就容易因为个性、价值观上的不同，因为一件微小的事情，就造成了志愿者的流失。比较有代表的是爱心园丁微信群里面，有的老年人突然就"不高兴"弄了。有时，一个志愿者的流失可能会影响几个人，甚至整个团队。萤火虫浇水群相对稳定，主要是因为住房搬迁而退出的。虽然志愿者团队成员的变化在任何一个组织都有可能发生，但如果社区花园是由个人或者社会组织为主发起的，成员的忠诚度会小于社区主管的志愿者团队。

根据上一章调研的结果，很多志愿者之间互相并不知道对方的姓名，特别是异性之间，年轻的父亲或者母亲不太好意思和异性太多交流和互动。

我们还发现有些对社区花园很支持的居民，作为个人做贡献他很愿意，但是不愿意或者很难真正融入社群。大部分是因为年龄太大或者是时间精力有限的原因。这些原子化的志愿者往往对社区花园认可度很高，不需要很频繁地维系，在有特殊需求的时候也能作出很大的贡献，但是很难对他们进行表彰和奖励。

社群和社群之间也存在着距离感。

12.1.2 低效的培训和奖励

2021 年，我们组织过一次关于疗愈花园的讲座和培训活动。但是活动之后老年志愿者对社区花园情感和行动投入并没有发生质的变化。似乎跟老年人讲老花园的疗愈作用，对他们的吸引力并不大。一次种植很难对场所产生所有感和责任感。

社区花园如何能够抓住老年人的心呢？经过一段时间的摸索之后我们改变了思路，老年人参与需要抓住他们的需求。

"我想剪，但是不敢剪。怕别人说我瞎弄。"

"常老师，二村没有土了。"

于是我们根据他们的需求，开展月季修剪的园艺课；并通过奖励郁金香球、营养土等鼓励老年志愿者参与治理，通过学习赋能，组织他们与空间的良性互动，引导他们体会到地栽的乐趣和疗愈作用（图 12-1）。

本章作者为常莹（西交利物浦大学设计学院城市规划与设计系副教授）。

图 12-1　社区花园志愿者福利礼品

　　但是效果还是不太显著。老年居民参与热情依旧不高，社区花园对老年居民而言不重要，吸引力不强，更不用说责任感，还参与到日常的维护中来。

　　我们听到最多的是："我喜欢花花草草，我就弄弄我自己那块就好了。"

　　另外一项比较低效的培训就是播种和育苗。从社区花园初始，我们通过给居民发种子的方式，希望能培育出自己生产和交换福利的机制，但是一直成效不大。从播种开始，育苗是需要特别多的耐心和细心的。育苗需要合适的培养土和适当的营养，而且一个短假期的疏忽可能就会导致损失。在 2022 年的春天，我们邀请几位核心的志愿者妈妈一起在家庭阳台播种育苗，但是成功的并不多。后来我们改变为从苗圃买小苗作为福利赠送给志愿者，请他们代为培育。这样的成功率高了很多，居民也比较有收获感。多余培育的小苗也由居民主动地种到了社区花园里。但是还是比较碎片化。通过育苗来作为主要奖励机制比较成功的是武汉市江汉区花仙子社区公益服务中心（图 12-2）。他们在办公室里的展柜上加装植物补光灯，从播种开始，然后逐步移到更大的穴盆里。成苗作为奖励给志愿者。这个过程既可以为儿童、青少年提供自然观察的机会，又是比较低成本的福利方法，适用于有固定办公场所的社区花园。

12.1.3　谁应该是居民领袖

　　从营建到日常维护，是社区花园质的转变，发起者、参与者的角色都有明显的变化，新的角色带给每一位成员的挑战都非常新、非常大。在这个阶段，社群成员的维护和扩大、从兴趣共同体到治理共同体转型需要较高的技巧和经验。这个时期特别需要一位在地的居民领袖。被居民信任为领袖般的人物带给个人行动动力的同时，也为营建工作带

图 12-2　武汉市江汉区花仙子社区公益服务中心的育苗奖励机制

来了很多便利,例如组织活动招募可以直接从志愿者群体中定向邀请。这样一来,参与率有保障,也容易交换到维护、维修、通知、组织等现场服务。

正如上一章研究发现的,作为主要的行动者和高校老师,作者是社区花园网络的中心，作者被认为是社区花园的领袖，很多人参与志愿者团队靠的是一对一的个人情感和利益维系。高校教师这个身份的确为社区花园营造带来了很多便利和其他职业难以替代的优势，比如居民的尊重、信任，以及潜在的了解和接触更多高等教育机会。但是同时也会发现作者成了一切的负责人，特别是有突发事件的时候。比如社区花园的花被偷了，志愿者都会第一时间告诉作者，希望作者来处理。包括水管不出水了、青少年破坏花园了等情况都会向作者汇报，希望作者来出一个解决方法。

造成这样的局面有四大原因：（1）志愿者个人缺乏维护的技能，或者说有维护技能的居民还未成为团队成员。（2）缺乏居民领袖和自治能力，无法自己联结物业、业委会、社区等其他资源解决问题。（3）高校作为发起者还未完成角色上的转变，居民对发起者习惯性依赖。（4）未形成组织，未有相应的责任制度和应急机制。社区花园营建初期的轻松、友好的团队，并没有准备好面对与治理相关的突发事件。

志愿者对高校力量的信任让人感到欣慰，但是如此依赖外部力量同时说明居民领袖还未出现，社区花园离居民自治的目标还很远。当我们向社区提出需要有专项负责人，以及请社区推荐志愿者领袖时，我们发现社区推荐的领袖可能群众基础并不是最理想的，对组织的忠诚度也不太稳定，个人领导力和经验还不足以胜任领导社区花园团队的程度。如前面所说，社区花园有信息、物、植、人四大内容需要综合系统的管理，非一般人可以胜任。社区花园的居民领袖对外需要有联结外部资源的能力，对内需要有领导团队的信服力，需要有处理复杂人际关系的智慧，还需要有应对突发事件的能力。

12.2　有效和高效的志愿者培训

2021年秋天，我们组织了科研助理、专业绿植合作单位东篱花田及环保社会组织吴江蓝天环保志愿者协会参加了同济大学、四叶草堂主办的"社区花园"课堂培训。专业志愿者参加社区花园专业培训的收获是非常大的，效果也是不错的。东篱花田的万老师学习到了适合社区花园的植物配置。蓝天环保更加坚定了他们在自然教育拓展的方向。

2021年11月28日，我们举办了全体志愿者成员的第一次线下见面活动——社区花园福利日，由插花课程与世界咖啡屋两场活动组成（图12-3）。插花的课程是对志愿者们全年辛苦付出的回馈，部分的花束材料来自社区花园中的花，起到了再利用的作用。世界咖啡馆的活动是期望鼓励和引导志愿者们谈论花园面临的困难，并共同思考解决方案。世界咖啡屋的形式可以让参与者进行深度的会谈，并产生富有远见的见解。志愿者们就如何维持团队展开了激烈的讨论，包括工作计划、志愿者组织发展规划与行动计划等内容。活动收尾时，志愿者们一致同意当前花园主要工作有三个部分——团队形象的设计，包括团队的注册、团队旗帜和logo的设计；花园代办任务清单的制作；对志愿者们进行的园艺知识的课程培训。这三部分内容分别对应上文中所提及的团队阻碍因素与

图 12-3　社区花园福利日活动

个人阻碍因素。

　　"通过这样的形式，我感觉到我们是一个有力量的团队。"一位参与活动的志愿者评价道。经过团队共同讨论决定今后每两个月举行一次"福利日"活动。福利日的活动不仅增加了团队成员之间的交流，同时也促进成员共同意识的产生，从而形成更具有凝聚力的团队，促进团队与社区花园的长久发展。

　　2023 年世界地球日，我们组织了鲈乡实验小学社区五好小公民社团的 20 个家庭来到西交利物浦大学参观并学习可持续性校园。西交利物浦大学管理办公室介绍了校园在雨水收集利用、节能，以及引导环保行动方面开展的工作和做出的努力。学生和家长参观了西浦图书馆世界地球日特别展览。本次展览包括苏州吴江区的社区花园示范项目。

设计学院副院长 Marco Cimillo 博士感谢鲈小同学们参与鲈乡二村社区花园建设及对可持续性发展的贡献。随后，西浦商学院副院长 Ellen Touchstone 博士首先给社区五好小公民先锋队的优秀同学颁发了奖品，并给大家介绍了 15 种降低碳排放的生活方式。大家来到了建成环境楼参观校园社区花园，同学们把从家里带来的厨余放进了堆肥箱，把从教学大楼里收集来的饮水机废水搬运到花园浇灌花草，并且对活动现场的垃圾进行了分类（图 12-4）。

图 12-4　世界地球日社区五好小公民西浦校园学习

2023 年 4 月 24 日，西交利物浦大学和日间照料中心合作，组织了二十多位比较积极的老年志愿者到苏州农业职业技术学院相城基地参加了培训和团建活动。朱旭东教授带领大家参观了国家球宿根花卉种质资源圃，每位志愿者获得了鸢尾切花作为当天活动的纪念品。午休后我们组织了大家分享对社区花园的感受、选出了 7 位小组代表，并对分组轮流监督值日进行了排班。出乎意料的是，志愿者还提议说社区花园音乐节需要常态化地办下去，并且需要进一步扩大一支新的朗诵队，进一步歌颂赞美花的文化，花园的美好生活。活动后，志愿者们纷纷分享活动当天的照片，并编辑成短视频纪念这难忘的一天（图 12-5）。

图 12-5　社区花园志愿者在苏州农业职业技术学院参观并团建

12.3 居民自发的社区花园音乐节

在一次回访中我们了解到，2022 年时，因为老年日照中心暂停对外开放，乐器团的老年人便经常在花园里排练。我们敏锐地感觉到老年人和社区花园的互动更深入了。于是我们便抓住这个机会提出要为他们举办一次音乐节，让他们排练的成果有展示的机会。为了更好地鼓励参与，我们满足乐器团的需求，为他们提供经费购买了排练需要的音箱。乐器团的成员们都非常开心，排练进来劲头十足。2023 年 3 月 22 日，在香草疗愈花园，成功举办了第一届鲈乡二村社区花园音乐节（图 12-6）。在音乐节上，我们也请来了社区领导同时为浇水、巡逻的志愿者们颁发胸牌、奖品，请志愿者们分享感想。音乐节的成功，给予志愿者充分的尊重和肯定，极大地调动了志愿者参与的热情，增强

图 12-6　鲈乡二村社区花园首届音乐节（2023 年 4 月）

了志愿者团队的身份和责任意识。

2023 年的夏天，因为种种原因，我们没有组织任何活动。为了维持志愿者团队的热度，我们鼓励爱心园丁每日值班时拍个人照打卡，分享到微信群里。在打印值班照的同时，我们也免费帮助他们打印几张个人照片作为福利。每个月除了照片外，我们还送给志愿者湿纸巾、风油精等小礼品福利（图 12-7）。

图 12-7　2023 年夏季志愿者每日监督花园打卡

2023 年夏天，我们进行了一次比较大胆的尝试。在外部力量投入减少，仅靠微薄的福利和团队自身的吸引力，花园和社群会发生什么样的变化。对花园的关心会不会越来越少？参与会不会越来越少？团队会慢慢散掉吗？我们惊喜地发现，虽然花园里杂草丛生，并不影响老年居民每天拍照打卡的热情。因为频繁打卡，大家对花园的关注一直没有减退，反而越来越关心。9 月，第一次由志愿者主动地提出了花园需要补种的需求，并催促我们组织第二届花园节。乐器队的老年志愿者一直以音乐节为目标，充满热情地加紧排练。我们第一次真正感受到了由居民自治的意识和力量，效果超出我们的想象。

外部组织的"缺席"反而把自治的空间还给了居民。

于是我们想借用这一次机会，继续挖掘和激发居民自治的能量。我们引导志愿者自己出面去请社区参加音乐节，却听到志愿者说："我什么身份都没有，去邀请社区不好意思。"我们便抓住这次机会，组织老年志愿者开了一次会，推选他们自己的领袖。

2023年9月26日，老年志愿者团队开了团队建设里程碑式的一次会议。日间照料中心的志愿者们开展了民主协商会议，根据个人特长推荐和选举出了负责外联、内联、宣传和技术的主要负责人。同时，志愿者还建议要分片承包花园。大家又自己组成5个小组，每个小组负责一个花园（图12-8）。

图 12-8　2023 年 9 月志愿者会议分组负责花园

图 12-9　2023 年秋季补种使用的腾讯公益众筹的捐款

2023 年的秋季补种与以往有两点不同：（1）这一次秋季补种的经费来自去年腾讯 99 公益为社区花园筹措到的社会捐款（图 12-9）。（2）完全赋权给居民，由居民自己做预算，自己做规划、自己选花、自己采购，体现了居民完全的自治。

被赋权的居民热情高涨，完全发挥出了他们的主观能动性，甚至自发开始了竞赛，比赛谁行动快、谁的花坛最美。志愿者在开会后第二天就开始行动起来，给花坛拔草、翻土。大家赶在双节之前将花园装扮一新。居民纷纷在美丽的鲜花前留影。志愿者们高涨的热情吸引了更多居民想加入志愿者队伍（图 12-10）。

在补种之后，大家又召开了第二次民主协商会议，确认了通过音乐节的形式对志愿者表示感谢，为新增的成员发放值班的胸牌，和周边的学校、单位加强联系，加深合作，联结更多的社会力量。

10 月 17 日，社区花园居民志愿者参观了鲈乡实验小学"江南博物学"特色课程的博物园，以及行知合一劳动教育菜园。在这里，学生们用学校食堂的菜叶子喂蚯蚓、为蔬菜供肥。食堂的厨余经过几个月的发酵，已经变成了液肥和营养土，将用来当作给社区花园志愿者的礼品，发挥更大的价值。

10 月 22 日上午，鲈乡实验小学仲英校区的志愿者同学来到鲈乡二村校外劳动实践基地，在关心下一代委员会志愿者的指导下，将锁孔花园涂刷一新，帮助挂横幅标语，为音乐节做准备。

下午 2 点，志愿者为其他居民介绍了社区花园，一起回顾和分享了花园最近的故事、自己对花园作的贡献。社区领导对志愿者们表达了感谢，鲈小志愿者为老年志愿者送上了自己亲手制作的感谢卡和礼物。接着，来自二村日间照料中心的乐器组、朗诵组，以及鲈乡实验小学流虹校区的同学们一起为大家献上了丰富精彩的节目。其中居民原创的赞美社区花园的诗歌《二村花园，百花争艳》，深情地表达了社区花园带给大家的精神文明美。其中法治儿歌舞表演用新颖的形式对居民进行了普法教育（图 12-11）。

11 月 11 日，2023 年西交利物浦大学举办第三届社区花园与社区营造国际研讨会苏州论坛，邀请了三十多名鲈乡社区花园志愿者代表和鲈乡实验小学志愿者家庭代表，分圆桌会议组织大家一起讨论下一届社区花园公益日的活动（图 12-12）。

图 12-10　分组责任制之后各小组积极采取行动及成果

图 12-11　第二届社区花园音乐节及志愿者表彰

图 12-12　2023 年 11 月社区花园与社区营造国际研讨会苏州分论坛

专栏 12-1

社区花园民主会议促动技巧

在行动研究中，因为研究者既是行动者，又是研究者，需要不断批判、客观地审视行动的结果并做出新的调整和行动。在社区花园志愿者培训和民主会议的时候，我们发现通过科学的促动技术组织居民民主会议是比较高效和有成效的。我们引入了

ORID 会议促动方法，包括客观（Objective）—反思（Reflective）—解释（Interpret）—决定（Decisional）四个步骤（图 12-13）。

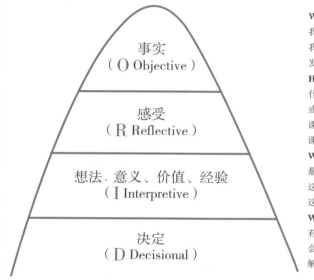

ORID 焦点讨论法

整理：安璐

2005 年加拿大学者发明的一套方法，用对的顺序，问对的问题，来节省至少 1/3 沟通的时间。

事实
（O Objective）

感受
（R Reflective）

想法、意义、价值、经验
（I Interpretive）

决定
（D Decisional）

What do I see? 事实
我看到什么？
我听到什么？
发生了什么事情？
How do I feel? 感受
什么地方很有趣、很惊讶、很感动、很鼓舞，
或是让你沮丧？有什么地方会让你很受感动？
课程中让你觉得受鼓舞的地方在哪里？
课程结束时，你的感觉是什么？
What do I learn/found/realize?
最有意义的是什么？总结为什么很重要？
这个活动到底在表达些什么？
这个活动会让你得到什么新的领悟吗？
What shall we do next? 决定
有什么要改变？
会采取什么不同的行动？
解答在哪里？

图 12-13　ORID 焦点讨论法

客观（Objective）先列举事实和感官感受。在每次会议开始时，我们会提出一个问题帮助大家聚焦到社区花园的积极方面上来，比如，最近大家都为社区花园做了哪些事情？最近社区花园大家观察到发生了哪些事情？你看到了什么？听到了什么？最近社区花园让您印象最深的一件事情是什么？

反思（Reflective）你对发生过的事情的感受和反应。也可以是记忆和相关的事情。比较好的问题可以是，你们一起为花园锄草的时候开不开心呀？现在花园在大家的共同爱护下这么美丽，你是什么样的心情？用一两个词语总结一下。

解释（Interpretive）这个阶段的问题主要目的是从体验和感受中延伸出意义和价值，为下一步集体行动打下基础。比如在第一个问题中大家都说沈爷爷工作认真负责，工作时间长。那么在这个问题我们会引导大家表扬沈爷爷，称赞他的付出和志愿者精神。

决定（Decisional）这是聚焦式对话的最后一步，以大家共同行动的计划为目标。需要明确下一步的行动，并且责任到人。在鲈乡二村的第一次民主会议中，最后一步确定了分组责任的责任人，以及整个志愿者社群的核心负责人。

12.4 未来的社区花园

在鲈乡二村社区花园，我们从花园营造开始，建立了多个不同功能的志愿者社群。慢慢地，每天来花园晒太阳、聊天的老年人越来越多，成了一个社交热点。到了2023年，即使在夏天没有花可以观赏的情况下，志愿者们仍然天天打卡，在微信群里分享。还有像余阿姨这样的志愿者，即使搬离了小区，仍然每天坐公交车来花园。这也引起了我们的思考，究竟社区花园吸引大家的是什么？似乎社区花园可以没有花草，但是人们依然每天来这里，依然守护它。

在2023年第三届社区花园与社区营造国际研讨会上，刘悦来老师进一步将社区花园的概念扩大，认为"社区花园是民众共建共享的开放空间"。这个定义意味着"它里面不一定有真的花和草，但它一定是开放的，是一个空间"[1]。强调其开放性和公众参与的性质。

同样是在2023年同济大学主办的第三届社区花园与社区营造国际研讨会上，会议主题和主旨报告是项飚教授提出的"重建附近"理论，即社区花园作为重塑人与人之间关系、人与社会关系的"最初的500米"。分论坛还着重讨论了中国社区花园发展面临的问题和转型，需要加载越来越多的社区治理和社会基础服务的功能。

"社区花园"这一词的主体是花园，很容易让主管单位、行动者、居民、赞助单位误解为营造的主要目的和重心是要呈现一个花园。当我们一直以维护花园为主要目的组织志愿者的时候，发现缺少持续的个人和团队动力。花对人的吸引是有限的、季节性的，也是有选择性的。首先，缺乏养花技巧或者过去养花失败的负面体验，就足够成为一位潜在志愿者退缩的主要原因。这种退缩的心态很难在短时间内提升改变。我们的经验发现，能长久吸引志愿者每天来花园打卡的，除了花园带来的美感和疗愈性之外，更重要的是在这个地点可以和其他人互动，有信息交换、分享照片后获得他人的赞美，也就是马斯洛需求层次理论中的审美需要（追求和欣赏美）、社交需求（友谊、爱情、亲情），以及尊重需求（自尊、自信、成就、认可）。这些需求的满足可以提升个人价值感和幸福感（图12-14）。

我们认为，社区花园是一个人们在这里遇见，离开了这里会想念，是一个人们感觉健康和幸

图12-14 居民对社区花园的理解

福的地方（图 12-15）。如果用英语的话，可以总结成两个 P，两个 M，两个 H——"A Place People Meet and Miss, where they feel Healthy and Happy." 社区花园可以不是很大，可以只有一平方米，社区花园还是需要承载生态修复的功能，还是应该有花花草草，可以"招蜂引蝶"。但是社区花园不一定每天都有花可以欣赏，特别是冬季。我们看到有的居民用假花装扮花园，我们看到和感受到的是这背后对美、对生命、对美好生活的向往。当这种美把更多的人吸引到一起，一起欣赏；当花园成为交流和信息交换的热点场所；带着共同的对美好的向往，通过场所重新塑造人和人之间的关系，社区花园就形成了。人们想念的，不主要是花园里面的花和美好，而是在这里遇见的人，感受到的邻里情、熟人社会的温暖和非正式的福利。当人们感受到花园的公共性之后，往往一个善意的行动就很容易得到更多人的响应。共建会变成非常自然、自发的行为。从政府的角度，居委会或者街道希望通过社区花园挖掘出有公共精神的居民志愿者，而且服务的对象和范围从社区花园扩大到社区治理的其他方面。社区花园培育出的社会场、公德心和志愿者文化可以成为实现基层治理自治的坚实基础。

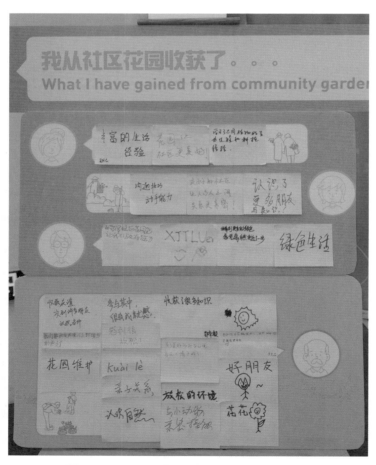

图 12-15　居民对从社区花园中收获的事物总结

我们希望，未来社区花园的发展更能往两个方面努力：（1）作为城市农业的一部分，对社区韧性、城市韧性的巨大潜力贡献。（2）作为生态文明建设的重要抓手，对城市土壤修复、生态多样性，以及生态文明公众参与社会进步的长期作用。

瑞典的研究团队从城市农业角度对社区花园对可持续性发展的贡献整理出了全面的评价体系和调研方法（表 12-1）。

表 12-1 社区花园的城市可持续性评估框架方法

支柱	尺度	指标	单位	数据来源
环境复原力和资源效率	气候调节：全球变暖潜能值节省	根据花园中种植的产品估计全球变暖潜能值（GWP）节省	加权比重	文献、调研
	土地复垦	以前用于城市农业的空置或闲置土地面积（例如废弃土地、棕地等）	/	访谈
	土壤保护	采用旨在保持土壤的有机耕作方法的地块比例作物轮作	加权得分	调研
	土壤改良	城市农业中花园参与者使用的肥料类型	加权得分	调研
	土壤渗透性	可渗透地面或裸露土壤覆盖的土地份额	/	GIS、访谈
	水资源管理	都市农业的主要水源：地下水、灌溉渠道或管道、循环利用自来水、雨水、回收的废水、灰水	加权得分	访谈
包容性社会	社区参与：参与	在花园中度过的总时间（在生长季节），包括访问次数和持续时间	每天的平均小时数	调研
	社会资本：多样性	花园参与人群的社会经济构成与整体城市相比	加权得分	调研
	社会资本：互动	花园参与者报告与其他园丁进行任何形式的互动的程度	加权得分	调研
	社会资本：关系	通过参与花园发展的新关系的数量	加权得分	调研
	幸福感：与文化的联系	花园在多大程度上支持文化和/或宗教表达	加权得分	调研
	福祉：环境管理	花园在多大程度上促进了环境管理	加权得分	调研

支柱	尺度	指标	单位	数据来源
食物安全和创收	食物生产：稳定性	食物年度/季节性生产的可预测性	累计比重	调研
	食物生产：可达性	从自生产中获得的食物占家庭年度总消费量的比例	累计比重	调研
	食物垃圾产生	社区花园参与者在生产、运输、储存或消费阶段产生的厨余与城市农业生产的食物的比例	/	调研
	为粮食主权做好准备	参与针对食物生产实践的正规和非正式城市农业教育项目	加权得分	调研
	金融家庭的复原力	参与者每年在园艺相关活动上花费的总金额，包括费用、服务、用品和其他生产成本	金融单位为基础的加权得分	调研
	城市农业倡议的财务弹性	去年的收入平衡：园艺产生足够收入以支付正常成本并产生盈余以支付未来投资或意外开支的能力	超出总预算的盈余	访谈
可持续城市设计	社区花园作为城市组成的一个要素：感知到的公共设施	花园所在的用地类型（例如，商业或者非商业）	加权得分	访谈
	社区花园与城市组成的其他元素的关系：交通可达性	交通可达通工具与到达花园的出行时间	加权得分	调研
	社区花园与城市组成其他元素的关系：缓解城市密度	花园所在地区的人口密度（1平方公里网格）	每平方公里的人口	GIS分析
	从制度角度看社区花园：土地可达性和使用权	通过正式文件（例如租赁或财产合同）获得土地	加权得分	访谈
	从制度视角下看社区花园：政策形成	城市规划文件（战略规划、城市规划等）对城市农业倡议的认可程度	加权得分	访谈
	从制度角度看社区花园：公民自治	民间社会组织在城市农业倡议中的作用类型	加权得分	访谈

资料来源：TAPIA C, RANDALL L, WANG S, et al. Monitoring the contribution of urban agriculture to urban sustainability: an indicator-based framework [J/OL]. Sustainable Cities and Society, 2021, 74: 103130. DOI: 10.1016/j.scs.2021.103130.

在本书总结的鲈乡二村的社区花园行动中，我们对上表中的四个大类中都进行了部分的尝试和研究。

1. 环境复原力和资源效率

鲈乡二村社区花园将一块闲置的小区公共绿地改造成为了一个社交、劳动的热点。在土壤改良方面，我们使用了厚土栽培、蚯蚓塔，而且坚持不允许绿化施加杀虫剂等干预（图12-16）。社区花园的浇灌水源从一开始就坚持用地下雨水浇灌，直至2023年居民觉得地下雨水里的洗衣机等生活废水含碱量太高。

图 12-16　在社区花园里观察到的昆虫鸟类（部分）

2. 包容性社会

鲈乡二村社区花园从行动策划初期就给新吴江人保留了参与的空间，给予他们优先的权利。从普通参与到核心志愿者以及专业志愿者，我们都保证了新吴江人的参与权利。在检验篇里，我们统计了不同人群在花园里的健康行为的人数，还调研了社区花园志愿者社群的参与、互动，以及新关系建立等社会资本方面的情况。

在文化方面，我们已经成功举办两届鲈乡二村社区花园音乐节，而且音乐节居民自己组织的力度越来越大，参与越来越有热情。并由《吴江日报》吴江新闻报道和播出。

在环境管理方面，我们已经培育出新吴江人为主的萤火虫浇水群、本地老年人为主的爱心园丁群，以及本地居民为主的专业志愿者维护团队，并选拔出了自己的居民领袖，由居民自发地发起和组织行动。目前志愿者团队已经基本接手常态化的管理，并自己有能力处理偷花之类的突发事件。

3. 食物安全和创收

在鲈乡二村社区花园开始营建之前，通过调研了解到居民反对在公共绿地种植蔬菜，视其为将公共土地私有化的行为。最后在菜鸟驿站二楼平台开辟了一米菜园，以自然教育为主要目的，由家长志愿者管理，收获的蔬菜赠送给了小区里的空巢老人（图12-17）。

社区花园的城市农业功能更多是在周边的基础教育里实现的。鲈乡实验小学仲英校区、流虹校区都设有农耕园，有相关人员教授同学们蔬菜种植的技能。仲英校区充分利用校园厨余堆肥，将产生的液肥和营养土用于奖励居民志愿者，形成了很好的校社互动。在社区五好小公民培训项目中，团队分享了联合国学校和联合国环境项目一起发明的可持续性行动的五个方面的科普小工具，从食物、物品、出行、消费、联结五个方面实践永续生活方式和社区，其中重点内容就是组织培训了三百多个家庭利用厨余投喂蚯蚓塔（图12-18）。

图12-17　鲈乡社区花园一米菜园

4. 可持续城市建设

鲈乡二村社区花园和中国大陆的大多数社区花园一样，建设在小区内部公共绿地，和大部分其他国家和地区相比，在土地所有权和使用权上有本质上的差别。以鲈乡二村社区花园为例，其位置位于小区中心绿化，从小区的每个角落可达性都非常便捷。从我们进行的对小区环境感知和社会资本的调研来看，大多数居民能够明确清晰地感受到社区花园的公共属性，是无论是谁想去就可以去，大家共享共同爱护的开放空间。

流虹校区二（1）班叶雨萱的打卡日记
2022-08-24 · 打卡10天

法治小故事摘抄、海报或者连环画

视频

吴江区社区五好小公民能力建设项目
105人加圈 · 147篇日记

长按识别二维码，查看完整内容

流虹校区二（1）班叶雨萱的打卡日记
2022-08-20 · 打卡7天

法治小故事摘抄、海报或者连环画

视频

吴江区社区五好小公民能力建设项目
105人加圈 · 147篇日记

长按识别二维码，查看完整内容

Lisa崔的打卡日记
2022-08-25 · 打卡1天

书写宣传标语，分享给身边的小朋友

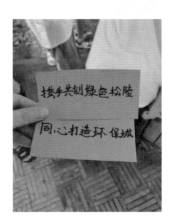

李记的打卡日记
2022-08-26 · 打卡1天

流虹二5班陆羽航的打卡日记
2022-08-27 · 打卡2天

'今天社区的老师教我们喂蚯蚓，写文明标语，浇一米菜地，最后还给我们每人一个种子胶囊

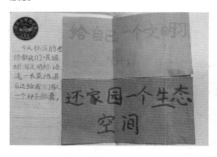

吴江区社区五好小公民能力建设项目
109人加圈 · 174篇日记

吴江区社区五好小公民能力建设项目
109人加圈 · 174篇日记

图 12-18　社区五好小公民可持续性生活方式培训

在规划政策方面，虽然在老旧小区改造方案中明确了社区花园的功能，但是在社区治理和管理层面，和业委、物业、社区之间的责权关系并未厘清，共建的主体是谁，前期运营的成果如何交接，交接给谁，都需要顶层和前置的政策设计和共识。

从制度角度看，鲈乡二村社区花园已经基本实现了居民自治，由志愿者进行常态化的维护，已经正式注册的街道主管下的新时代文明实践志愿者团队。在资源联结、社校互动方面还有待进一步的工作。

12.5　总结

社区花园的内核是对社区自治能力的赋能、挖掘和建设，吸引和团结更多的居民一起共创共建共治共享有温度、有活力、有文化、有创新的永续生态公共空间和公共生活。

社区凝聚力最终依靠的是认知统一、身份认同和社区文化升华。

直到社区花园的第三年，我们才找到了老年志愿者团队建设的有效发力点，第一个突破是依托现有的兴趣社群，打造热点；第二个突破就是将培训和团队建设结合在一起，由兴趣和技能培训引导到自治组织和能力培训。志愿者身份的内化一定要给志愿者发胸牌，有明确的身份标识，而且要用盛大的、有仪式感的表彰来激励志愿者，这一点是笔者从武汉市江汉区花仙子社区公益服务中心刘英老师那里学习来的。后来在我们的实践中也证明是非常行之有效的。于海教授提到的中国当代社会的漠然是以"无错"的思维为底的。我什么都不做，我就没有错，所以与我无关。一个小小的胸牌可以将志愿者从旁观者变成责任者，同时将责任感内化到内心。在举办了音乐节之后，会有居民主动找我们问："我为什么没有胸牌？怎么样才可以有胸牌？"这时志愿者团队的打造就基本上算成功了。

　　鲈乡二村社区花园行动是从零开始、从新手开始的一场社会实验。我们走过很多弯路，也遇到过很多困难，但是就像是任何实验一样，只要不断地探索新的解决方法，多思考，多学习，多请教，总能找到解决的办法。营建初期的知识储备和学习是非常必要的。营建前期有志愿者的自选择退出是社区花园营建者需要提前做好心理建设的。社区花园志愿者团队的管理对于没有组织管理、人事管理经验的发起者而言是最大的挑战之一，而且比较被动的是无法提前准备，需要一定的基层工作经验和现场应变能力才可以。不过也不必过于担心，能力和经验会随着时间慢慢积累，时间也会沉淀下来核心的、有忠诚度的志愿者（图 12-19）。

图 12-19　社区花园志愿者参与行动

在鲈乡二村社区花园，一直也有温暖的、美好的改变一直激励我们继续下去。我们看到曾经反对花园建设的居民成了志愿者团队的核心成员，我们听到居民的态度从曾经的"不可能"到"（对社会）看到了希望"。在志愿者微信群里，周叔叔分享了这样一段话："今天，我和老姜散步回来，走到小区花园边，只见淡淡的灯光下，一个美丽的人影，默默地拿着水管，为花园浇水。老姜忍不住拿出手机，录下来了这平凡而又不平凡的影像。说平凡，那普通的浇水也没什么高贵，说不平凡，当今社会能有多少人不贪报酬，不计荣誉，做出如此高尚的行为，而且两年多来一直默默无闻坚持着，这些人他们一周一轮换，自己没空就叫爱人来，或叫读书的子女来，这是多么难能可贵呀，每当看到他们这种精神，我也看到了希望！"

社区花园行动的另一个维度就是外联共建，教育、影响和动员全社会一起参与生态文明建设，共建永续的家园。在鲈乡二村社区花园几年的实践中，我们欣喜地看到，鲈乡实验小学将社区花园作为校外劳动基地，吴江中专的同学的志愿精神内化成源源不断的自动力，吴江蓝天环保志愿者协会已经将蚯蚓塔发展成了一个自然教育专项，并开发成 IP 和人物剧场，在七都镇等地方拓展青少年对健康土壤、蚯蚓以及蚯蚓塔的教育（图 12-20）。吴江开放大学以及吴江南社研究会也积极主动地和鲈乡二村社区花园寻找合作机会。宁波银行吴江支行也为社区花园音乐节提供了礼品赞助。Biolan 碧奥兰园艺科技（苏州）有限公司也为鲈乡实验小学进行了堆肥教育和动手实践指导，并无偿将专业堆肥箱借给鲈小使用。

图 12-20　吴江区蓝天环保志愿者协会将蚯蚓塔开发成了自然教育专项

最后摘取几句名言送给所有的社区花园行动者共勉。任何微小的"心动"或者是善举，哪怕暂时看起来是失败的，或者短时间看不到效果的，也会产生蝴蝶效应。这些会在某一天以其他的形式显现，回报给我们附近的人，回报给我们脚下的土地，最终回报给我们自己。

> "逝者如斯而未尝往也。生命、劳动和乡土结合在一起，就不怕时间的冲洗了。"
>
> ——费孝通《吴江的昨天、今天、明天》

> "我向空中射了一支箭，我不知他在何方。
>
> 我向空中唱了一首歌，我不知他在何方。
>
> 好久好久以后，
>
> 在一棵橡树上，我寻着了这支箭，仍旧没有破。
>
> 在一个朋友的心里，我寻着了这首歌。
>
> 一个字也不错。"
>
> ——19世纪美国教育家朗费罗《箭与歌》

专栏 12-2

对行动研究者的建议[2]

（1）活着。照顾好自己。在项目之外保持生活，以便能够打开和关闭自己。一直提醒自己项目的最终目的，同时顺其自然。

（2）从系统所在的地方开始。对系统和其中的人有同理心，不要去"诊断"。

（3）独木难成舟。多多合作。从最有可能的方向开展工作。

（4）创新需要好的想法、好的方案和几个朋友。找到准备好参与该项目的人，让他们一起工作。

（5）不断积累积极成功的经验。以小成就为目标，一步步建立成功。

（6）点燃许多火苗。记住系统的概念。牵一发而动全身。当你努力改变其中一个部分时，其他部分会有一股力量试图保持原状。了解子系统之间的相互依赖关系，并尽可能多地在各个子系统之间保持灵活。

（7）保持乐观的"偏心"。专注于愿景和理想的结果。

（8）抓住瞬间。活在当下。

参考文献

［1］ 刘悦来. 社区花园何以重建附近［EB/OL］.（2023-12-25）［2024-01-25］. http://mp.weixin.
qq.com/s?__biz=MzUzNjAyNDE3Mw==&mid=2247556510&idx=1&sn=ee4282db89cf161c
cb820e58a87c55aa&chksm=fafed89ccd89518a90e87670e3f14fe5bee50b6465314ccaa81517c4a6
7b3a465951fad40d94#rd.

［2］ SHEPARD H A. Rules of thumb for change agents［EB/OL］.（1974）［2023-12-01］. https://
static1.1.sqspcdn.com/static/f/1124858/28422989/1617394370570/RULES+OF+THUMB+FOR+CH
ANGE+AGENTS.pdf.